仕事の現場で即使える

Access 2016/2013/2010 ［対応版］

# Access
## レポート＆フォーム完全操作ガイド

今村ゆうこ 著

技術評論社

# ご 注 意
## ご 購 入・ご 利 用 の 前 に 必 ず お 読 み く だ さ い

● 本書に記載された内容は、情報の提供のみを目的としています。したがって、本書を用いた運用は、必ずお客様自身の責任と判断によって行ってください。これらの情報の運用の結果について、技術評論社および著者はいかなる責任も負いません。
また本書付属のCD-ROMに掲載されているプログラムコードの実行などの結果、万一障害が発生しても、弊社及び著者は一切の責任を負いません。あらかじめご了承ください。

● 本書付属のCD-ROMをお使いの場合、11ページの「CD-ROMの使い方」を必ずお読みください。お読みいただかずにCD-ROMをお使いになった場合のご質問や障害には一切対応いたしません。ご了承ください。
付属のCD-ROMに収録されているデータの著作権はすべて著者に帰属しています。本書をご購入いただいた方のみ、個人的な目的に限り自由にご利用いただけます。

● 本書記載の情報は、2017年11月末日現在のものを掲載していますので、ご利用時には、変更されている場合もあります。

● 本書はWindows 10、Access 2016を使って作成されており、2017年11月末日現在での最新バージョンをもとにしています。Access 2013/2010でも本書で解説している内容を学習することは問題ありませんが、一部画面図が異なることがあります。
また、ソフトウェアはバージョンアップされる場合があり、本書での説明とは機能内容や画面図などが異なってしまうこともあり得ます。本書ご購入の前に、必ずバージョン番号をご確認ください。OSやソフトウェアのバージョンが異なることを理由とする、本書の返本、交換および返金には応じられませんので、あらかじめご了承ください。

以上の注意事項をご承諾いただいた上で、本書をご利用願います。これらの注意事項に関わる理由に基づく、返金、返本を含む、あらゆる対処を、技術評論社および著者は行いません。あらかじめ、ご承知おきください。

# 動 作 環 境

● 本書はOSとしてAccess 2016/2013/2010を対象としています。
お使いのパソコンの特有の環境によっては、上記のAccessを利用していた場合でも、本書の操作が行えない可能性があります。本書の動作は、一般的なパソコンの動作環境において、正しく動作することを確認しております。

動作環境に関する上記の内容を理由とした返本、交換、返金には応じられませんので、あらかじめご注意ください。

※本書に記載した会社名、プログラム名、システム名などは、米国およびその他の国における登録商標または商標です。本文中では™、®マークは明記しておりません。

# はじめに

　Accessを使ってみて、レポートやフォームを使ってデータを表示しようとしたら、「なかなか思い通りの形にならないな…。」と、思ったことはありませんか？

　私自身、当初、「ここにコレを挿入したいのに、どうにも入らない」「こういうレイアウトにしたいのにうまくいかない」、そんな「気難しさ」みたいなものを感じたというのが、正直な感想でした。
　テーブルやクエリの概念はわかっていても、それを「理想的な形で」レポートとフォームに落とし込むのが難しいなと…。

　でも、その気難しさには理由があって、「こういうルールにのっとってるから、こういうことはできないんだ！」とか、「ということは、こういうときはコレか！」みたいな、そういう「コツ」をつかまないと難しいんだなということが、だんだんわかってきました。

　そんな筆者の思いから、本書では、レポートとフォームに焦点を当てて、あらかじめ用意したサンプルのテーブルを使って、さまざまな形のレポートやフォームの作り方、機能の使い方について学んでいきます。

　レポートやフォームは、形を作ろうとする前に、その「しくみ」部分を理解することが大切で、それができれば、Accessをもっともっと便利に使うことができるんじゃないかなと思っています。データ管理の効率を上げるひとつの可能性として、本書がお役に立つことができたら幸いです。

2017年11月

今村　ゆうこ

CD-ROMの使い方 …………………………………………………………………………… 11

# CHAPTER 1 レポート&フォーム概要

## 1-1 Accessのオブジェクト群 … 14
- 1-1-1 テーブル …………………………………………………………………… 14
- 1-1-2 クエリ ……………………………………………………………………… 15
- 1-1-3 レポート …………………………………………………………………… 16
- 1-1-4 フォーム …………………………………………………………………… 17

## 1-2 レポートの特徴 … 18
- 1-2-1 レポートはテーブル/クエリを元に作られる ……………………………… 18
- 1-2-2 フィールドを配置する …………………………………………………… 19

## 1-3 フォームの特徴 … 20
- 1-3-1 管理者ではないユーザーにやさしい ……………………………………… 20
- 1-3-2 マクロやVBAと合わせて使うと効率アップ …………………………… 21

## 1-4 レポートとフォームの共通点 … 22
- 1-4-1 レポートとフォームの構造はほぼ同じ …………………………………… 22
- 1-4-2 セクションとコントロール ………………………………………………… 23

## 1-5 本書で解説するテーブルの構造 … 24
- 1-5-1 テーブルの仕様 …………………………………………………………… 24
- 1-5-2 ルックアップフィールド ………………………………………………… 25
- 1-5-3 リレーションシップと参照整合性 ……………………………………… 26

# CHAPTER 2 クエリは情報源

## 2-1 クエリの概要 … 28
- 2-1-1 レコードソースと連結/非連結オブジェクト …………………………… 28
- 2-1-2 選択クエリ ………………………………………………………………… 30
- 2-1-3 アクションクエリ ………………………………………………………… 31

| 2-2 | **クエリデザイン** | 32 |
|---|---|---|
| 2-2-1 | デザインビューの使い方 | 32 |
| 2-2-2 | リレーションを張った複数テーブルからのクエリ | 33 |

| 2-3 | **パラメータークエリ** | 37 |
|---|---|---|
| 2-3-1 | パラメーターとは | 37 |
| 2-3-2 | 条件の入力を要求するクエリ | 37 |

## CHAPTER 3 レポート＆フォームの主な共通部分

| 3-1 | **ビュー** | 40 |
|---|---|---|
| 3-1-1 | デザインビュー | 40 |
| 3-1-2 | レポート / フォームビュー | 41 |
| 3-1-3 | レイアウトビュー | 42 |
| 3-1-4 | 印刷プレビュー | 43 |
| 3-1-5 | データシートビュー | 44 |

| 3-2 | **レイアウトの形式** | 45 |
|---|---|---|
| 3-2-1 | 単票 (集合) 形式 | 45 |
| 3-2-2 | 表形式 | 45 |
| 3-2-3 | 帳票形式 | 46 |

| 3-3 | **フィールドリストとプロパティシート** | 47 |
|---|---|---|
| 3-3-1 | フィールドリスト | 47 |
| 3-3-2 | プロパティシート | 48 |

| 3-4 | **セクション** | 51 |
|---|---|---|
| 3-4-1 | レポート / フォームヘッダー | 51 |
| 3-4-2 | ページヘッダー | 52 |
| 3-4-3 | 詳細 | 54 |
| 3-4-4 | ページフッター | 57 |
| 3-4-5 | レポート / フォームフッター | 58 |

| 3-5 | コントロール | 60 |
|---|---|---|

| 3-5-1 | コントロールの種類 | 60 |
| 3-5-2 | 連結コントロール | 62 |
| 3-5-3 | 非連結コントロール | 63 |
| 3-5-4 | 演算コントロール | 63 |

## CHAPTER 4 レポートの基本

| 4-1 | 自動作成とレイアウト修正 | 66 |
|---|---|---|

| 4-1-1 | レポートの自動作成 | 66 |
| 4-1-2 | コントロールの大きさ、枠線を変える | 69 |
| 4-1-3 | 「グループ化と並べ替え」と「合計」でデータを見やすく | 74 |
| 4-1-4 | 見た目を整える | 83 |

| 4-2 | フィルターと印刷 | 87 |
|---|---|---|

| 4-2-1 | レポートビューとフィルター | 87 |
| 4-2-2 | 印刷プレビュー | 91 |

| 4-3 | ウィザードを使ったレポート作成 | 96 |
|---|---|---|

| 4-3-1 | ウィザードで複数テーブルからレポートを作成する | 96 |
| 4-3-2 | 宛名ラベル | 109 |
| 4-3-3 | 伝票ウィザード | 112 |
| 4-3-4 | はがきウィザード | 114 |

## CHAPTER 5 オリジナルレポートの作成

| 5-1 | レポートを作成する前に決めておくこと | 118 |
|---|---|---|

| 5-1-1 | 完成図をイメージする | 118 |
| 5-1-2 | コントロールの詳細を決める | 118 |
| 5-1-3 | 一対多の関係と親子レポート | 119 |
| 5-1-4 | セクションとレイアウトを決める | 122 |

目　次

## 5-2　メインレポートの作成　124

5-2-1　デザインビューから作る　124
5-2-2　タイトルとフッター　127
5-2-3　顧客情報部分の作成　133
5-2-4　販売・自社情報部分の作成　137
5-2-5　付帯情報の作成　139
5-2-6　レイアウトビューで調整　142

## 5-3　サブレポートの作成　149

5-3-1　レイアウトビューから作る　149
5-3-2　明細部分の作成　151
5-3-3　合計・消費税・税込金額の作成　156
5-3-4　レイアウトビューで調整　159

## 5-4　親子レポート　162

5-4-1　サブレポートの作成とリンク　162
5-4-2　親子レポートのレイアウトを調整する　166
5-4-3　パラメーター付きレポートの動作確認　171

# CHAPTER 6　フォームの基本

## 6-1　自動作成とレイアウト修正　174

6-1-1　フォームの作成　174
6-1-2　レイアウト修正　176
6-1-3　フォームビューでデータを追加する　179

## 6-2　補助機能を使ったフォーム作成　181

6-2-1　フォームウィザード　181
6-2-2　ナビゲーション　188
6-2-3　その他のフォーム　194

## 6-3　特殊なコントロールやツール　197

6-3-1　タブオーダー　197
6-3-2　アンカー設定　198

007

| 6-3-3 | ユーザーに「選択させる」コントロール | 200 |
|---|---|---|
| 6-3-4 | フォーム内でさまざまな表現を行うコントロール | 209 |
| 6-3-5 | Access外のファイルと連携するコントロール | 214 |

# CHAPTER 7 オリジナルフォームの作成

## 7-1 作成する前に　224

| 7-1-1 | 完成図をイメージする | 224 |
|---|---|---|
| 7-1-2 | コントロールの詳細を決める | 224 |
| 7-1-3 | セクションとレイアウトを決める | 225 |

## 7-2 親子フォームの作成　226

| 7-2-1 | 親子フォームを作る | 226 |
|---|---|---|
| 7-2-2 | メインフォームのレイアウト調整 | 228 |
| 7-2-3 | サブフォームの作り込み | 231 |

## 7-3 動作確認とコントロールの制御　245

| 7-3-1 | 動作確認 | 245 |
|---|---|---|
| 7-3-2 | 編集ロック | 249 |
| 7-3-3 | 既定値の設定 | 251 |

# CHAPTER 8 マクロを利用してメニューフォームを作成

## 8-1 マクロの基礎知識　254

| 8-1-1 | マクロを作るには | 254 |
|---|---|---|
| 8-1-2 | イベント | 255 |
| 8-1-3 | アクション | 256 |

## 8-2 メニューの作成　257

| 8-2-1 | 空のフォームの作成 | 257 |
|---|---|---|
| 8-2-2 | ボタンを設置する | 259 |
| 8-2-3 | マクロツール | 262 |

目　次

## 8-3　アクションのカスタマイズ　265

8-3-1　Ifを使ったアクション ･･････････････････････････ 265
8-3-2　Else Ifを使ったアクション ･･････････････････････ 267
8-3-3　フォームイベントからマクロを作成する ･････････ 269

## 8-4　フォームの値を使ったデータの絞り込み　273

8-4-1　絞り込み方法の違い ･･････････････････････････ 273
8-4-2　フォームの値をパラメータークエリに設定する ･････ 274
8-4-3　フォームの値をレポートに表示する ･････････････ 278
8-4-4　クエリとフィルターの絞り込みを併用する ･････････ 281

## 8-5　データベース起動時にフォームを開く　286

8-5-1　「AutoExec」という特別なマクロ ･････････････ 286
8-5-2　設定方法 ･･････････････････････････････････ 286

# CHAPTER 9　VBAによるAccessの操作

## 9-1　VBAによる機能の実装　290

9-1-1　VBEとプロシージャ ････････････････････････ 290
9-1-2　サブフォームの入力制限 ･･････････････････････ 294
9-1-3　「商品ID」変更に伴う入力 ････････････････････ 298
9-1-4　数値を正の整数のみに制限する ･････････････････ 302
9-1-5　テキスト型の新規IDを自作して既定値にする ･･････ 304
9-1-6　非表示や無効化でユーザーの操作を制限する ･･････ 306

## 9-2　コードを読みやすく、使いやすくするために　313

9-2-1　インデントとコメントアウト ･･････････････････ 313
9-2-2　プロシージャを部品化して使いまわす ･････････････ 315
9-2-3　PrivateとPublic ･･････････････････････････ 319
9-2-4　SubプロシージャとFunctionプロシージャ ･･････ 322
9-2-5　モジュールを削除するには ･････････････････････ 323

## 9-3　非連結フォームでのテーブルの更新　325

9-3-1　入力フォームは連結、非連結、どちらがよいか ･････ 325

009

| 9-3-2 | 非連結入力フォームの機能とデザイン | 326 |
| 9-3-3 | 各プロシージャの解説 | 330 |

## APPENDIX レイアウトツール・デザインツールリファレンス

### A-1 ツールの概要 338

| A-1-1 | レポート/フォームによるツールの違い | 338 |
| A-1-2 | ビューによるツールの違い | 339 |

### A-2 デザインタブ 341

| A-2-1 | 表示 | 341 |
| A-2-2 | テーマ | 342 |
| A-2-3 | グループ化と集計 | 342 |
| A-2-4 | コントロール | 343 |
| A-2-5 | ヘッダー/フッター | 345 |
| A-2-6 | ツール | 346 |

### A-3 配置タブ 347

| A-3-1 | テーブル | 347 |
| A-3-2 | 行と列 | 348 |
| A-3-3 | 結合/分割 | 349 |
| A-3-4 | 移動 | 349 |
| A-3-5 | 位置 | 350 |
| A-3-6 | サイズ変更と並べ替え | 351 |

### A-4 書式タブ 353

| A-4-1 | 選択 | 353 |
| A-4-2 | フォント | 353 |
| A-4-3 | 数値 | 354 |
| A-4-4 | 背景 | 355 |
| A-4-5 | コントロールの書式設定 | 356 |

索引 357

# CD-ROMの使い方

● **注意事項**

本書の付属のCD-ROMをお使いの前に、必ずこのページをお読みください。

　本書付属のCD-ROMを利用する場合、いったんCD-ROMのすべてのフォルダーを、ご自身のパソコンのドキュメントフォルダーなど、しかるべき場所にコピーしてください。

　また、CD-ROMからコピーしたファイルを利用する際、次の警告メッセージが表示されますが、その場合、[コンテンツの有効化]をクリックしてください。

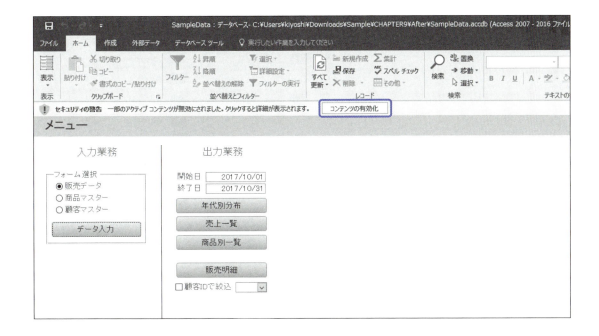

　**CHAPTER 8**、**CHAPTER 9**のサンプルには、マクロとVBAが含まれています。お使いのパソコンによっては、セキュリティの関係上、Accessに含まれるマクロとVBAの利用を禁止していることもあり得ます。その場合、[ファイル]タブの[オプション]をクリックして、[Accessのオプション]を開き、[セキュリティ センター]→[セキュリティ センターの設定]から[マクロの設定]を変更してマクロを有効にしてください。

　セキュリティセンターの設定によって、VBAが起動しない場合、ご自身で有効にするように努めてください。これに関して、技術評論社および著者は対処いたしません。

● **構成**

本書付属のCD-ROMは次ページの構成になっています。

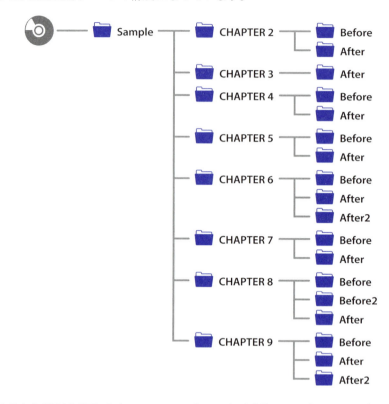

　CHAPTER 2からCHAPTER 9までのフォルダーには、原則BeforeとAfterいう2つのフォルダーがあります。Beforeフォルダーは、そのCHAPTERの解説内容が施されていないAcceessファイルが、Afterフォルダーには、そのCHAPTERの解説手順をすべて踏まえたAcceessファイルが格納されています。なお、CHAPTER 3フォルダーには、Beforeフォルダーは存在していません。

　また、次のCHAPTERのフォルダーには、BeforeフォルダーやAfterフォルダーが複数存在します。

## CHAPTER 6
　[After]　　　187ページまでの解説手順を踏まえたファイルが格納
　[After2]　　CHAPTER 6の解説内容に対応したファイルが格納
## CHAPTER 8
　[Before]　　CHAPTER 8の解説内容が施されていないファイルが格納
　[Before2]　 278ページからの解説内容に対応したファイルが格納
## CHAPTER 9
　[After]　　　324ページまでの解説手順を踏まえたファイルが格納
　[After2]　　326ページからの解説内容に対応したファイルが格納

# CHAPTER 1

# レポート＆フォーム概要

CHAPTER 1

## 1-1 Accessのオブジェクト群

レポートとフォームだけでは、Accessでアプリケーションを作ることはできません。まずは、Accessを使う上で基礎となる、4つのオブジェクトについて確認しておきましょう。

### 1-1-1 テーブル

**テーブルは、データを保管する場所となるオブジェクトです。**
　表形式になっていて、横に並ぶ要素を**レコード**、縦に並ぶ要素を**フィールド**と呼び、1行のレコードが、データの最小単位となっています。
　用途や目的別に分類した複数のテーブルにデータを蓄積することで、効率的に管理することができます。データベースとは、これら複数のテーブルが集まったもののことを指します。
　テーブルは分類することができ、変化が少なく、ある特定の情報の基礎となるデータを格納するテーブルを**マスターテーブル**、更新頻度が高く、レコードがどんどん増えていく性質のデータを格納するテーブルを**トランザクションテーブル**と呼びます。

**図1** テーブル

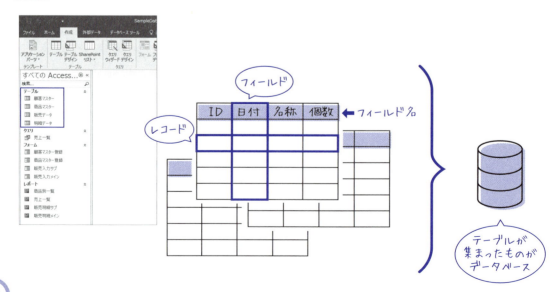

## 1-1-2 クエリ

クエリは、テーブルに格納されているデータを取り出したり、集計したり、書き直したりするためのオブジェクトです。

データは、テーブルを直接開いて編集することもできますが、データベースの中身は膨大なものになるので、目当てのレコードを見つけるだけでも困難です。探す、範囲を決めて取り出す、条件を指定して並べ替える、複数のレコードをまとめて書き換えるなど、データの操作に欠かせません。

一般的にクエリとは、データベースに対してSQLというコンピュータ言語を使って命令文を投げかけ、「問い合わせる」行為のことを指しますが、Accessにおいて「クエリ」とは、専用の編集画面で命令を作成して結果を得ることができるオブジェクトとして存在します。

SQL言語を使わなくても、マウスでドラッグしたり選択したりする感覚的な操作で、データベースに問い合わせる命令文や、取り出したい条件などを作成し、その結果のデータをかんたんに得ることができるのです。

これはとても便利な機能で、数あるデータベース管理ソフトの中でも、Accessは初心者が扱いやすいといわれる理由のひとつです。

**図2** クエリ

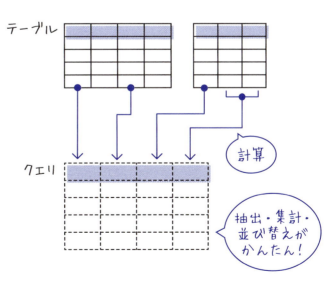

# CHAPTER 1 レポート&フォーム概要

## 1-1-3 レポート

**レポートは、データを閲覧したり印刷したりするためのオブジェクトです。**

　テーブルやクエリは表形式でしかデータを表示できないので、それを伝票類などの形に落とし込みたい場合、閲覧・印刷したい形のテンプレート（枠組み）を作っておいて、その中にテーブルやクエリから呼び出したデータを埋め込んで表示します。

　なぜ「格納はテーブル」「操作はクエリ」「閲覧・印刷はレポート」のように機能が明確に分かれているかというと、そうすることで最小限の容量で、効果的なデータ活用ができるからです。

　レポートに表示されるデータをクエリで制御しておけば、1年分を半年分にしたり、アイテムを絞り込んだり、条件を変えるのがとてもかんたんです。

　また、表示されるデータ自体はテーブルから借りてきているだけなので、勝手にコピーされません。これにより、無駄に容量が増えたり、データのコピーが乱立して混乱したり、などという問題も起こらないのです。

**図3** レポート

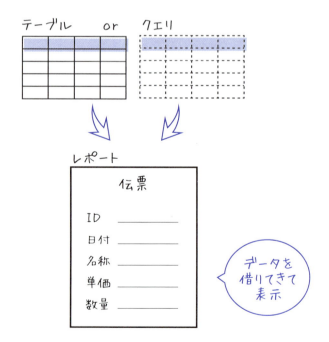

016

## 1-1-4 フォーム

**フォームは、Accessで作成したシステムを使いやすくするためのオブジェクトです。**

テーブルにデータを入力するための専用画面を作ったり、ボタンをクリックすることで動くしくみを作ったりすることができます。

テーブルは、効率よく管理していくために複数存在していることが多く、データの蓄積・維持に適しています。しかし、データを追加したいときに複数テーブルに書き込まなければならないのは、ちょっと面倒ですよね。

そんなとき、フォームを使って必要項目を集約した入力画面があると操作がわかりやすく、作業効率を上げることができるのです。

**図4** フォーム

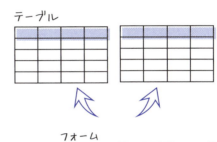

# 1-2 レポートの特徴

レポートは、かんたんにいうと閲覧や印刷のための機能です。しかし、データベースソフトであるAccessでは、Excelなどの印刷機能と考え方が少し異なります。まずは、レポートの特徴を確認しておきましょう。

## 1-2-1 レポートはテーブル/クエリを元に作られる

　Accessを始めたばかりの人は、レポートを作成するのに「どうにも思う通りにいかない」という、「気難しさ」を感じたことがあるのではないでしょうか。

　その理由のひとつとして知っておきたいのが、レポートは**テーブルやクエリを元にして作成される**ということです。作成するレポートは、元にしたテーブル/クエリの構造の影響を大きく受けるのです。

　そのため、元となっているテーブル/クエリの構造上、希望の形にレポートを作成することができず、「思う通りにいかない」ということが起こるのです。

　「なんでこうできないの!」というとき、それはレポート自体の問題ではなく、元となるテーブルやクエリに問題があります。そのため、テーブルやクエリの構造を見直せば、問題を解決できることもあります。

**図5** レポートとテーブル/クエリ

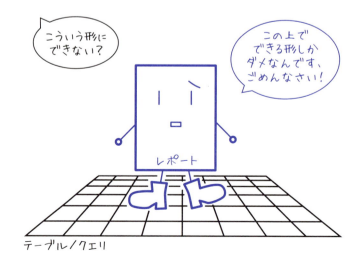

## 1-2-2 フィールドを配置する

　もうひとつ、レポートに「気難しさ」を感じるのは、データ「そのもの」を配置するのではなく、データを表示するための**フィールド**を配置していく、という部分ではないでしょうか。

　これはデータベースソフトならではの特徴で、データ自体はすべてテーブルに格納されているので、それ以外のオブジェクトでは、テーブルから「借りてきて表示」することとなります。そのため、適切なフィールドを配置していないと、データを正しく取得できない現象が発生します。

　しかしながら、レポートを使うと、帳票類など同じテンプレートで中身を変えて出力する際などには、とても効率よく処理することができます。

**図6**　配置するのはデータではなくフィールド

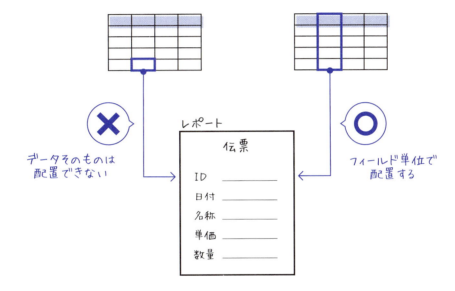

# CHAPTER 1

## 1-3 フォームの特徴

フォームは、Accessでシステムを運用していくときの補助機能を作ることができますが、その可能性は「補助」に留まりません。システムの操作性・効率といった運用面を向上したいならば、外すことのできないオブジェクトです。

### 1-3-1 管理者ではないユーザーにやさしい

　必要最低限の仕様ならば、テーブル、クエリ、レポートだけでデータベースシステムを構築することはできます。ただし最低限のシステムの場合、運用するためには、各オブジェクトへの正しい理解および操作方法の熟知が必要であり、1人だけで行う環境でないと運用は難しいでしょう。

　Accessは個人・中小規模向けのデータベース管理ソフトですが、実際は複数人で運用していくケースも多く見られます。その際、システムを作成した人を「管理者」、そのほかの人を「ユーザー」と定義すると、ユーザー全員がAccessのしくみを理解するのは、難しいことです。

　フォームは、ユーザーにテーブルやクエリなどの複雑なしくみを意識させずにシステムを使ってもらうことができるという、とても大きなメリットがあります。

**図7** 管理者とユーザー

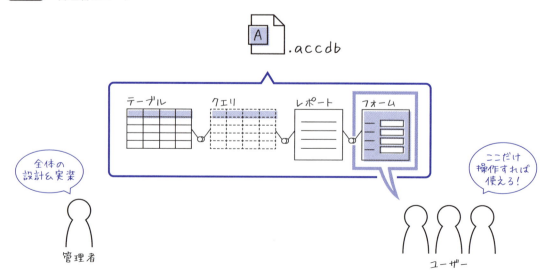

## 1-3-2 マクロやVBAと合わせて使うと効率アップ

　Accessには、特定の作業を登録して自動で実行させる「マクロ」という機能があります。これは、「繰り返し行う単純作業」に効果的で、フォームと相性がよいため、合わせてよく使われます。

　たとえば、フォーム上にボタンを配置し、作成したマクロの実行ボタンとして設定しておけば、ユーザーはボタンをクリックするだけで、登録した作業をあっという間に終わらせることができるのです。

　マクロは、VBA（Visual Basic for Application）というプログラム言語でできています。専用画面で命令を作成することにより、Accessが自動でプログラミングしてくれるので、**1-1-2**（15ページ）で説明したSQLとクエリの関係に似ていて、VBAがわからなくても使うことができます。

　しかし、マクロには限界があり、あまり複雑なことは実現できません。複雑なことを実現する場合、自分でVBAを使ってプログラミングする必要があります。**CHAPTER 9**で解説しているので、マクロの次のステップとしてチャレンジしてみてください。

　VBAとは本来プログラム言語を指す単語ですが、マクロの上位機能のような感覚で「VBAを使ったプログラミングで機能を実装する行為」をVBAを呼ぶことも多いです。

**図8**　マクロとVBA

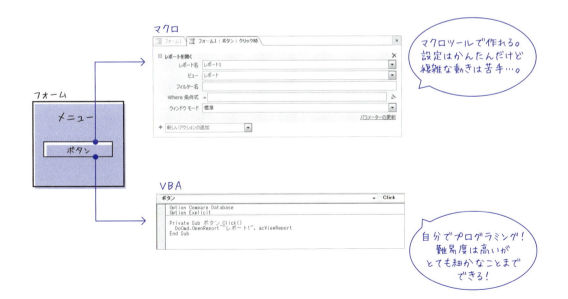

# CHAPTER 1

## 1-4 レポートとフォームの共通点

ここまでの解説をふまえると、レポートとフォームは、目的や用途はまったく違うように思えます。しかし構造がよく似ていて、作成プロセスに共通点が多いため、相互的に理解していくと効率的です。

### 1-4-1 レポートとフォームの構造はほぼ同じ

一般的にレポートは出力（アウトプット）、フォームは入力（インプット）の役割なので、「テーブルやクエリを元にして作成される」という部分は一緒です。したがってレポートとフォームは構造がとてもよく似ていて、作り方も共通点が多いのです。

図9　レポート/フォーム作成のワークフロー

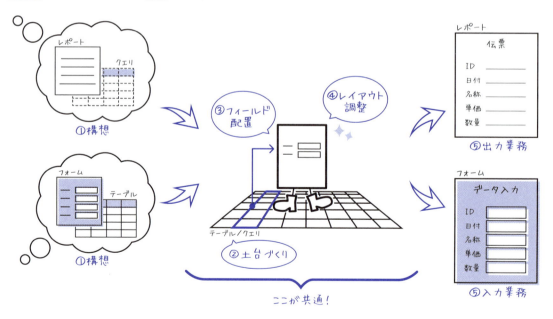

どちらかを習得することでもう一方の理解も深まるので、本書では、共通点を抑えながら両者の解説を行なっていきます。双方を習得すれば、システムの完成度をさらに高めることができるでしょう。

## 1-4-2 セクションとコントロール

レポートとフォームは、基礎となるテーブルやクエリから、フィールドを選んで配置していき、形を作っていきます。

ただし、フィールドによっては、どこでも好きな場所に置けるわけではありません。土台となる部分が「セクション」と呼ばれるいくつかの領域に分かれているので、表示したい情報とフィールドの特性に合わせて、適切なセクションにフィールドを配置します。

また、セクション上に配置される要素のことを**コントロール**と呼び、ボックスやボタンなどさまざまな種類のコントロールを、自分で選んで配置することができます。レポート／フォーム上にフィールドを配置するときは、いずれかのコントロールを配置して、その中へフィールドの内容を表示させる、という形になります。

**図10** セクションにコントロールを配置する

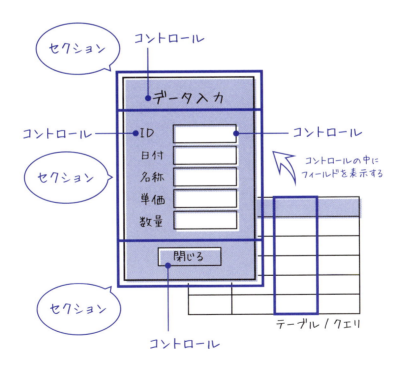

# CHAPTER 1

## 1-5 本書で解説するテーブルの構造

CHAPTER 2から、実際にサンプルを操作しながらの解説に入っていきます。その前に、サンプルファイルに収録されているテーブルの構造と仕様について、確認しておきましょう。

### 1-5-1 テーブルの仕様

本書で扱うシステムのテーブルは、「販売データ」「明細データ」「商品マスター」「顧客マスター」の4つで、それぞれのテーブルは図11～図18のようになっています。

**図11** 「販売データ」デザインビュー

| フィールド名 | データ型 |
|---|---|
| 販売ID | オートナンバー型 |
| 販売日 | 日付/時刻型 |
| 顧客ID | 短いテキスト |

**図12** 「販売データ」データシートビュー

| 販売ID | 販売日 | 顧客ID |
|---|---|---|
| 1 | 2017/10/01 | C000 |
| 2 | 2017/10/01 | C000 |
| 3 | 2017/10/01 | C010 |
| 4 | 2017/10/01 | C013 |
| 5 | 2017/10/01 | C000 |
| 6 | 2017/10/01 | C000 |
| 7 | 2017/10/02 | C000 |
| 8 | 2017/10/02 | C011 |
| 9 | 2017/10/02 | C002 |
| 10 | 2017/10/02 | C003 |

**図13** 「明細データ」デザインビュー

| フィールド名 | データ型 |
|---|---|
| 明細ID | オートナンバー型 |
| 販売ID | 数値型 |
| 商品ID | 短いテキスト |
| 単価 | 通貨型 |
| 数量 | 数値型 |

**図14** 「明細データ」データシートビュー

| 明細ID | 販売ID | 商品ID | 単価 | 数量 |
|---|---|---|---|---|
| 1 | 1 | P001 | ¥350 | 4 |
| 2 | 1 | P012 | ¥2,500 | 2 |
| 3 | 1 | P014 | ¥1,600 | 1 |
| 4 | 1 | P019 | ¥2,800 | 1 |
| 5 | 2 | P010 | ¥400 | 5 |
| 6 | 2 | P007 | ¥250 | 3 |
| 7 | 2 | P020 | ¥2,500 | 1 |
| 8 | 2 | P005 | ¥350 | 3 |
| 9 | 3 | P005 | ¥350 | 5 |
| 10 | 3 | P008 | ¥450 | 5 |

**図15** 「商品マスター」デザインビュー

| フィールド名 | データ型 |
|---|---|
| 商品ID | 短いテキスト |
| 商品名 | 短いテキスト |
| 定価 | 通貨型 |
| 原価 | 通貨型 |

**図16** 「商品マスター」データシートビュー

| 商品ID | 商品名 | 定価 | 原価 |
|---|---|---|---|
| P001 | 苺ショート | ¥350 | ¥150 |
| P002 | チョコレート | ¥320 | ¥130 |
| P003 | ベイクドチーズ | ¥300 | ¥110 |
| P004 | ミルクレープ | ¥300 | ¥100 |
| P005 | モンブラン | ¥350 | ¥130 |
| P006 | プレーンマフィン | ¥250 | ¥90 |
| P007 | チョコレートマフィン | ¥250 | ¥100 |
| P008 | 苺タルト | ¥450 | ¥180 |
| P009 | ブルーベリータルト | ¥400 | ¥160 |
| P010 | フルーツタルト | ¥400 | ¥150 |

1-5　本書で解説するテーブルの構造

**図17**　「顧客マスター」デザインビュー

| フィールド名 | データ型 |
|---|---|
| 顧客ID | 短いテキスト |
| 顧客名 | 短いテキスト |
| 郵便番号 | 短いテキスト |
| 住所1 | 短いテキスト |
| 住所2 | 短いテキスト |
| 電話番号 | 短いテキスト |
| 生年月日 | 日付/時刻型 |
| 性別 | 短いテキスト |

**図18**　「顧客マスター」データシートビュー

| 顧客ID | 顧客名 | 郵便番号 | 住所1 | 住所2 | 電話番号 | 生年月日 | 性別 |
|---|---|---|---|---|---|---|---|
| C000 | なし | | | | | | |
| C001 | 奥陽子 | 287-0064 | 千葉県香取市みずほ台00-000 | | 000-0000-0000 | 1987/07/06 | 女性 |
| C002 | 小野昌代 | 301-0821 | 茨城県龍ケ崎市東町0-00 | | 000-0000-0000 | 1967/10/10 | 女性 |
| C003 | 高岡光 | 307-0033 | 茨城県結城市山川新宿000 | 山川新宿アパート000 | 000-0000-0000 | 1992/05/20 | 女性 |
| C004 | 木村莉緒 | 329-2731 | 栃木県那須塩原市二つ室00-0 | | 000-0000-0000 | 1994/05/20 | 女性 |
| C005 | 西原綾 | 161-0035 | 東京都新宿区中井00-00 | | 000-0000-0000 | 1970/10/14 | 女性 |
| C006 | 飯塚美穂子 | 371-0833 | 群馬県前橋市光が丘町 | ロイヤル光が丘町000 | 000-0000-0000 | 1998/03/14 | 女性 |
| C007 | 米沢光良 | 204-0021 | 東京都清瀬市元町00-00 | | 000-0000-0000 | 1962/03/13 | 男性 |
| C008 | 佐川奈々 | 220-0002 | 神奈川県横浜市西区南軽井沢 | 南軽井沢ガーデン000 | 000-0000-0000 | 1984/06/12 | 女性 |
| C009 | 松木美紀 | 232-0034 | 神奈川県横浜市南区唐沢0-000 | | 000-0000-0000 | 1980/09/19 | 女性 |
| C010 | 前野景子 | 369-1912 | 埼玉県秩父市荒川白久00-00 | ドリーム荒川白久000 | 000-0000-0000 | 1983/03/03 | 女性 |

## 1-5-2　ルックアップフィールド

　「販売データ」の「顧客ID」フィールドは、「顧客マスター」から選べるルックアップフィールドに
なっています。マスターテーブルに存在するID以外は使えないように、「入力チェック」は「はい」
にしてあります。

**図19**　「顧客ID」ルックアップ設定

| 標準 | ルックアップ |
|---|---|
| 表示コントロール | コンボ ボックス |
| 値集合タイプ | テーブル/クエリ |
| 値集合ソース | 顧客マスター |
| 連結列 | 1 |
| 列数 | 2 |
| 列見出し | いいえ |
| 列幅 | 1.501cm;3cm |
| リスト行数 | 16 |
| リスト幅 | 4.501cm |
| 入力チェック | はい |
| 複数の値の許可 | いいえ |
| 値リストの編集の許可 | いいえ |
| リスト項目編集フォーム | |
| 値集合ソースの値のみの表 | いいえ |

**図20**　「顧客ID」入力時

| 販売ID | 販売日 | 顧客ID | クリックして追加 |
|---|---|---|---|
| 1 | 2017/10/01 | C000 | |
| 2 | 2017/10/01 | C000 | |
| 3 | 2017/10/01 | C010 | |
| 4 | 2017/10/01 | C005 | 西原綾 |
| 5 | 2017/10/01 | C006 | 飯塚美穂子 |
| 6 | 2017/10/01 | C007 | 米沢光良 |
| 7 | 2017/10/02 | C008 | 佐川奈々 |
| 8 | 2017/10/02 | C009 | 松木美紀 |
| 9 | 2017/10/02 | C010 | 前野景子 |
| 10 | 2017/10/02 | C011 | 井上竜也 |
| 11 | 2017/10/02 | C012 | 中里聖陽 |
| 12 | 2017/10/02 | C013 | 山瀬涼子 |
| 13 | 2017/10/03 | C014 | 堤人志 |
| 14 | 2017/10/03 | C015 | 本田剛基 |
| 15 | 2017/10/03 | C016 | 上田理紗 |
| 16 | 2017/10/03 | C017 | 山中さくら |
| 17 | 2017/10/03 | C018 | 天野真悠子 |
| 18 | 2017/10/03 | C020 | 滝本季衣 |
| 19 | 2017/10/03 | C000 | 松下優一 |

　「明細データ」の「商品ID」フィールドは、「商品マスター」から選べるルックアップフィールドに
なっています。こちらも、「入力チェック」は「はい」にしてあります。

025

# CHAPTER 1 レポート&フォーム概要

**図21** 「商品ID」ルックアップ設定　　**図22** 「商品ID」ルックアップ設定

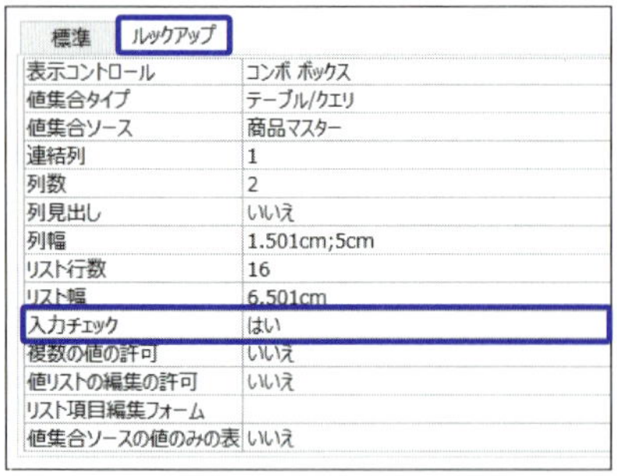

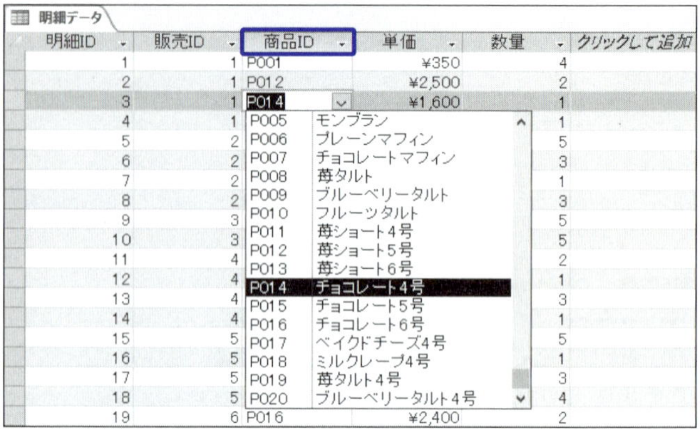

また、顧客マスターには「住所入力支援」が設定してあり、郵便番号を入力すると、住所1に自動入力されるようになっています。

これらの設定は、レポート/フォームを作った際に継承され、特に入力支援はフォーム上でも有効になるので、最初のテーブル設計の時点で設定しておくことが大切です。

## 1-5-3 リレーションシップと参照整合性

図23のような形で、それぞれリレーションシップが設定されています。「販売データ」と「明細データ」のリレーションシップにのみ、参照整合性と連鎖更新を有効にしてあります（図24）。

**図23** 設定されたリレーションシップ

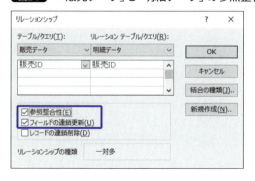

**図24** 「販売データ」と「明細データ」の参照整合性

# クエリは情報源

# CHAPTER 2

## 2-1 クエリの概要

レポートとフォームを作成するには、その基礎となるテーブルやクエリの知識が必要不可欠です。ここで使い方をおさらいしておきましょう。

### 2-1-1 レコードソースと連結/非連結オブジェクト

**CHAPTER 1**で、「レポートとフォームは、テーブルやクエリを基礎にして作られる」と説明しました。この「基礎となるテーブル/クエリ」のことを、**レコードソース**と呼びます。そして、レコードソースが存在するレポート/フォームのことを**連結オブジェクト**、存在しないレポート/フォームのことを**非連結オブジェクト**という表現をします。

レポートは、データの閲覧や印刷を目的としたオブジェクトです。レコードソースが存在しないことにはデータの表示ができないので、（Access外部からデータを持ってくるような例外を除けば）基本的には連結しているのが前提です。したがって、連結レポート、非連結レポートという呼び方はあまりしません。

それに対してフォームは、データの入力目的のほか、「メニュー画面」などの操作補助として使われることも多くあります。

入力の場合はレコードソースが必要なので**連結フォーム**と呼ばれますが、補助画面の場合はレコードソースを必要としないケースも多くあります。こういったフォームを、**非連結フォーム**と呼びます。

**図1** 連結と非連結

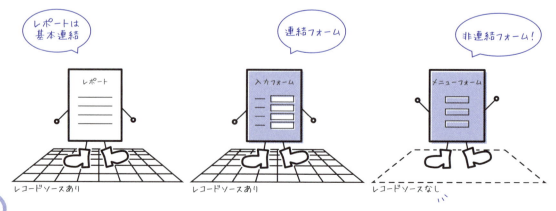

なお、レポートの場合、連結していても表示されたデータは読み取り専用となるので、レポートからテーブルのデータを変更することはできません。

対して連結フォームは、入力された値で直接テーブルを書き換えます。難しい知識がなくてもかんたんに入力フォームが作ることができるという、Access特有のとても便利な機能なのですが、意図せず値を書き替えてしまった場合でも、テーブルが書き換わってしまうという面もあるので、操作には十分な注意が必要です。

この対策のために、入力フォームをあえて非連結で作って、プログラミングを使ってテーブルに値を書き込むという方法もあります。なお、この方法は **CHAPTER 9** で紹介します。

**図2** 連結オブジェクトの注意点

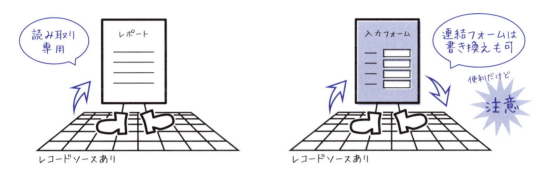

このように、レポート／フォームを作るには、まずレコードソースをどうするかという想定が必要です。とくに、複雑なものを作りたいと思ったら、レコードソースとなるクエリの作り込みがきちんとできていなければなりません。

**図3** 土台のクエリが大切

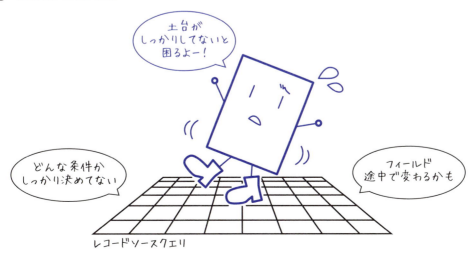

## 2-1-2 選択クエリ

単一、または複数のテーブルから好きなフィールドを組み合わせてデータを抽出するクエリのことを、**選択クエリ**と呼びます。これが、レポートやフォームのレコードソースに指定できる種類のクエリです。フィールドを組み合わせ、条件を付けてレコードを絞り込んだり、並べ替えたりすることがかんたんにできます。

選択クエリでは、データを選択するのと同時に「数量」×「単価」のようなフィールドどうしを計算した数値を取得することもできます。もちろんこれらの値はテーブルには含まれないので、無駄に容量を増やすこともなく、テーブルの値が変われば、計算結果も変わります。

さらには条件に合うデータの個数、合計、平均などを算出する**集計クエリ**や、縦軸と横軸を設定して計算、分布して表示する**クロス集計クエリ**というものがあり、データの分析に非常に有用です。

**図4** 選択クエリ

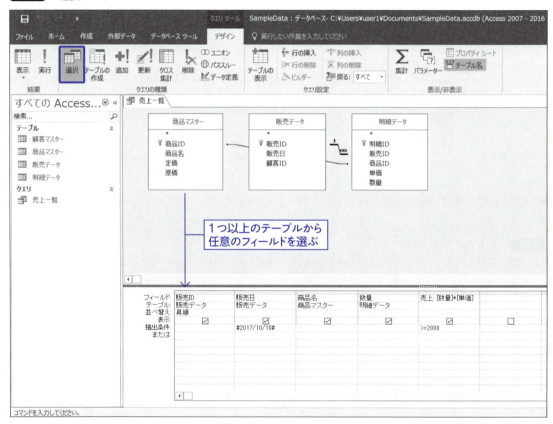

## 2-1-3 アクションクエリ

テーブルの内容を変更させることができるクエリの総称を**アクションクエリ**と呼びます。

その中の**更新クエリ・追加クエリ・削除クエリ**は、それぞれのクエリで条件を設定して実行すると、条件に合うレコードに対して一挙に更新/追加/削除をすることができます。

また、「テーブル作成クエリ」は、既存のテーブルから抽出したデータを、新しいテーブルを作って格納することができます。

アクションクエリは、レポートやフォームのレコードソースには設定できません。

**図5** アクションクエリ

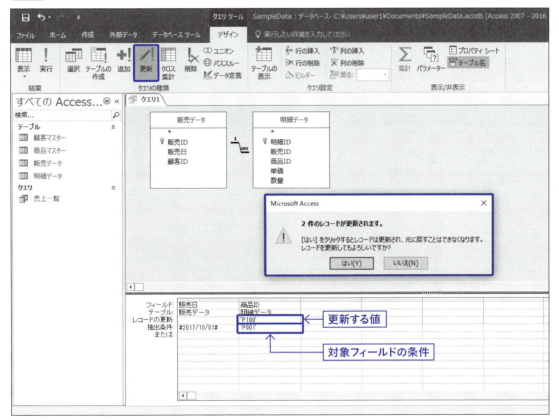

CHAPTER 2

# 2-2 クエリデザイン

それでは、のちほどレポートのレコードソースにする想定で、選択クエリを実際に作ってみましょう。

## 2-2-1 デザインビューの使い方

選択クエリを設定する画面は**デザインビュー**と呼びます。それぞれの画面の名称は図6のようになっています。

**図6** 選択クエリのデザインビュー

このクエリは、販売された商品名と個数、売上を一覧表示するものです。画面右下のデザイングリッドに任意のフィールドを追加し、条件を付けて設定します。

## 2-2-2 リレーションを張った複数テーブルからのクエリ

CHAPTER 2のbeforeフォルダーにあるSampleData.accdbを使って、2-2-1の選択クエリを作成してみましょう。

まずは図7のように、「作成」タブの「クエリデザイン」をクリックします。

すると、図8のウィンドウが現れます。ここから、抽出したい情報があるテーブル（ここでは「商品マスター」「販売データ」「明細データ」）を選択し、「追加」をクリックします。Ctrlキーを押しながらクリックすると、複数のテーブルを選択できます。

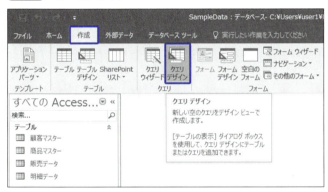

図7 クエリデザイン

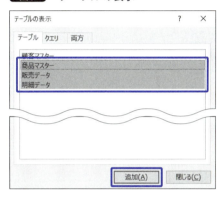

図8 テーブルの表示

選択したテーブルが配置されたデザインビューが開きます（図9）。この画面に出ているリレーションシップは、1-5-3（26ページ）で設定してあるデータベースツールのリレーションシップが初期値として引き継がれますが、このクエリ独自のリレーションシップとして変更することもできます。

ここで、このクエリに名前を付けて保存しましょう。「クエリ1」となっているタブを右クリックし、「上書き保存」します（図10）。

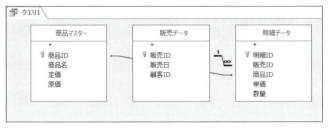

図9 デザインビューが表示された

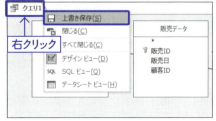

図10 上書き保存

「売上一覧」という名前のクエリにします（図11）。すると、ナビゲーションウィンドウに新たなクエリオブジェクトが作成され、タブの名前も変更されます（図12）。

**図11** クエリ名を入力

**図12** クエリオブジェクトが作成された

任意のフィールドをダブルクリック、またはグリッドへドラッグすることで、デザイングリッドにフィールドを追加することができます(図13)。

**図13** デザイングリッドにフィールドを追加

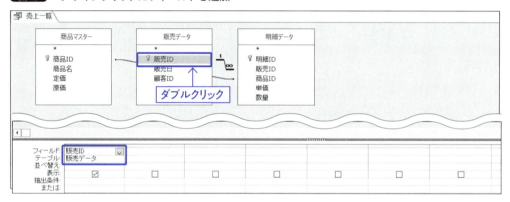

図14のように、ほかのフィールドもデザイングリッドに追加してみましょう。5つ目のフィールドは演算フィールドといい、フィールドどうしを計算させてオリジナルのフィールドを作成することができます。

**図14** 演算フィールドも含めて追加

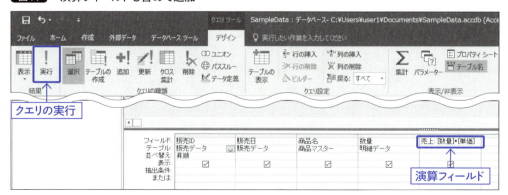

ここで一度、このクエリの結果を見てみましょう。リボンの「実行」をクリックすると、図15のような画面になります。これは**データシートビュー**という、クエリの結果を閲覧するモードです。それぞれのテーブルだけではIDなどの必要最低限なデータしか格納されていませんが、こうして選択クエリを作成することによって、視覚的にわかりやすいデータが得られます。

**図15** データシートビューで結果を見る

売上一覧

| 販売ID | 販売日 | 商品名 | 数量 | 売上 |
|---|---|---|---|---|
| 1 | 2017/10/01 | 苺ショート | 4 | ¥1,400 |
| 1 | 2017/10/01 | 苺タルト4号 | 1 | ¥2,800 |
| 1 | 2017/10/01 | 苺ショート5号 | 2 | ¥5,000 |
| 1 | 2017/10/01 | チョコレート4号 | 1 | ¥1,600 |
| 2 | 2017/10/01 | チョコレートマフィン | 3 | ¥750 |
| 2 | 2017/10/01 | ブルーベリータルト4号 | 1 | ¥2,500 |
| 2 | 2017/10/01 | フルーツタルト | 5 | ¥2,000 |
| 2 | 2017/10/01 | モンブラン | 3 | ¥1,050 |
| 3 | 2017/10/01 | モンブラン | 5 | ¥1,750 |
| 3 | 2017/10/01 | 苺タルト | 5 | ¥2,250 |
| 4 | 2017/10/01 | チョコレート5号 | 1 | ¥2,000 |
| 8 | 2017/10/02 | 苺ショート | 3 | ¥1,050 |
| 8 | 2017/10/02 | 苺タルト | 3 | ¥1,350 |
| 8 | 2017/10/02 | 苺タルト | 4 | ¥1,800 |
| 9 | 2017/10/02 | フルーツタルト | 2 | ¥800 |
| 9 | 2017/10/02 | ミルクレープ | 3 | ¥900 |
| 10 | 2017/10/02 | プレーンマフィン | 5 | ¥1,250 |

レコード: 1 / 1000 フィルターなし 検索

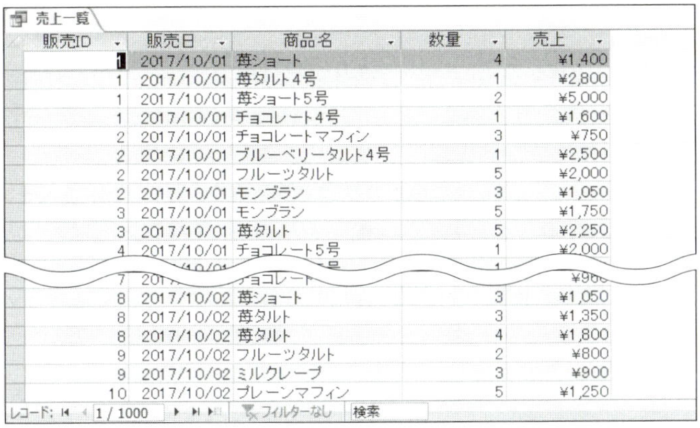

デザインビューに戻って、レコードに条件を付けて絞り込んでみましょう。リボンの「表示」、または右下のアイコンからビューを切り替えることができます。

デザイングリッドの「抽出条件」に図16のように入力してみましょう。「販売日」フィールドが「2017/10/10」かつ、「売上」演算フィールドが「2000以上」という条件です。条件を付ける際、日付は「#」、文字列は「'」もしくは「"」で囲むというルールがあります。

**図16** 抽出条件を追加

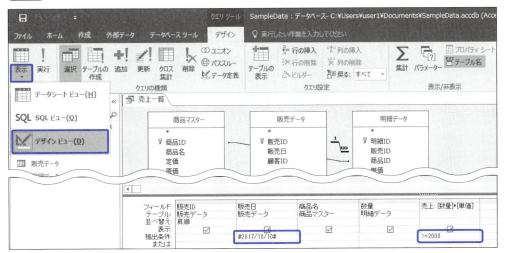

再びリボンの「実行」をクリックすると、図17のように、指定した条件に合うレコードのみ抽出されました。

なお、選択クエリの結果は読み取り専用ではないので、データシートビュー上で値を書き換えると（図18）、テーブルに反映されてしまいます（図19）。充分に注意してください。

**図17** 条件追加した結果

売上一覧

| 販売ID | 販売日 | 商品名 | 数量 | 売上 |
|---|---|---|---|---|
| 84 | 2017/10/10 | フルーツタルト | 5 | ¥2,000 |
| 85 | 2017/10/10 | 苺タルト | 5 | ¥2,250 |
| 86 | 2017/10/10 | ミルクレープ4号 | 1 | ¥2,300 |
| 86 | 2017/10/10 | チョコレート4号 | 2 | ¥3,200 |
| 86 | 2017/10/10 | チョコレート5号 | 1 | ¥2,000 |
| 87 | 2017/10/10 | チョコレート4号 | 2 | ¥3,200 |
| 88 | 2017/10/10 | ブルーベリータルト | 5 | ¥2,000 |
| 89 | 2017/10/10 | 苺タルト4号 | 2 | ¥5,600 |
| (新規) | | | | |

**図18** 選択クエリでもデータの書き換えはできる

売上一覧

| 販売ID | 販売日 | 商品名 | 数量 | 売上 |
|---|---|---|---|---|
| 84 | 2017/10/10 | フルーツタルト | 5 | ¥2,000 |
| 85 | 2017/10/10 | 苺タルトaaa | 5 | ¥2,250 |
| 86 | 2017/10/10 | ミルクレープ4号 | 1 | ¥2,300 |
| 86 | 2017/10/10 | チョコレート4号 | 2 | ¥3,200 |
| 86 | 2017/10/10 | チョコレート5号 | 1 | ¥2,000 |
| 87 | 2017/10/10 | チョコレート4号 | 2 | ¥3,200 |
| 88 | 2017/10/10 | ブルーベリータルト | 5 | ¥2,000 |
| 89 | 2017/10/10 | 苺タルト4号 | 2 | ¥5,600 |
| (新規) | | | | |

**図19** テーブルに反映された結果

すべての Access...
検索...
テーブル
- 顧客マスター
- 商品マスター
- 販売データ
- 明細データ

クエリ
- 売上一覧

売上一覧 ／ 商品マスター

| 商品ID | 商品名 | 定価 | 原価 | クリックして追加 |
|---|---|---|---|---|
| P001 | 苺ショート | ¥350 | ¥150 | |
| P002 | チョコレート | ¥320 | ¥130 | |
| P003 | ベイクドチーズ | ¥300 | ¥110 | |
| P004 | ミルクレープ | ¥300 | ¥100 | |
| P005 | モンブラン | ¥350 | ¥130 | |
| P006 | プレーンマフィン | ¥250 | ¥90 | |
| P007 | チョコレートマフィン | ¥250 | ¥100 | |
| P008 | 苺タルトaaa | ¥450 | ¥180 | |
| P009 | ブルーベリータルト | ¥400 | ¥160 | |
| P010 | フルーツタルト | ¥400 | ¥150 | |
| P011 | 苺ショート4号 | ¥2,000 | ¥800 | |
| P012 | 苺ショート5号 | ¥2,500 | ¥900 | |
| P013 | 苺ショート6号 | ¥3,200 | ¥1,000 | |
| P014 | チョコレート4号 | ¥1,600 | ¥600 | |
| P015 | チョコレート5号 | ¥2,000 | ¥700 | |
| P016 | チョコレート6号 | ¥2,400 | ¥800 | |
| P017 | ベイクドチーズ4号 | ¥1,500 | ¥600 | |
| P018 | ミルクレープ4号 | ¥2,300 | ¥900 | |
| P019 | 苺タルト4号 | ¥2,800 | ¥1,200 | |
| P020 | ブルーベリータルト4号 | ¥2,500 | ¥1,000 | |
| | | ¥0 | ¥0 | |

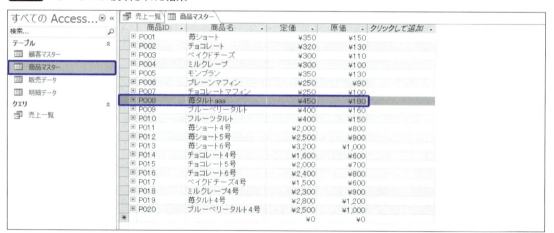

# CHAPTER 2

## 2-3 パラメータークエリ

クエリで抽出したい条件を変えたいとき、いちいちデザインビューで開いてデザイングリッドの条件を入力し直すのは、少々手間がかかります。そんな場合、実行時に条件を入力するウィンドウを出してくれるクエリを作成することができます。

### 2-3-1 パラメーターとは

「パラメーター」は、プログラムなどの動作に必要な「設定値」といった意味です。**パラメータークエリ**とは、クエリの抽出条件の「設定値」となる値を、実行時にユーザーに尋ねてくれるクエリのことを指します。

これによって、ユーザーはクエリを実行するたびに、かんたんに条件を変えられるので、デザインビューで設定を変える必要がありません。

### 2-3-2 条件の入力を要求するクエリ

2-2で作成したクエリの条件をいったん削除して、図20のように書いてみましょう。条件を [ ]（角かっこ）で囲んだ文章がパラメーターボックスに表示されるテキストになります。

#### 図20　パラメータークエリの作成

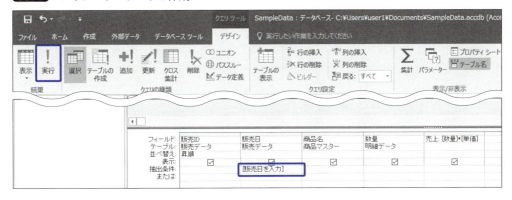

## CHAPTER 2 クエリは情報源

リボンの「実行」をクリックすると、パラメーターボックスが表示されます（図21）。日付を入力してみましょう。パラメーターに入力する際は、「#」や「'」などで囲む必要はありません。

入力した値で絞り込まれた結果が表示されました（図22）。クエリを実行するたびに、違う値を指定することができます。

**図21** パラメーターボックスへ入力　　**図22** パラメータークエリの結果

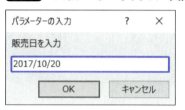

# レポート＆フォームの主な共通部分

# CHAPTER 3

## 3-1 ビュー

レポートとフォームには複数の「ビュー」と呼ばれる表示モードがあり、それぞれの特性を理解して、使い分ける必要があります。レポートとフォームは構造が似ているので、ビューにも共通点が多くあります。

### 3-1-1 デザインビュー

テーブルやクエリでもおなじみの**デザインビュー**です。レポートとフォームの「構造」を決めるために使います。具体的なデータが表示されないので、よくわからない印象ですが、データベースの「フィールド」を配置する、とても大切な役割を持つビューです。図1と図2は、**CHAPTER 2**で作成した「売上一覧」クエリをレポート/フォーム化したものです。

**CHAPTER 3**の解説内容は、Afterフォルダーに収録されているサンプルファイルのレポートやフォームで確認してください。

**図1** レポートのデザインビュー

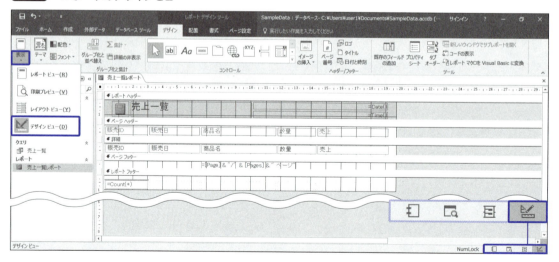

なお、ビューは「デザイン」もしくは「ホーム」タブの「表示」、またはステータスバー右下のアイコンをクリックすることで切り替えることができます。

3-1 ビュー

**図2** フォームのデザインビュー

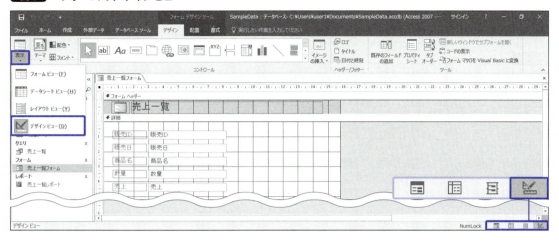

## 3-1-2 レポート/フォームビュー

　構造の変更はできず「閲覧/操作」を行うのが特徴で、システムを実際に使うときに選択するビューです。ユーザーが主に扱うビューともいえます。
　レポートにおいては「閲覧」を行うビューです。レポートビュー上で「フィルター」機能を利用すると、クエリのデザイングリッドで「抽出条件」を設定するのと同様に、レコードに条件を付けて絞り込むことができます。
　レコードソースとなるクエリで抽出条件が設定してあっても、ユーザーがその条件を変更するのが難しい場合、レポートビューで絞り込みを行うほうがかんたんかもしれません。

**図3** レポートビュー

041

CHAPTER **3** レポート＆フォームの主な共通部分

　フォームにおいては、選択や入力などの「操作」を行うことができます。ユーザーの入力業務のときなどによく使われるビューです。

**図4** フォームビュー

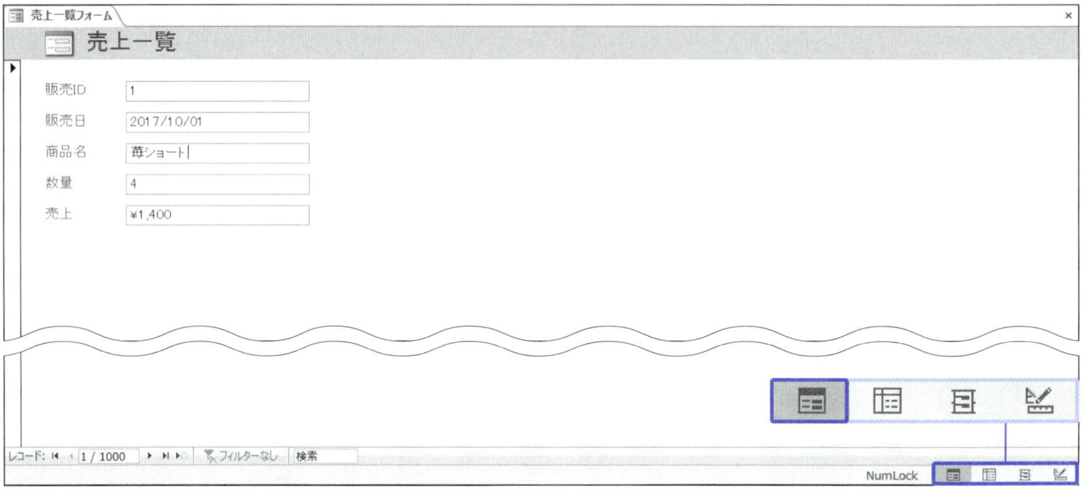

## 3-1-3 レイアウトビュー

　デザインビューと、レポート/フォームビューの中間の機能を持つビューです。

　デザインビューで構造を決めるとき、画面に表示されるのは「フィールド名」で、実際のデータは見ることができません。

　デザインビューからレポート/フォームビューに切り替えると、フィールドの幅に対してデータが長すぎたり、数値の桁数が思っていたのと違っていたりなど、想定外のことが起きることがしばしばあります。

　しかし、レポート/フォームビューではレイアウトの変更ができないので、またデザインビューへ戻って、「こんな感じかな？」という感覚で直さなければなりません。

　こんな場合、レイアウトビューならば「実際にデータが入っているのを確認しながらレイアウトを変更する」ということができるのです。

　しかし、レイアウトの変更が可能なのでユーザーが閲覧目的で使うのには適していませんし、デザインビューのように細かい構造を変更することもできません。

　基本的な作成手順は、まずデザインビューで作り、レイアウトビューでは微調整を行う、という使い方がおすすめです。

**図5** レポートのレイアウトビュー

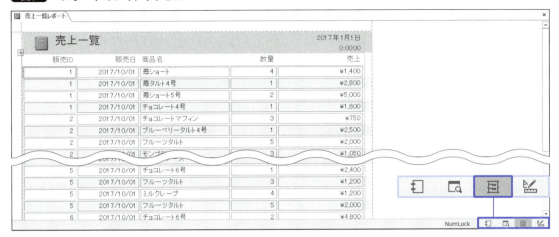

**図6** フォームのレイアウトビュー

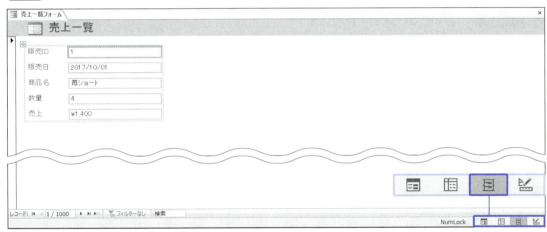

## 3-1-4 印刷プレビュー

　レポートの場合のみ利用できるビューです。

　レポートビューやレイアウトビューでは、画面に対象のレコードすべてが並び、上下にスクロールして閲覧する形になっており、印刷は想定されていません。

　印刷プレビューでは、紙の大きさや余白などを設定して、ヘッダーやフッターの見え方、出力枚数など、実際に紙に印刷されたときにどんな形になるのかということを確認することができます。

　なお、印刷できるのは、レポートビューで表示されるデータと同じものになります。フィルターをかけてある場合は印刷プレビューにも適用されるので、ユーザーがレポートビューでレコードを絞り込んだ状態で印刷することができます。

# CHAPTER 3　レポート&フォームの主な共通部分

**図7**　レポートの印刷プレビュー

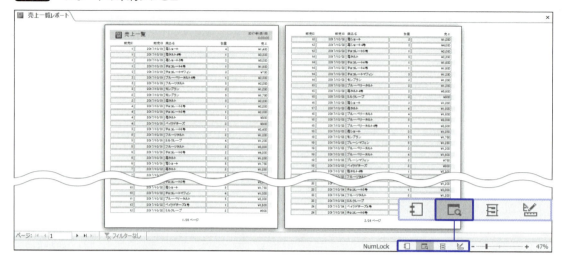

## 3-1-5　データシートビュー

　フォームの場合かつ、プロパティシート（3-3-2 48ページ）にて、「データシートビューの許可」が「はい」になっているときのみ、利用できるビューです。フォームの作り方によってはこの既定値が「いいえ」になっているので、選択肢に現れないケースもあります。
　このビューでは、フォーム上に、テーブルやクエリのデータシートビューと同じ形でデータを表示することができます。ただし、フォーム上にボタンなどほかの部品（コントロール）を配置することができません。

**図8**　データシートビュー（フォーム）

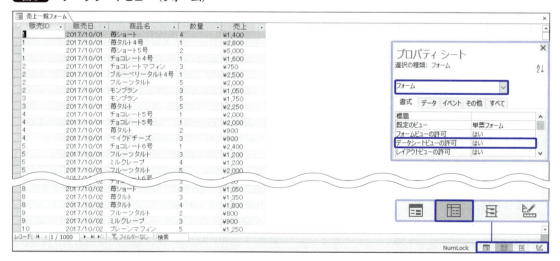

# CHAPTER 3

## レイアウトの形式

レポートとフォームでは、フィールドの「並び方」であるレイアウトに、それぞれ名称があります。作成していく際に用語が出てきますので、ここで覚えておきましょう。

### 3-2-1 単票（集合）形式

図9のようにフィールド名が左側、データが右側に一対になっているレイアウトです。データ入力などにわかりやすい形なので、入力目的のフォームによく使われます。

この形式は、「ウィザード」（レポートは 4-3-1 96ページ、フォームは 6-2-1 181ページ）を使う際は「単票形式」とされていますが、「レイアウトツール」または「デザインツール」（APPENDIX 348ページ）では「集合形式」と表現されています。

**図9** 単票（集合）形式

### 3-2-2 表形式

図10のようにフィールド名が上部に横並びになり、その下に対応するレコードが1行ずつ表示されるレイアウトです。データシートビューの見た目に似ていて、たくさんのレコードを1画面で閲覧したいときや、レポートの印刷などに適しています。

**図10** 表形式

## 3-2-3 帳票形式

図11のように、1レコードをコンパクトに配置するレイアウトです。

表形式はフィールドが多いと横に収まらなかったり、単票形式はレコードが多いと下に長くなりすぎてしまったりと、それぞれにデメリットがあります。

帳票形式は、フィールド数が多く、かつたくさんのレコードを表示させたい場合に便利なレイアウトで、「ウィザード」から作成することができます。

帳票形式はサンプル収録されていないので、フォームウィザード（6-2-1 183ページ）を参照してください。

**図11** 帳票形式

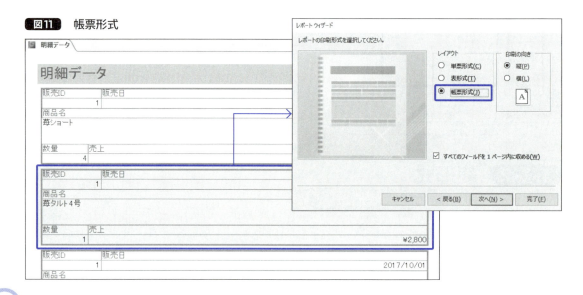

# CHAPTER 3

## 3-3 フィールドリストとプロパティシート

レポートやフォームにフィールドを追加するためのウィンドウや、配置した要素などの設定を行うウィンドウも、共通してよく使います。

### 3-3-1 フィールドリスト

　フィールドリストは、利用可能なフィールドを表示してくれるウィンドウです。このリストから、フィールドを追加することができます。

　デザインビューまたはレイアウトビューにて、「デザイン」タブの「既存のフィールドの追加」をクリックすると、右側に現れるのが「フィールドリスト」です。フォームの場合はデータシートビューでも利用できます。

**図12**　フィールドリスト

　「このビューで利用可能なフィールド」として表示されるのは、レコードソースで指定されているクエリまたはテーブルのフィールドです。レコードソースが指定されていない非連結のオブジェクトの場合、なにも表示されません。

このリストの中から任意のフィールドをダブルクリック、またはドラッグすることで、レポート/フォームにフィールドを追加することができます。

レコードソース外のフィールドを使いたい、またはレコードソースが設定されていない場合、「すべてのテーブルを表示する」をクリックすると、ほかのフィールドを選ぶことができます。こちらも、ダブルクリックまたはドラッグでフィールドを追加します。

**図13**　すべてのテーブルのフィールド

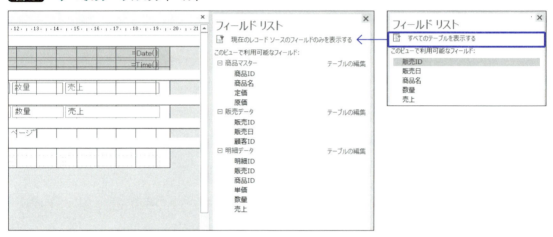

なお、現在のレコードソースから抽出できないフィールドを選択した場合、**図14**のようなメッセージが表示され、レコードソースの変更が行われます。

**図14**　レコードソースの変更

## 3-3-2　プロパティシート

プロパティシートは、レポート/フォームの詳細な設定を行うことのできるウィンドウです。全体的な設定や、中に配置されているオブジェクトひとつひとつについての設定を一覧で確認したり、変更したりすることができます。

デザインビューまたはレイアウトビューにて、「デザイン」タブの「プロパティシート」をクリックすると、右側に現れます。フォームの場合はデータシートビューでも利用できます。

3-3 フィールドリストとプロパティシート

**図15** プロパティシート

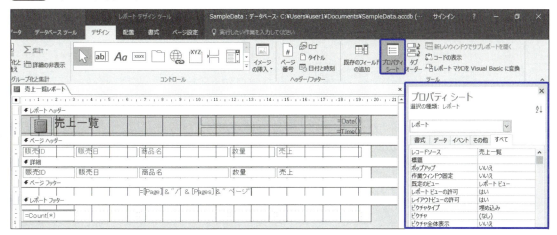

プロパティシートでは、直接オブジェクトをクリックするか、図16のような一覧表示の中から、対象のオブジェクトを選択します。「レポート」または「フォーム」を選択すると、そのレポート／フォームの全体的なプロパティを設定できます。

各タブに表示される項目は選択されたオブジェクトに合わせて変化しますが、ここでは「レポート」全体を選択した場合を例に概要を説明します。

**図16** オブジェクトを選択

「書式」タブ（図17）では、選択したオブジェクトの見た目に関する詳細な設定を行うことができます。

「データ」タブ（図18）では、そのオブジェクトとほかのオブジェクトの関連性や、オブジェクトが表示するデータについての設定を行うことができます。レポートやフォームの土台となるレコードソースは、ここで設定できます。

「イベント」タブ（図19）は、そのオブジェクトへの操作をきっかけとして動作を行うマクロを設定することができます。この「イベント」タブとマクロの使い方については、**CHAPTER 8**で解説しています。

「その他」タブ（図20）では、ここまでのタブに該当しない、細かな設定を行うことができます。

なお、「すべて」タブは、書式、データ、イベント、そのほかの内容をすべて一覧にしたタブです。

## CHAPTER 3 レポート&フォームの主な共通部分

**図17** 書式

**図18** データ

**図19** イベント

**図20** その他

# CHAPTER 3

## 3-4 セクション

セクションには、それぞれの位置に名称があり、レポート/フォームの構造を作成します。デザインビューで設定し、それぞれの高さは自由に変えることができます。

### 3-4-1 レポート/フォームヘッダー

　ヘッダーとは、Accessに限らず、文書の上部に表示する領域のことです。レポート/フォームヘッダーは、そのオブジェクトを表示するときに一度だけ上部に表示されます。

　これは、複数枚にわたるレコード数を持つレポートを「印刷プレビュー」で表示させると特徴がよくわかります（図21）。最初のページにだけ、タイトルが表示されていますね。

**図21** レポートヘッダー

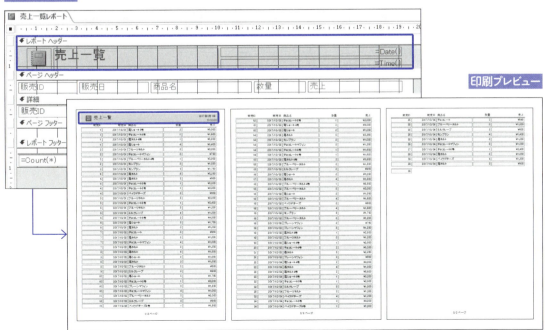

## CHAPTER 3 レポート&フォームの主な共通部分

フォームは1画面で使うことが多いので、「ヘッダー」という意識は持ちにくいかもしれませんが、タイトルなどがよく配置されます。

**図22** フォームヘッダー

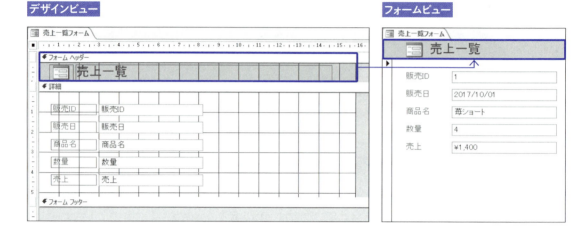

### 3-4-2 ページヘッダー

このセクションは、ページに対するヘッダーです。改ページされたオブジェクトの上部に表示されます。

こちらも、複数枚にわたるレコード数を持つレポートを「印刷プレビュー」で表示させると特徴がよくわかります。図23のように、ページごとの上部にそれぞれ表示されています。「レポートビュー」「レイアウトビュー」では改ページされないので、1度しか表示されません。

**図23** ページヘッダー(レポート)

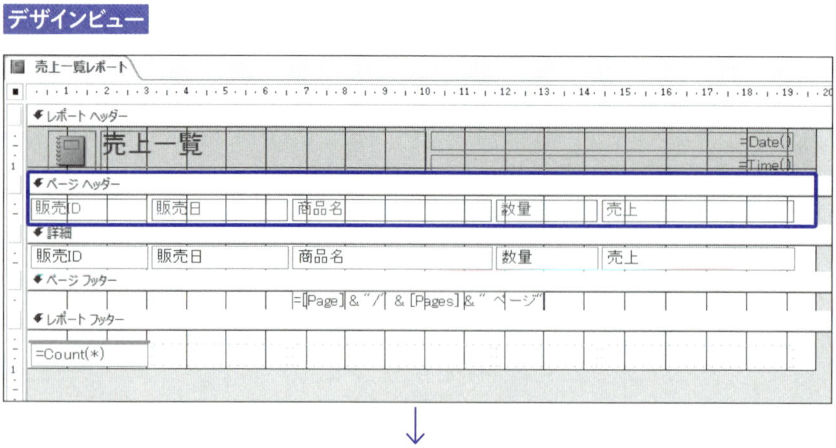

デザインビュー

↓

3-4 セクション

**印刷プレビュー**

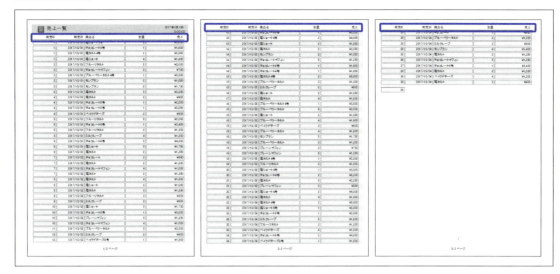

フォームでは、「フォームを印刷する」という目的のときに使用します。非表示になっている場合、任意のセクションを右クリックして表示させることができます（図24）。

**図24** ページヘッダーの表示（フォーム）

図25のように、ページヘッダーにテキストなどを配置して使いますが、フォームの場合、ほかのビューに切り替えても表示されません。

CHAPTER 3 レポート&フォームの主な共通部分

**図25** フォームのページヘッダーにテキストを配置

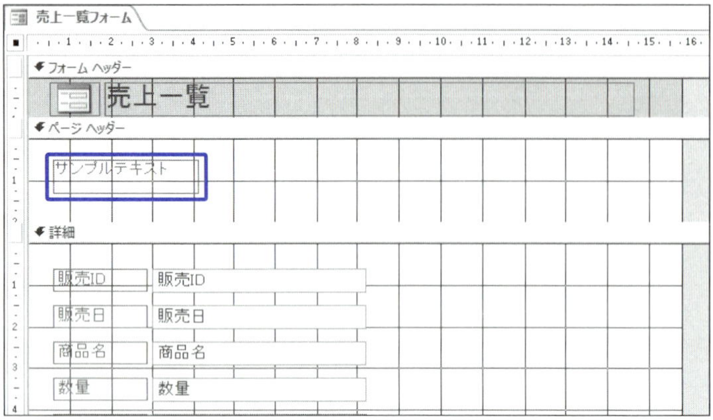

　タブの「ファイル」→「印刷」→「印刷プレビュー」を選択すると、図26のようにページの上部に表示されます。複数枚にわたる場合は、レポートのページヘッダーと同じように、ページごとに表示されます。

**図26** 印刷プレビューでフォームのページヘッダーを確認

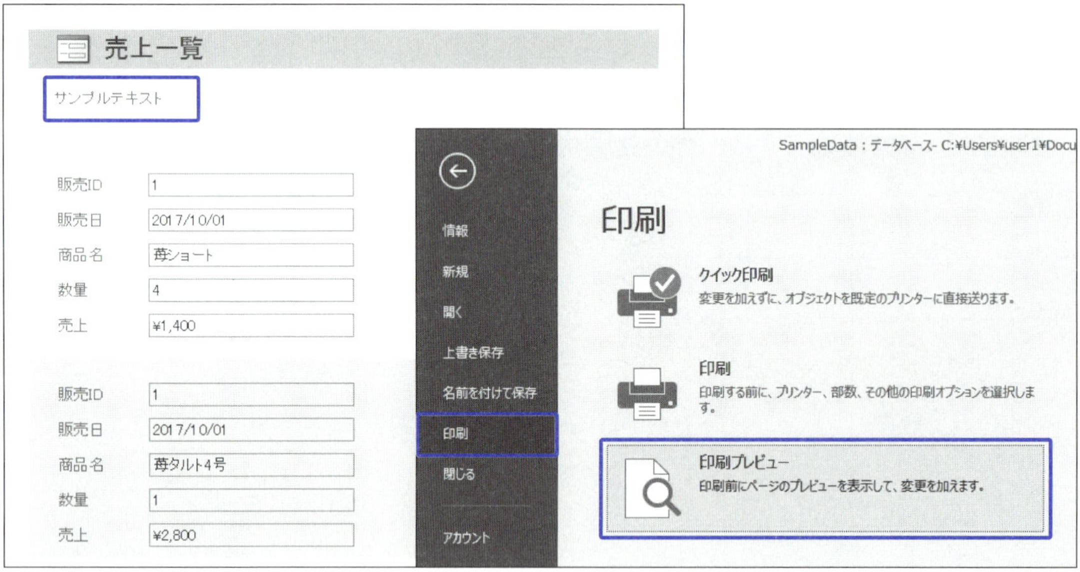

## 3-4-3 詳細

　このセクションは、対象レコードの数だけ繰り返される部分で、図27のように表示されます。「表形式」にするには、「ページヘッダー」に「フィールド名」を置き、「詳細」に「フィールド」を置きます。

054

3-4 セクション

**図27** 詳細（レポート）

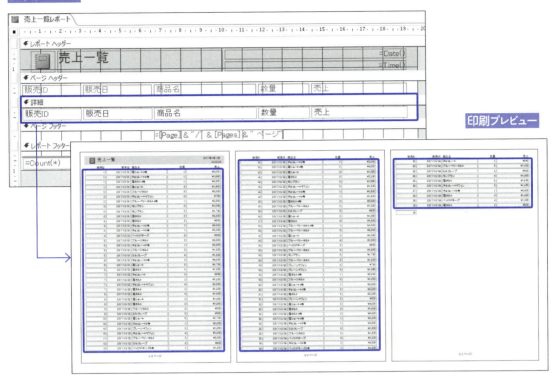

図28のような単票（集合）形式のフォームでは、「詳細」に「フィールド名」と「フィールド」の両方を置きます。

**図28** 詳細（フォーム）

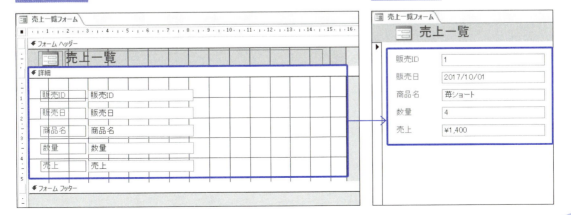

なお、フォームの場合、プロパティシートにて、「規定のビュー」が「単票フォーム」の場合は、1レコードのみ表示されます。「帳票フォーム」にすると**図29**のように複数レコードが表示されます。

**図29** 帳票フォームの場合

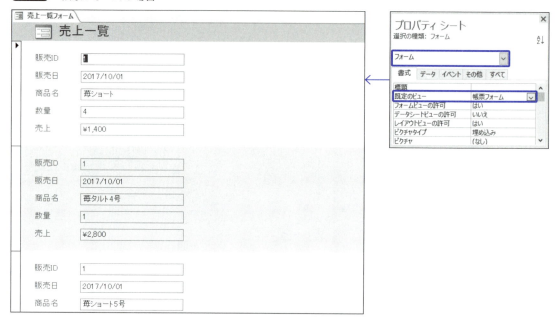

この部分の「帳票フォーム」は、レイアウトの名称である「帳票形式」とは別のものです。名称は似ていますが、混同しないように注意してください。

## 3-4-4 ページフッター

　このセクションは、ページに対するフッターです。改ページされたオブジェクトの下部に表示されます。

　ページヘッダーと同じ特徴で、複数枚にわたるレコード数を持つレポートを「印刷プレビュー」にすると、ページごとに下部に表示されます。「レポートビュー」「レイアウトビュー」では改ページされないので、1度しか表示されません。

**図30** ページフッター（レポート）

**デザインビュー**

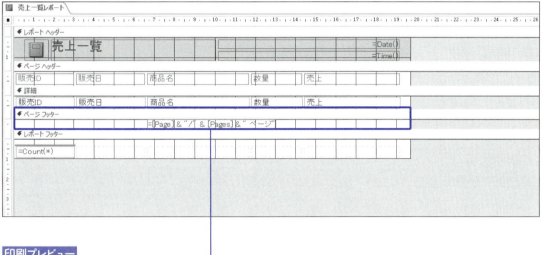

**印刷プレビュー**

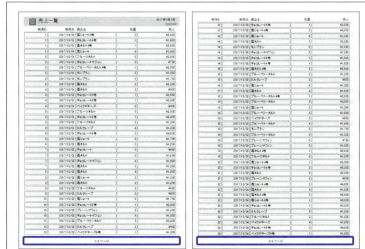

フォームにおいては、ページヘッダーと同じく「フォームを印刷する」という目的の場合に使用し、タブの「ファイル」→「印刷」→「印刷プレビュー」で確認するときに表示されます。複数枚にわたる場合は、レポートのページフッターと同じように、ページごとに下部に表示されます。

**図31** 印刷プレビューでフォームのページフッターを確認

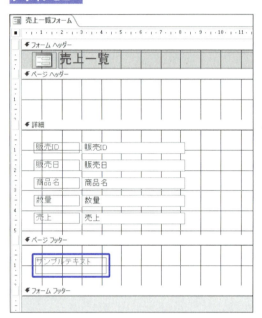

なお、フォームで「規定のビュー」が「単票フォーム」になっていたとしても、印刷プレビューでは対象レコードすべてが表示されます。ページヘッダーも同様です。

## 3-4-5 レポート/フォームフッター

このセクションは、レポート/フォームに対するフッターで、1度だけ表示されます。

レポートの場合、図32のように複数ページにわたる場合は最後のページにのみ表示されます。デザインビューでは最下部にあっても、印刷プレビューでは「詳細」セクションの直下に表示されるため、必ずしもページ下部に表示されるわけではないということに注意してください。

**図32** レポートフッター

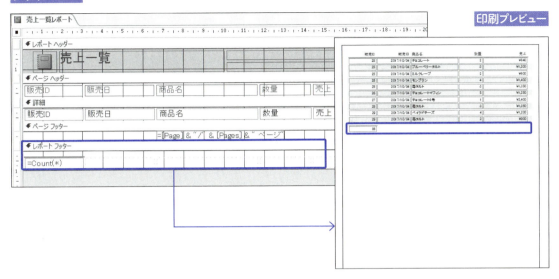

フォームにおいては、図33のようにフォームビューやレイアウトビューで見たときに、画面の下部に表示されます。

**図33** フォームフッター

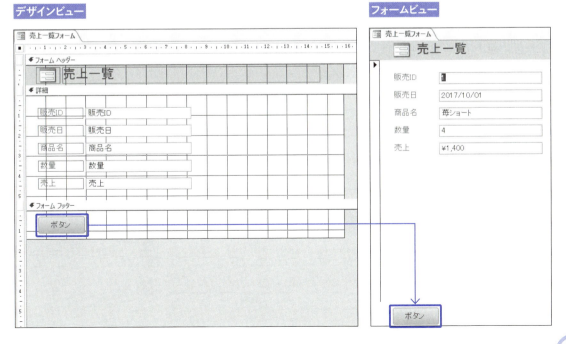

# CHAPTER 3

## 3-5 コントロール

セクションでレポート/フォームの構造を決めたら、その中に要素を配置します。この要素となるオブジェクトのことをコントロールと呼びます。

### 3-5-1 コントロールの種類

コントロールはレポート/フォームともに使いますが、レポートは読み取り専用なので、フォームのほうがコントロールを「操作する」ことを通して特徴がわかりやすくなります。

図34にて枠で囲んであるのは、「ラベル」というコントロールです。ラベルは内容が変化しないテキストを表示するので、タイトルやフィールド名などによく使われます。

なお、プロパティシートを見ると、オブジェクトの識別名は「名前」、レポート/フォーム上に表示する内容は「標題」という名称になっています。この「名前」はほかのコントロールでも共通で、計算式やマクロなど、システム構築上でコントロールを使う場合は「名前」を指定します。

また、ラベルの「名前」はデフォルトでは「ラベル0」などになっているので、プロパティシートでわかりやすい名前に変更しておくと識別しやすくなります。

図34　ラベル

図35　名前と標題を変更

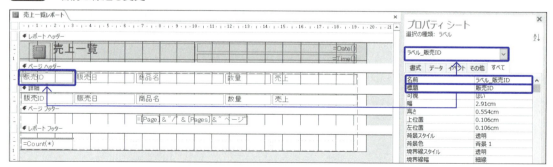

図36にて枠で囲んであるのは、「テキストボックス」です。テキストボックスは、レコードによって内容が変化するフィールドや、ページ数など「いつも同じではないもの」の表示や、入力欄などに使われます。

図37にて枠で囲んであるのは、「コンボボックス」です。コンボボックスは複数の項目を表示して、ユーザーに「選択させる」ためのコントロールです。

フォームビュー上では、図38のように操作できます。テーブル設計時にフィールドにルックアップを設定しておくと、レポート/フォーム上にフィールドを配置した際に、自動でコンボボックスが適用されます。

**図36** テキストボックス

**図37** コンボボックス

**図38** フォームビュー上でのコンボボックス

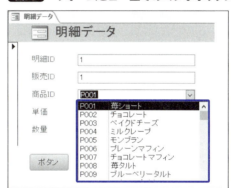

なお、レポートは読み取り専用なので、図38のようにデータを選択することはできませんが、コンボボックスが使われることもあります。コントロールの種類はプロパティシートで確認することができます（図39）。

**図39** レポート上のコンボボックス

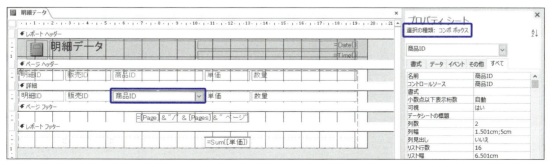

図40で枠で囲んであるのは、「ボタン」です。ボタンは、レポートビュー、フォームビューでクリックして使うことができます。主にマクロと組み合わせて、特定の動作を行うための「トリガー（きっかけ）」に使用します。

なお、ボタンは印刷には反映されないため、印刷プレビューには表示されません。

**図40** ボタン

## 3-5-2 連結コントロール

2-1-1で、レコードソースが設定してあるレポート／フォームのことを「連結」と表現をすると解説しましたが、コントロールでも同じです。コントロールが結び付いているデータ元を「コントロールソース」と呼び、コントロールソースが設定されているコントロールのことを、**連結コントロール**と呼びます。

図41では、テキストボックスのコントロールソースが「販売ID」というフィールドであることを表しています。デザインビューではテキストボックスにはコントロールソースの名称が表示されていますが、ほかのビューへ切り替えると、フィールドのデータが入った状態となります。

**図41** コントロールソールが設定されているテキストボックス

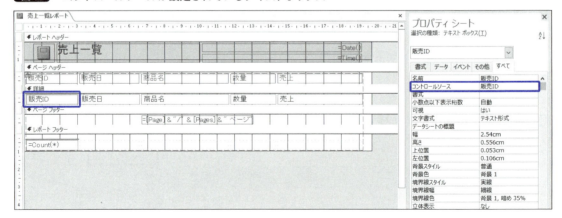

## 3-5-3 非連結コントロール

コントロールソースが設定されておらず、ほかのオブジェクトに直接影響を受けない/与えないコントロールのことを非連結コントロールと呼びます。

たとえば図42のような、入力した値を条件にしてレコードを絞り込みたいという目的のテキストボックスは、非連結です。非連結コントロールは、デザインビュー上で「非連結」という表示になります。

なお、この内容は8-4-2（274ページ）にて解説しています。

**図42** 非連結コントロールの例

## 3-5-4 演算コントロール

コントロールソースが「=」から始まる式になっていて、計算式や関数で取得したデータを表示するコントロールのことを、演算コントロールと呼びます。ほかのフィールドを使った計算結果や、ページ数や日付などを出力することができます。

図43では、テキストボックスに、現在の日付や時間、対象レコードの総数、現在のページと総ページ数を組み合わせるなどのさまざまな式が入力されており、出力するたびに表示内容が変化します。

## CHAPTER 3 レポート&フォームの主な共通部分

図43 演算コントロールの例

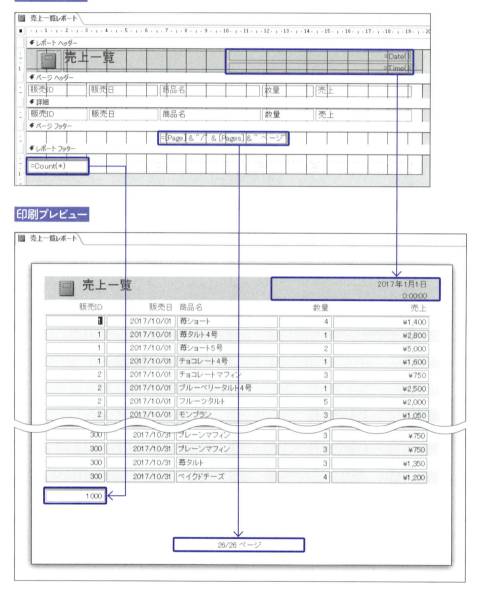

また、ほかの連結コントロールを使って「＝［売上］＊0.08」と入力することで消費税の表示ができたり、「＝Sum（［売上］）」で合計値の表示ができたりなど、計算や集計にもとても便利です。

# レポートの基本

# CHAPTER 4

## 4-1 自動作成とレイアウト修正

ここまで、レポートとフォームについての概要を説明してきました。さて、ここからは実際にレポートを作りながら、実践的な内容を学んでいきましょう。

### 4-1-1 レポートの自動作成

CHAPTER 4では、CHAPTER 2の終了時点から操作を行います。サンプルファイルはCHAPTER 4のBeforeフォルダーに入っているSampleData.accdbを使ってください。CHAPTER 2で作成したファイルをそのまま使う場合は、いったんパラメーターとなっている条件をクリアしてから利用してください。

新しいレポートは、「作成」タブをクリックしてリボンの「レポート」グループにあるアイコンから作成します（図1）。

**図1** レポートグループ

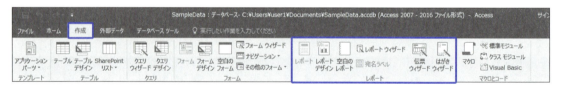

この中で、「レポートデザイン」と「空白のレポート」は、どちらも空のレポートを作成しますが、スタート画面が違います。「レポートデザイン」をクリックすると（図2）、空のレポートをデザインビューで開きます（図3）。

**図2** レポートデザイン

4-1 自動作成とレイアウト修正

**図3** デザインビューで空レポート

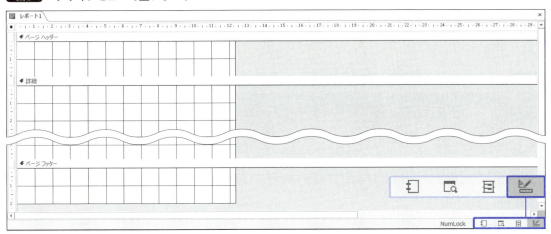

「空白のレポート」をクリックすると（図4）、空のレポートをレイアウトビューで開きます（図5）。

**図4** 空白のレポート

**図5** レイアウトビューで空レポート

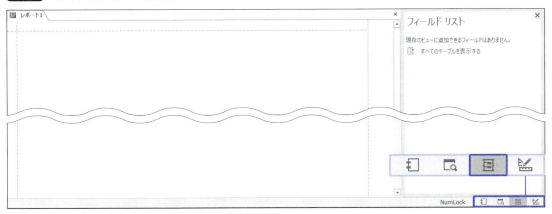

　空のレポートに任意のコントロールやフィールドを配置していくのもよいですが、Accessには既存のテーブルやクエリを元に、レポートを自動作成してくれる機能があります。まずはかんたんな方法として、自動作成でおおまかな形を作ったあと、細かい部分を修正して、レポートを作成しましょう。

## CHAPTER 4 レポートの基本

最初に、レポートのレコードソースとなるテーブルまたはクエリを選択します。**CHAPTER 2**で作成した「売上一覧」クエリを選択してみましょう。この状態で、「作成」タブの「レポート」をクリックします（図6）。

**図6** レコードソースを選択して自動作成

すると、この作業だけで、「売上一覧」クエリをレコードソースとした、表形式のレポートが自動作成されました（図7）。

この時点でフィールドリストもしくはプロパティシートが表示されていることもありますが、右上の×で閉じることができます（図8）。必要なときに再表示しましょう（図9）。

**図7** 自動作成されたレポート

**図8** フィールドリストを閉じる

現時点では、まだこのレポートは保存されていません。開いているレポートのタブを右クリックして、「上書き保存」しましょう（図10）。

任意の名前を付けることができます。クエリを元にしたので、ここでは同じ名前のレポートにしておきます（図11）。

レポートが保存され、ナビゲーションウィンドウに「売上一覧」レポートオブジェクトが追加されました（図12）。

それでは、このレポートに変更を加えながら、レポートの「しくみ」について理解していきましょう。

**図9** フィールドリスト・プロパティシートを表示するボタン

**図10** 上書き保存

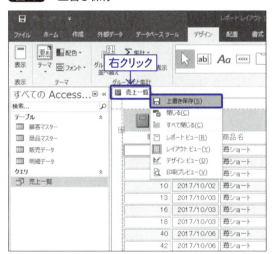

**図11** 名前を付ける

**図12** レポートが追加された

## 4-1-2 コントロールの大きさ、枠線を変える

現在のビューは、レイアウトビューです。このビューは「実際にデータが入っているのを確認しながらレイアウトを変更する」ということができるビューです（3-1-3 42ページ）。ためしに、「販売日」のコントロールの幅を広げてみましょう。

まずは日付の入っているテキストボックスを1つ選択してみます。このコントロールは1つ選択しただけでも、「詳細」セクションが繰り返されているので、該当のコントロールがすべて選択されます。

ここで、フィールド名が表示されているラベルも一緒に選択してみましょう。Shiftキーを押しながらクリックすることでも選択できますが、同一の列をすべて選択したい場合、「配置」タブの「列の選択」をクリックするのが便利です（図13）。

069

**図13** 列の選択

　この状態でマウスを右端に合わせてドラッグすると（**図14**）、コントロールの幅を変えることができます（**図15**）。

**図14** 同一列のコントロールが選択された

**図15** 幅の変更

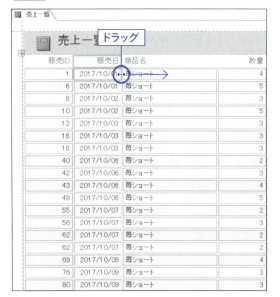

　ここで、このレイアウトが、デザインビューだとどのようになっているのか見てみましょう。デザインビューで見ると、データの中身は見えませんが、構造がよくわかります。
　この中で、ページヘッダー、詳細、レポートフッター上にあるコントロールは、数と幅がすべて同じなのに気が付きましたか？　ためしに、そのうちの1つを選択してみると、左上に田というマークが出て、破線で大きく囲われます（**図16**）。これは、このコントロールにレイアウトが設定されていることを意味します。

4-1 自動作成とレイアウト修正

### 図16　レイアウトが設定されているコントロール

←空白のセル

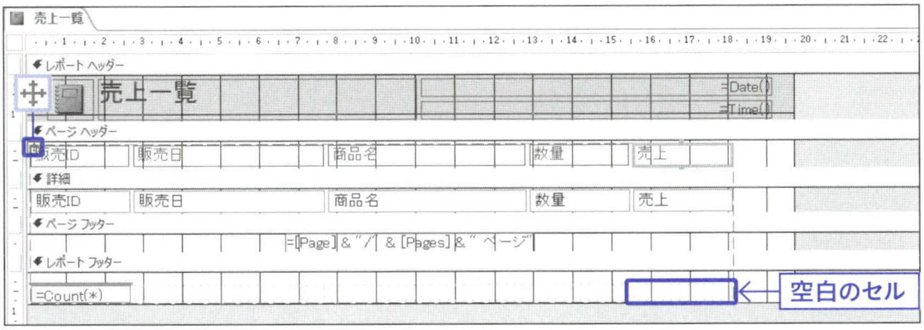

レイアウトが設定されていると、縦横にズレがなくカッチリした印象で見栄えがきれいになるので、レコードを繰り返し扱うコントロールにおすすめです。

なお、この例のレポートフッターのように、対応するコントロールがない場合は「空白のセル」と呼ばれる点線の枠が表示されます。

左上の⊞、もしくは「配置」タブの「レイアウトの選択」をクリックすると、レイアウトが設定されているコントロールすべてを選択することができます（図17）。

現状は「表形式」ですが、この状態で「集合形式」をクリックしてレイアウトの形を変更することも、「レイアウトの削除」で各コントロールをフリーにすることもできます（図18）。

### 図17　レイアウトの選択

### 図18　レイアウトの変更や削除も可能

# CHAPTER 4  レポートの基本

　このことを頭に置いて、レイアウトビューに戻って「販売ID」の1つを選択してみましょう。ここでも左上に田が出ています。このアイコン、もしくは「配置」タブの「レイアウトの選択」をクリックしてみます（図19）。

**図19**　レイアウトビューでレイアウトの選択

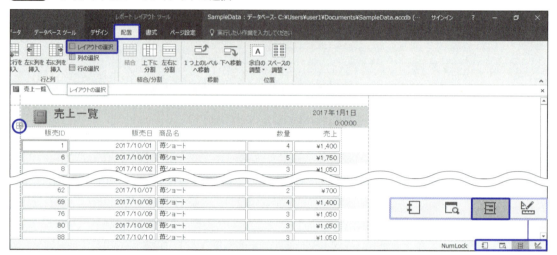

　するとレイアウトが設定されているすべてのコントロールが選択されました（図20）。ここでは見えていませんが、レポートフッターにあたる部分まで選択されています。

**図20**　レイアウトが選択された

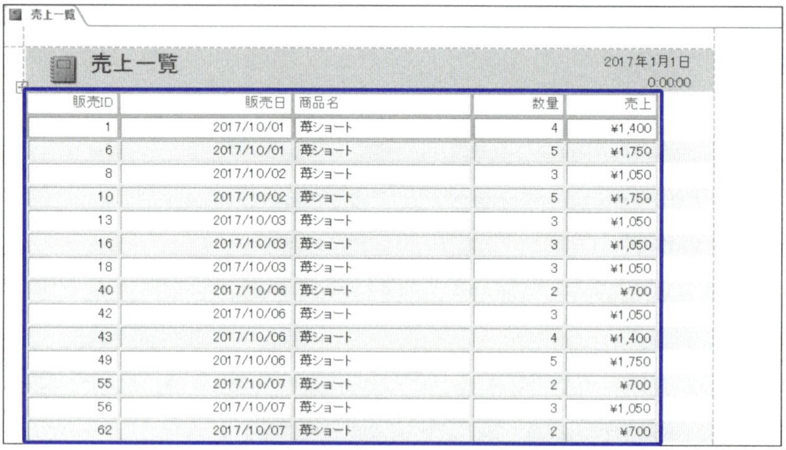

　このコントロール群に少し変更を与えてみましょう。「配置」タブの「スペースの調整」をクリックします。現在は「狭い」になっているのですが、「普通」にしてみます（図21）。

**図21** スペースの調整

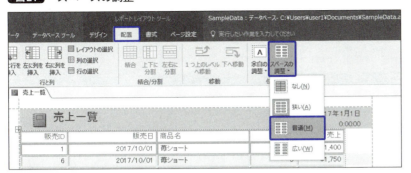

すると、コントロール枠の外側スペースが広がり、ちょっとゆったりしました(**図22**)。

**図22** 外側スペースが広がった

売上一覧 2017年1月1日 0:00:00

| 販売ID | 販売日 | 商品名 | 数量 | 売上 |
|---|---|---|---|---|
| 1 | 2017/10/01 | 苺ショート | 4 | ¥1,400 |
| 6 | 2017/10/01 | 苺ショート | 5 | ¥1,750 |
| 8 | 2017/10/02 | 苺ショート | 3 | ¥1,050 |
| 10 | 2017/10/02 | 苺ショート | 5 | ¥1,750 |
| 13 | 2017/10/03 | 苺ショート | 3 | ¥1,050 |
| 16 | 2017/10/03 | 苺ショート | 3 | ¥1,050 |
| 18 | 2017/10/03 | 苺ショート | 3 | ¥1,050 |
| 40 | 2017/10/06 | 苺ショート | 2 | ¥700 |
| 42 | 2017/10/06 | 苺ショート | 3 | ¥1,050 |

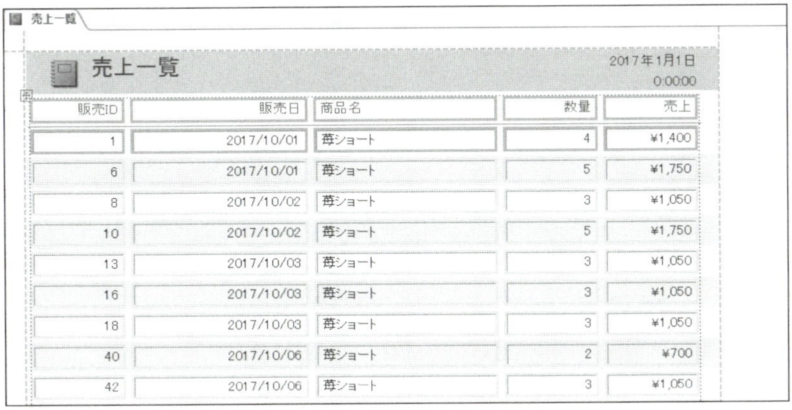

なお、隣の「余白の調整」はコントロール枠の内側のスペースを調節します。今回のサンプルでは適用していませんが、**図23**のように「なし」にすると、内側のスペースがなくなります。コントロールの高さ、内外のスペースを調節することで、印刷の1枚あたりのレコード数を増減させることもできます。

**図23** 内側スペースをなしにした例

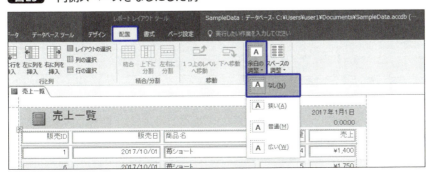

次はテキストボックスの枠をなくしてみましょう。選択されている状態で、「書式」タブの「図形の枠線」から「透明」をクリックします（図24）。

**図24** 図形の枠線

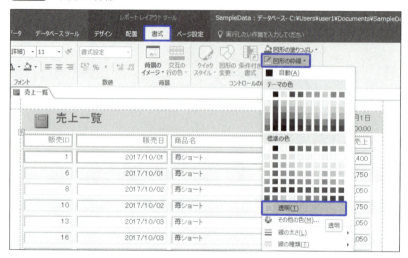

枠線が消えて、スッキリしました（図25）。

**図25** 枠線が消えた

## 4-1-3 「グループ化と並べ替え」と「合計」でデータを見やすく

見た目はだいぶきれいになりましたが、よく見ると販売IDの順番に並んでいません。「デザイン」タブの「グループ化と並べ替え」を使って並べ替えてみましょう（図26）。

4-1 自動作成とレイアウト修正

**図26** グループ化と並べ替え

「並べ替えの追加」をクリックし（**図27**）、「フィールドの選択」を「販売ID」にすると（**図28**）、販売IDの順に並びました（**図29**）。

**図27** 並べ替えの追加　　　　　　　　　　**図28** フィールドの選択

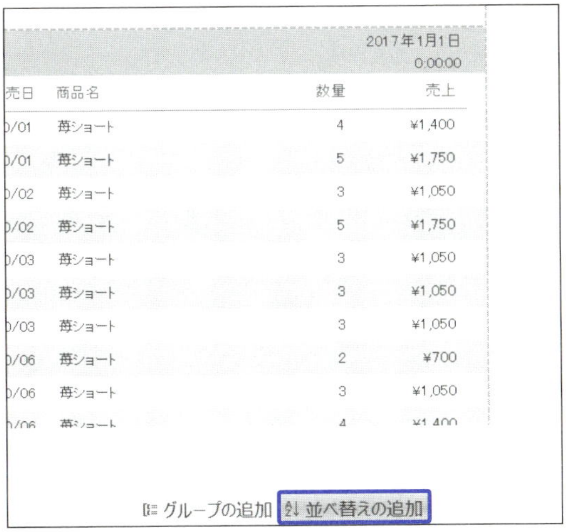

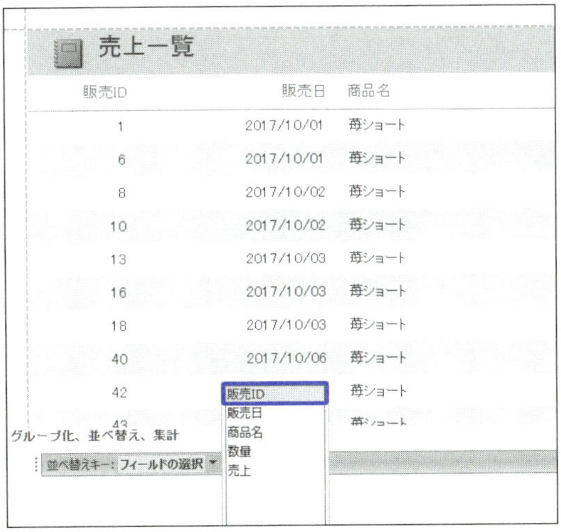

**図29** 販売ID順に並んだ

075

# CHAPTER 4 レポートの基本

　このとき、IDが同じレコードは、「販売ID」と「販売日」が繰り返し表示されています。データをグループ化して、もっと見やすくしてみましょう。「グループの追加」をクリックします（図30）。

　「フィールドの選択」を「販売ID」にすると（図31）、同じIDを持つレコードがグループ化されました（図32）。

図30　グループの追加

図31　フィールドの選択

図32　グループ化結果

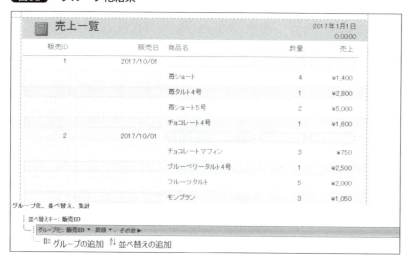

　編集エリアは「グループ化と並べ替え」のアイコンをクリックすることで表示／非表示を切り替えることができます（図33）。

図33　編集エリアの表示切り替え

この形が、デザインビューでどうなっているか見てみましょう。先ほどの状態から、「販売IDヘッダー」というセクションが追加されているのがわかります（図34）。これはグループヘッダーと呼ばれ、グループ化されたレコードの先頭に表示されます。

**図34** グループヘッダー

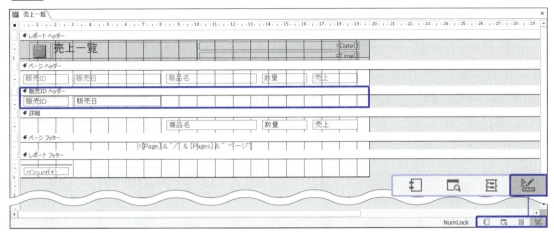

せっかくなので、このグループごとの合計金額も出してみましょう。なにもないところをクリックしてコントロールの選択を解除してから、金額が表示される「売上」フィールドを選択し、「デザイン」タブの「集計」から「合計」をクリックします（図35）。

**図35** 合計

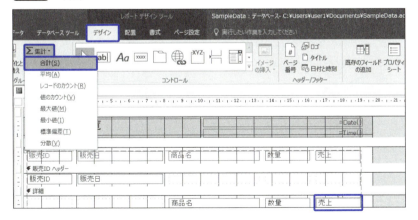

すると、「販売ID フッター」というグループフッターが追加され、合計値を算出する「=SUM()」という関数の入ったテキストボックスが配置されました。レポートフッターにも同じものが配置されています（図36）。式は同じでも、グループフッターではグループごとの合計値、レポートフッターでは全体の合計値が計算されます。

## CHAPTER 4 レポートの基本

**図36** グループ/レポートフッターと演算コントロールが追加された

レイアウトビューで確認して見ると、図37のように見えます。ちゃんと合計値が表示されていますが、コントロールの高さが低いようで、下が少し切れています。また、書式も通貨の表示にしたいですね。

このままレイアウトビューで直してもよいのですが、レポートフッターも一緒に操作したいので、デザインビューに戻って直してみます。

**図37** レイアウトビューで表示確認

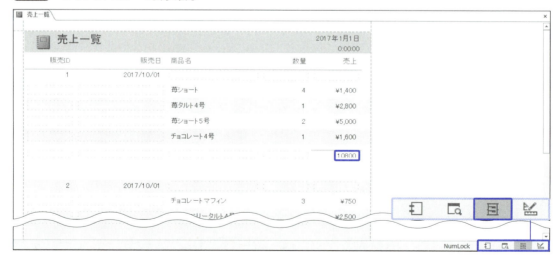

デザインビューで見てみると、追加されたグループフッターとレポートフッターのコントロール高さが少し低いようです。Shift キーを押しながら両セクションの任意のコントロールをひとつずつ選択し、「配置」タブの「行の選択」をクリックすることで(図38)、レイアウトが設定されている同一行のコントロールがすべて選択されます(図39)。

4-1 自動作成とレイアウト修正

**図38** 行の選択

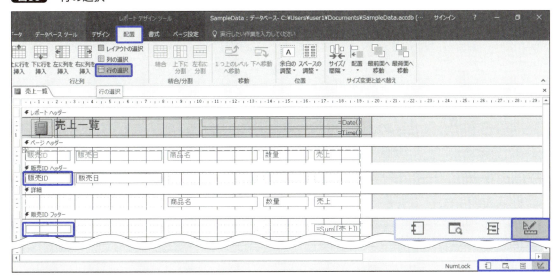

**図39** 選択された

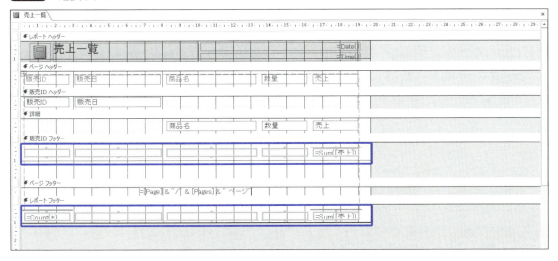

　この状態で、任意のコントロールの下端をドラッグすることでも高さは変えられますが、ほかのコントロールと高さを合わせたほうが見栄えがきれいです。Shiftキーを押しながら、「同じ高さにしたい」というコントロールも選択して、「配置」タブの「サイズ/間隔」をクリックします（**図40**）。

**図40** サイズ/間隔

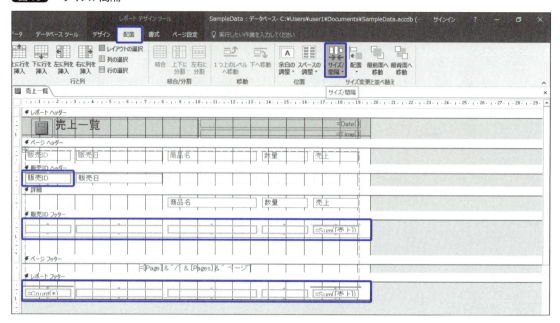

　リストの中から、「高いコントロールに合わせる」をクリックすると（図41）、選択されているコントロールの高さが揃いました（図42）。

**図41** 高いコントロールに合わせる

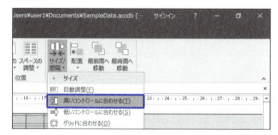

**図42** 高さが揃った

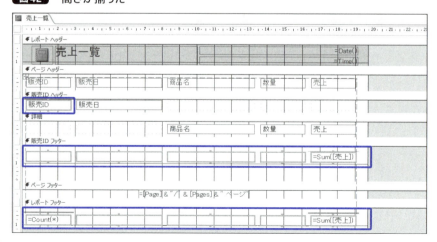

今度は**図43**のように合計を算出しているコントロールを2つ選択して、「書式」タブの「通貨の形式を適用」をクリックします。

**図43** 通貨の形式を適用

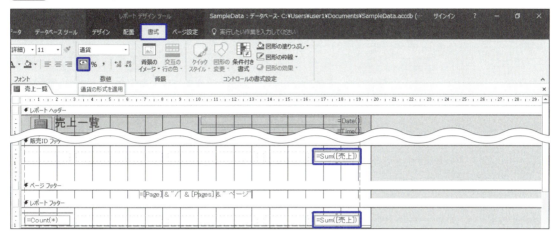

レイアウトビューで見てみると、高さと書式が揃ったのがわかります（**図44**）。

**図44** レイアウトビューで確認

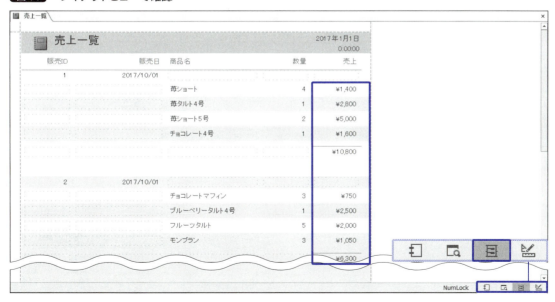

なお、「書式」タブの「オブジェクト」では、選択できるオブジェクトの一覧が表示されます。重なっている下のコントロールや、セクションやレポートオブジェクト全体を選択したいときなどはここを利用すると便利です（**図45**）。

ただ、自動作成されたままだとコントロールの名前が識別しづらいので、自分でわかりやすい名前に変更すると管理しやすくなります。

対象のオブジェクトを選択して「デザイン」タブで「プロパティシート」を表示し、図46、図47のように、「その他」タブの「名前」を任意のものへ変更しましょう。

**図45** 選択できるオブジェクト一覧

**図46** イメージオブジェクトの名前を変更

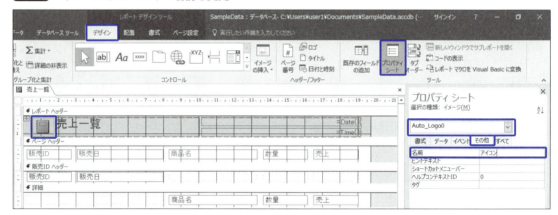

**図47** セクションの名前を変更

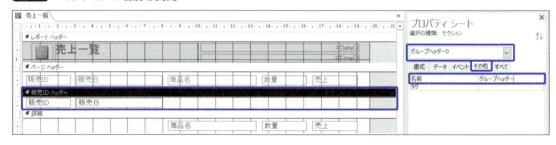

わかりやすい名前にしておくと、今後作り込んでいくときに便利です（図48）。

**図48** 各オブジェクトの名前を変更した

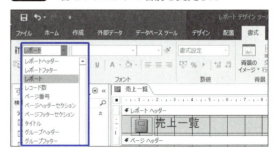

## 4-1-4 見た目を整える

さらに細かい部分を設定してみましょう。レイアウトビューに切り替え、プロパティシートから「詳細」セクションを選択してみると、行ごとに背景色が白とグレーに切り替わっていることがわかります（図49）。

このセクションは連続して表示されるので、交互に色が変化するのは視覚的にわかりやすいですが、グループヘッダー/フッターでも偶数のブロックがグレーになってしまうのは、ここではあまり必要性を感じません（図50）。

**図49** 背景色が白とグレーになる

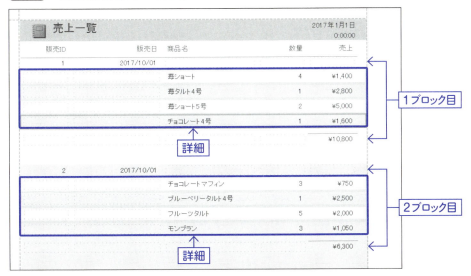

**図50** グループヘッダーの背景色も白とグレーになっている

プロパティシートでグループヘッダーを選択し、「書式」タブで「交互の行の色」から「色なし」をクリックすると(図51)、このセクションの背景色を統一できます(図52)。

**図51** グループヘッダーの背景色を統一

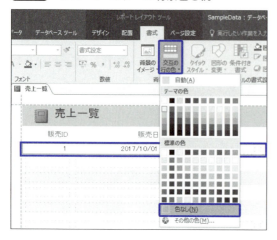

**図52** 変更結果

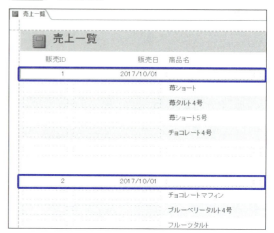

グループフッターも同様に背景色を統一します(図53)。

**図53** グループフッターの背景色を統一

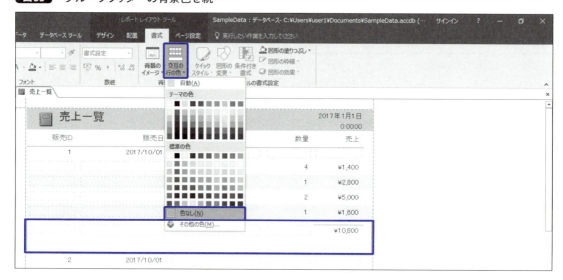

今度は、グループごとに区切り線を入れてみましょう。デザインビューの「デザイン」タブのコントロールから「直線」を選択し、グループフッターでドラッグします(図54)。

4-1 自動作成とレイアウト修正

**図54** 直線コントロールをドラッグ

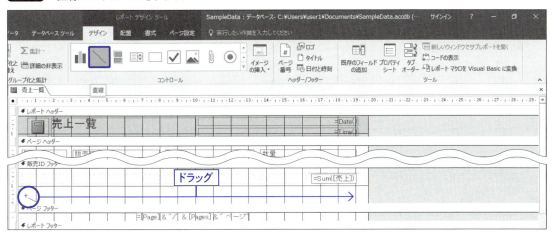

線の種類や太さ、色などは、「書式」タブの「図形の枠線」から変更できます。ここでは「線の種類」を「一点鎖線」にしてみます（**図55**）。

グループフッターに区切り線ができました（**図56**）。レイアウトビューに切り替えてみると、ちゃんとグループごとに表示されています（**図57**）。

**図55** 線の種類を変更

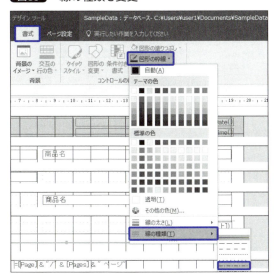

**図56** 区切り線ができた

CHAPTER 4 レポートの基本

**図57** レイアウトビューで確認

Accessでは日付や数値は右揃え、文字列は左揃えが初期値となっているため、このサンプルでは「商品名」だけが左揃えとなっています。このままでも構いませんが、統一したい場合は「配置」タブの「レイアウトの選択」から対象のコントロールをすべて選択し(図58)、「書式」タブの任意の文字揃えアイコンをクリックすると(図59)、文字揃えを統一することができます。サンプルは左揃えです。

**図58** レイアウトの選択

**図59** 左揃え

**図60** 確認

# CHAPTER 4

## 4-2 フィルターと印刷

デザインビューとレイアウトビューを使って、レポートを1つ作成できました。
今度はレポートビューと印刷プレビューを使って、このレポートに対してレコードの絞り込み条件や印刷の設定をしてみましょう。

### 4-2-1 レポートビューとフィルター

　作成した「売上一覧」レポートを、レポートビューで見てみましょう。レイアウトビューと見た目は同じですが、このビューは「閲覧」を目的としているので、構造やレイアウトの変更はできません。
　それでは「フィルター」という機能を使って、このレポートに条件を設定してみましょう。
　「苺ショート」のフィールドにカーソルを合わせて、「ホーム」タブの「フィルター」をクリックすると図61のようなウィンドウが表示され、チェックを付けたものでレコードを絞り込むことができます。チェックは複数アイテムにも付けられます。

**図61** フィルター

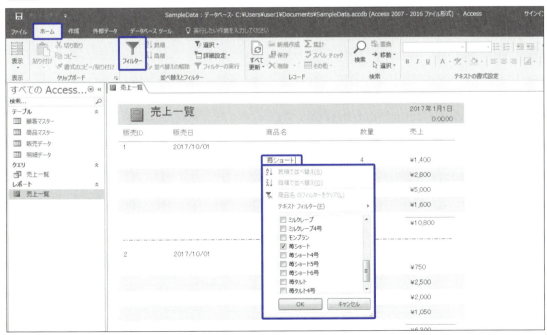

087

また、選択されているアイテムのみで絞り込みたい場合は、「選択」から「"苺ショート"に等しい」をクリックしても、同じ結果が得られます。

**図62** 選択されているアイテムでフィルター

図61、図62のいずれかの方法でフィルターをかけると、図63のように、「商品名」が「苺ショート」のレコードに絞り込まれます。

**図63** フィルターの実行

このフィルターの条件は内部で保存されており、「ホーム」タブ「詳細設定」の「フィルター/並べ替えの編集」をクリックすると（図64）、クエリのデザインビューに似た画面が表示され、保存されている条件を編集することができます（図65）。

**図64** フィルター/並べ替えの編集

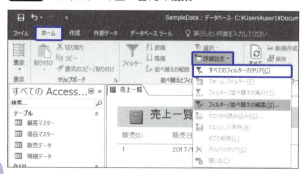

**図65** フィルター条件

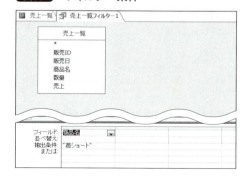

この条件式は、プロパティーシートの「データ」タブの「フィルター」に格納されています（図66）。その下の項目の「読み込み時にフィルターを適用」が「いいえ」になっている場合、レポートをいったん閉じたときにリセットされますが、レポートビューで「フィルターの実行」をクリックすると、保存されている条件を読み込んでレコードを絞り込むことができます。

なお、保存されているフィルター条件を削除したい場合は、「ホーム」タブ「詳細設定」の「すべてのフィルターのクリア」から削除することができます（図67）。

**図66**　レポートのフィルター条件式

**図67**　すべてのフィルターのクリア

いったんフィルター条件をクリアして、今度は指定した値に対して、等しくない、始まる、含む、終わる、などのあいまいな条件の付け方を説明します。「商品名」の任意のフィールドで右クリックし、「テキストフィルター」を選ぶと図68のようなさまざまな条件付けを選択できます。ここでは「指定の値を含む」にしてみます。

「ユーザー設定フィルター」というウィンドウが開くので、任意の文字列を入力します。ここでは「タルト」と入力してみましょう（図69）。

**図68**　テキストフィルター

**図69**　ユーザー設定フィルター

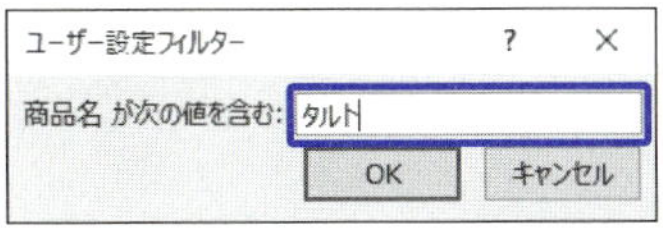

すると、図70のように、「苺タルト」「フルーツタルト」などの、条件に合うレコードに絞り込まれました。

**図70** フィルター実行結果

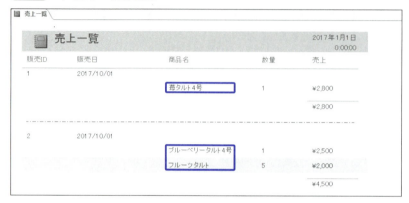

いったんフィルター条件をクリアして、今度は日付で条件を付けてみましょう。「販売日」の任意のフィールドを右クリックし、「日付フィルター」を選ぶと、図71のようなさまざまな条件を付けて選択することができます。ここでは「指定の範囲内」にしてみます。

「日付の範囲」というウィンドウが開くので、任意の日付を指定します（図72）。

**図71** 日付フィルター

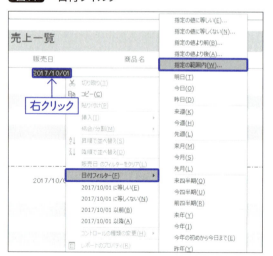

**図72** 日付の範囲

条件に合うレコードに絞り込まれました（図73）。

4-2 フィルターと印刷

**図73** フィルター実行結果

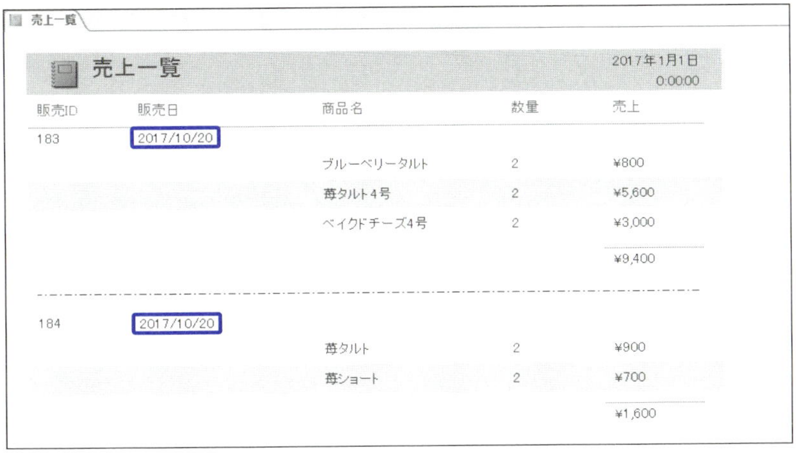

## 4-2-2 印刷プレビュー

レポートビューで設定したフィルターは、そのまま印刷することができるので、印刷プレビューに切り替えても、フィルターが適用されています（図74）。なお、印刷プレビューはステータスバーからビューを切り替えるか、リボンの「印刷プレビューを閉じる」をクリックすると、ひとつ前のビューに戻ることができます。

**図74** フィルターを適用したまま印刷プレビューへ切り替え

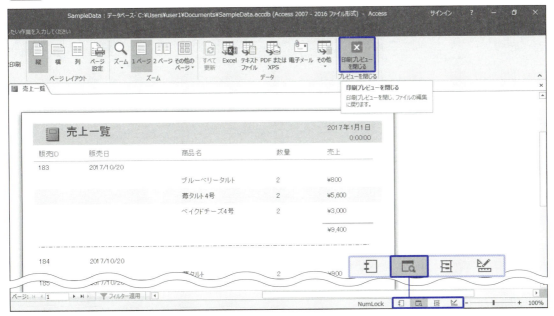

091

リボンの「ズーム」で表示倍率を変更できます。「ウィンドウに合わせる」にすると、全体を見ることができます（図75）。

1画面に表示できるページ数も増やすことができます。図76は2ページ、図77は8ページを表示した例です。

図75 表示倍率

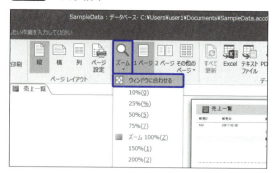

図76 2ページ表示

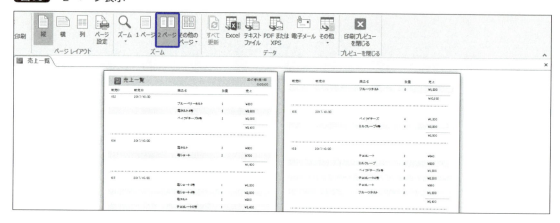

図77 8ページ表示

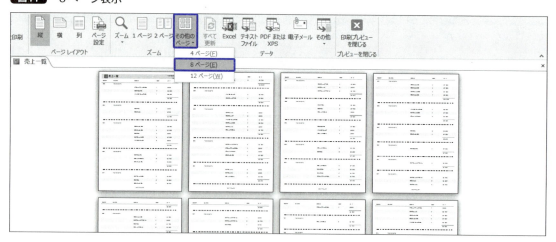

リボンの「印刷」をクリックすると、プリンター選択のウィンドウが表示され、印刷を実行できます（図78）。

4-2 フィルターと印刷

**図78** 印刷

「サイズ」は、レポートのサイズを変更できます。初期値は「A4」になっています（図79）。
「余白」は、紙の余白の大きさを変更できます。初期値は「狭い」になっています（図80）。

**図79** サイズ

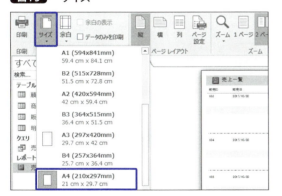

**図80** 余白

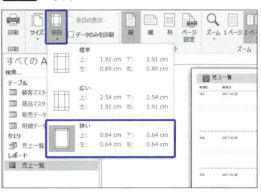

なお、「余白の表示」は、レイアウトビューの「ページ設定」タブで使うと、表示の違いが確認できます（図81、図82）。

**図81** 余白の表示

**図82** 余白の表示がない状態

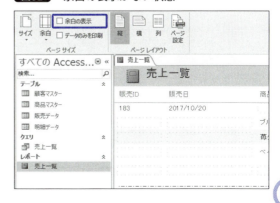

「データのみを印刷」のチェックを入れると、タイトルやフィールド名などのラベルや、背景色などを除いた状態で印刷できます（図83）。枠などが既に印刷されている用紙に、中身のデータだけ印刷するときなどに使います。

**図83** データのみを印刷

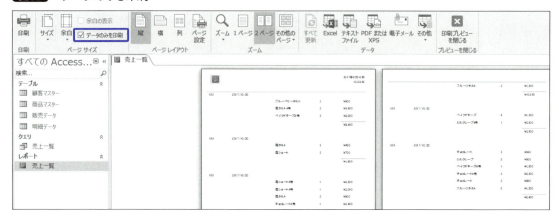

「縦」「横」は、現在の用紙サイズの方向を変更できます。サンプルでは縦になっていますが、横にすると図84のようになるので、フィールドの数を増やして幅を調節するとよいでしょう。

**図84** 縦/横

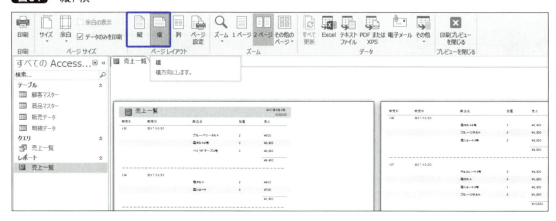

「列」をクリックすると「ページ設定」ウィンドウの「レイアウト」タブが開きます。レイアウトの調節が必要ですが、図85のような複数列のレポートを作成することもできます。

「ページ設定」は、そのほかの詳細な印刷設定を見ることができます（図86）。

4-2 フィルターと印刷

**図85** 列

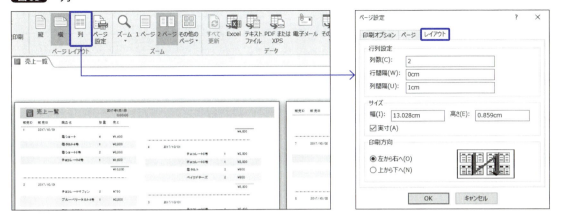

**図86** ページ設定

「データ」グループには、ExcelやWord、テキストファイルなど他形式への変換や、電子メールへの添付など、レポートのデータを外部で利用する際に使うボタンが並んでいます（**図87**）。

**図87** データグループ

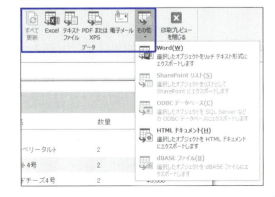

095

# CHAPTER 4

## 4-3 ウィザードを使った レポート作成

レポートは、空の状態からの作成、テーブル/クエリを指定して自動作成のほかに、「ウィザード」という機能を使って、ウィンドウで段階的に設定を進めながら作成してく方法があります。

### 4-3-1 ウィザードで複数テーブルからレポートを作成する

それでは、ウィザードを使ってレポートを作成してみましょう。「作成」タブの「レポートウィザード」をクリックします（図88）。

**図88** レポートウィザードを起動

すると、レポートウィザード（図89）が開きます。テーブルもしくはクエリを選択し、レポートに含めたいフィールドを > をクリックして「選択したフィールド」に追加します。

**図89** レポートウィザード

ここでは、「商品アイテムごとに、いつ、誰に、いくつ売れたかということを一覧で見たい」という想定でレポートを作成します。「どのフィールドを含めるか」は、「どんな条件で絞り込みたい/並べ替えたいか」ということも考えて決定しましょう。

日付の範囲を指定して絞り込みたい、売れた数量が多い順に並べたいなど、できあがったあとの使い方も考えておくのです。もし男女別の比較などもしたいなら、「性別」フィールドも入れておくとよいでしょう。

サンプルでは、**表1**のような内容で「選択したフィールド」に追加しました（**図90**）。この状態で、「次へ」をクリックします。

**表1** 追加するフィールド名

| テーブル名 | フィールド名 |
|---|---|
| 商品マスター | 商品名 |
| 販売データ | 販売日 |
| 顧客マスター | 顧客名 |
| 顧客マスター | 性別 |
| 明細データ | 数量 |

次はデータの表示方法を指定します。「商品名」でグループ化したいので、この状態でOKです（**図91**）。「次へ」をクリックします。

**図90** 追加したフィールド

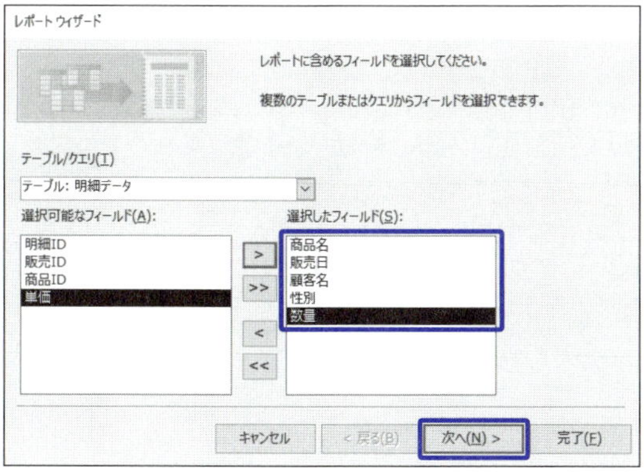

**図91** データの表示方法の指定

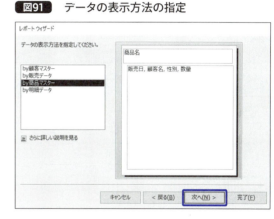

さらにグループレベルを増やすこともできますが、今回はこれ以上指定せずに「次へ」をクリックします（**図92**）。

並べ替えや集計方法を指定できます。「販売日」を昇順で集計するように指定しておきます（**図93**）。

**図92** グループレベルの指定

**図93** 並べ替えと集計方法

レポートの印刷形式を選択します（図94）。選択しているフィールドや、指定するグループの数によって異なりますが、このサンプルでそれぞれを作成したイメージで解説します。

図95は、「ステップ」を選択した場合のイメージです。グループにするフィールドがグループヘッダーに配置されるので、「商品名」で1行を使い、詳細はその1行下からの表示となります。

図94 印刷形式

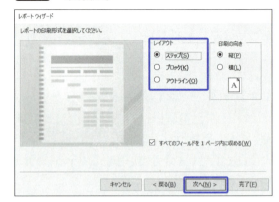

図95 ステップ

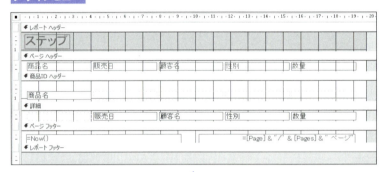

図96は、「ブロック」を選択した場合のイメージです。グループ化されているフィールドがグループヘッダーではなく詳細に配置されるので、詳細の先頭行に「商品名」が含まれています。

**図96** ブロック

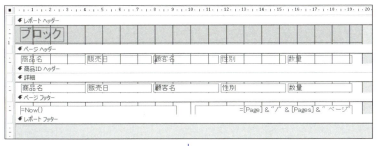

　図97は、「アウトライン」を選択した場合のイメージです。「ステップ」「ブロック」ではページヘッダーに配置されていた「フィールド名」が、グループヘッダーに配置されます。このため、グループごとにフィールド名が表示されています。

**図97** アウトライン

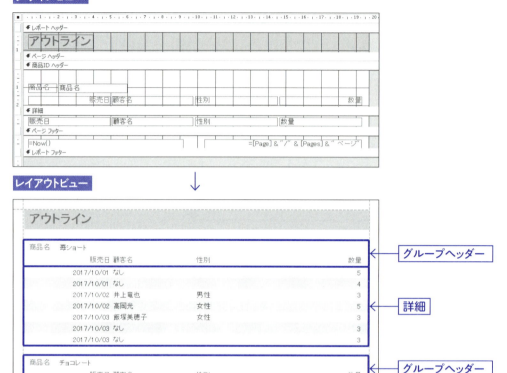

ただし、ウィザード終了直後はたいてい見栄えが整っていないので、図95〜図97はそれぞれレイアウトを調整したあとのものです。

それでは、今回は「ステップ」を選択したものとして次へ進みます。

最後に、レポート名を指定して終了です（図98）。「商品別一覧」という名前にして、「完了」をクリックします。

ウィザードで作成したレポートが、印刷プレビューで開きましたが（図99）、「###」のような表示があって驚いてしまいますね。ウィザードでは、フィールドの配置は行ってくれますが、幅の調整は行わないので、極端に広かったり狭かったりなどということがよく起こります。

**図98** レポート名の指定

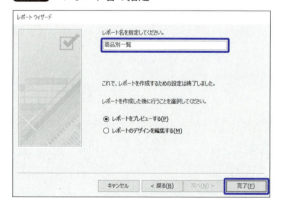

4-3 ウィザードを使ったレポート作成

**図99** 作成されたレポート

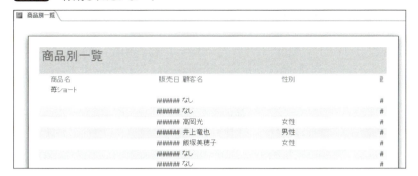

デザインビューに切り替えて、レイアウトを調整しましょう。

図100のように表形式として整形したいコントロールを、Shiftキーを押しながらすべて選択し、「配置」タブの「表形式」をクリックすると、きれいに揃ったレイアウトになりました（図101）。

**図100** 揃えたいコントロールを選択

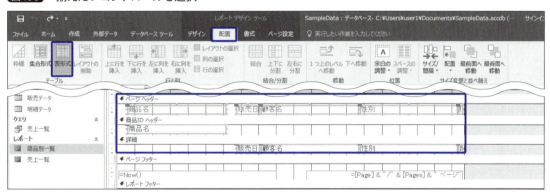

**図101** 表形式にレイアウト設定された

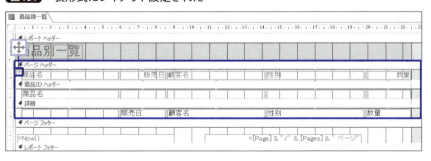

しかし、レイアウトを設定したことでコントロール幅が変更され、ページからはみ出してしまいました（図102）。

101

**図102** はみ出してしまった

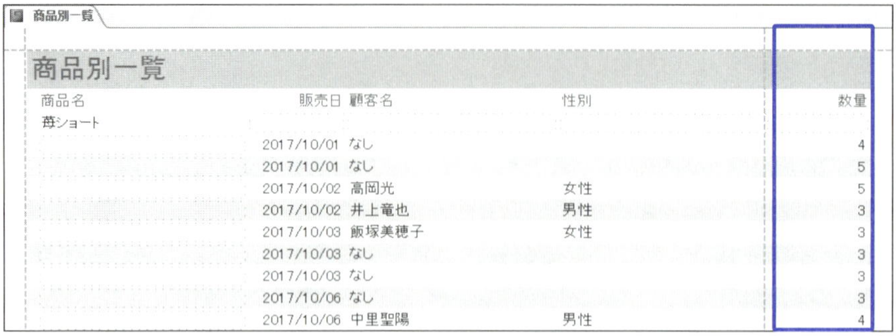

こういった修正はレイアウトビューのほうが得意なので、4-1-2（69ページ）を参考にコントロールの幅を狭めてみましょう。例では、可読性のため、ここで「販売日」フィールドを左詰めにしています。

セクションの幅がページ幅よりも広くなってしまっている場合、コントロールをすべてページ内に収めたあと、「ページ設定」タブの「サイズ」を設定し直す（このサンプルではA4）ことで、レポート幅とページ幅が揃います。

**図103** コントロールの幅を修正

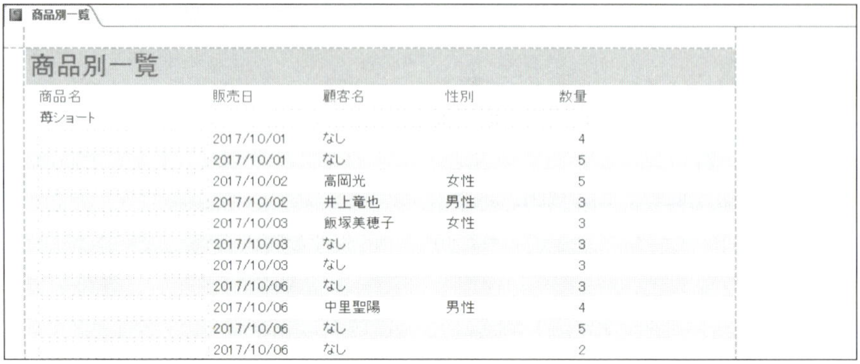

さて、修正しているうちに、やっぱり「単価」と「売上」もほしいな…、ということもあるかもしれません。フィールドを追加するには、レコードソースがどうなっているか確認する必要があります。

おさらいですが、レポートは「テーブルまたはクエリがレコードソースに設定されている」んでしたよね。でも、今回はウィザードで作成したので、テーブルやクエリを指定していません。このレポートのレコードソースはどうなっているのでしょうか？

「デザイン」タブから「プロパティシート」を表示し、「レポート」オブジェクトを選択した状態で、「データ」タブの「レコードソース」を見てみましょう（図104）。

「レコードソース」の項目には、テーブル名でもクエリ名でもない、「SELECT ～」という文字列が入っています。この項目の一番右側の […] をクリックしてみます。

4-3 ウィザードを使ったレポート作成

**図104** レコードソースを確認

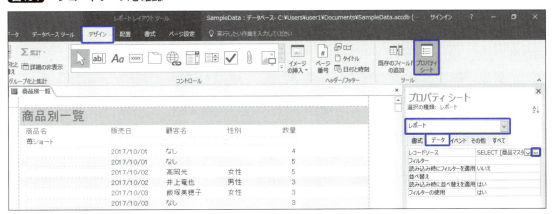

すると、図105のような画面が開きました。これが「商品別一覧」レポートの、レコードソースとなっているクエリです。このクエリは、ウィザードで自動的に作成されたもので、このレポートのレコードソースのためだけに存在しています。

このような、レポートやフォームのレコードソース専用のクエリは**埋め込みクエリ**と呼ばれ、ナビゲーションウィンドウに表示されません。プロパティシートの「レコードソース」の項目にあった「SELECT ～」という文字列は、この埋め込みクエリを式で表したものです。

レコードソースを埋め込みクエリにすると、レポートが自己完結型となるので、管理が楽になるというメリットがあります。

対して、**CHAPTER 2**で作成した「売上一覧」クエリは**名前付きクエリ**と呼ばれ、レポートやフォームのレコードソース以外にも使い道のあるクエリです。

**図105** レコードソースとなっている埋め込みクエリ

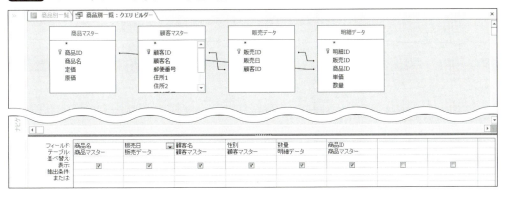

この埋め込みクエリに、使いたいフィールドを追加することで、レコードソースが更新されます。「単価」と「売上」を追加して、上書き保存してクエリを閉じます（図106）。「名前を付けて保存」は、

103

この埋め込みクエリを「名前付きクエリとして保存する」という意味なので、間違えないように注意してください。

**図106** 埋め込みクエリにフィールドを追加

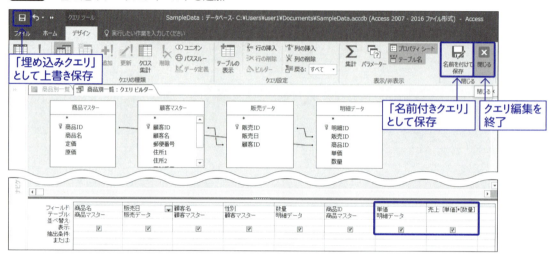

クエリ編集前のビューに戻ったら、「デザイン」タブの「既存フィールドの追加」をクリックして、フィールドリストを表示してみましょう。「単価」と「売上」が利用できるようになっています。「単価」を「性別」と「数量」の間にドラッグすると（図107）、フィールドが追加されました（図108）。

**図107** 「単価」をドラッグ

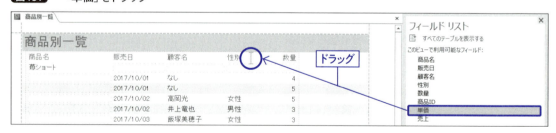

**図108** 「単価」が追加された

同じように「売上」も追加して、コントロールの幅を調整します（図109）。

**図109** 「売上」の追加

せっかくなので、グループごとの「数量」と「売上」の合計値もあったほうが、見る人はうれしいかもしれません。デザインビューに切り替えて、「数量」を選択して「デザイン」タブの「集計」から「合計」をクリックします（図110）。

「合計」が選択できない場合、レコードソースの更新が反映されていないことがありますので、一度レポートを閉じて開き直してみてください。

**図110** 合計を算出

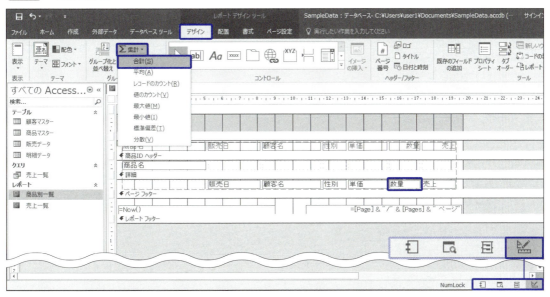

「売上」にも同じ作業をすると、図111のようになります。グループフッターにグループごとの合計値、レポートフッターに全体の合計値が表示されます。

また、追加したコントロールにも「書式」タブの「通貨の形式を適用」などの設定を行っておきます。

**図111** 合計が追加された

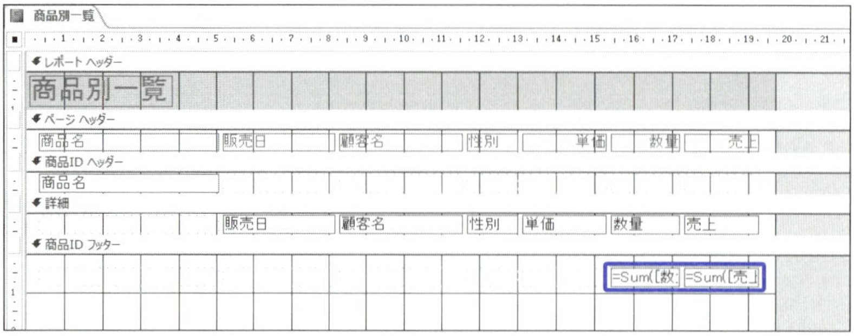

おおむね完成に近づいてきたので、こまかい部分も見ていきます。4-1で自動作成したときはフィールド名に下線がありましたが、ウィザードで作成した場合はありません（図112）。こちらにもやってみましょう。

**図112** フィールド名に下線を入れたい

フィールド名を1つ選択したあと、「配置」タブの「行の選択」で1行すべて選択し、「枠線」から「下」をクリックすることで（図113）、下線を入れることができます（図114）。ここから、線の種類や色、太さなども変更できます。なお、83～84ページを参考にグループヘッダー/フッターの「交互の行の色」を「色なし」にしておきましょう。

**図113** 枠線の変更

**図114** フィールド名に下線がついた

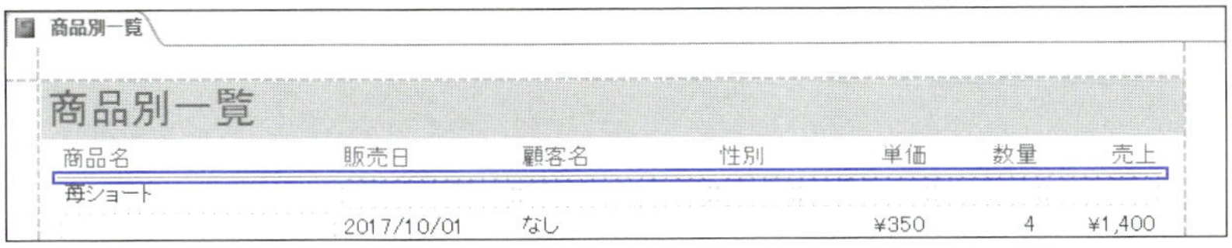

今度は印刷を想定して、印刷プレビューで見てみます（図115）。グループの終わりにちゃんと合計が表示されていますね。データ数が多いので、グループが変わったら改ページするようにしてみましょう。

**図115** 印刷プレビューで確認

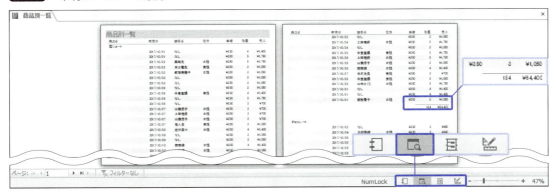

デザインビューに切り替えて、「デザイン」タブの「コントロール」で「改ページの挿入」を選択し（図116）、グループフッターの任意の部分をクリックして挿入します（図117）。このとき、改ページの下に余白があると無駄な改行がされてしまうことがあるので、セクションの一番下に挿入するように注意してください。**5-4-1**（165ページ）でも詳しく解説しています。

**図116** 改ページ

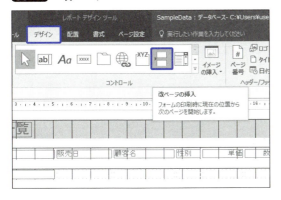

**図117** 改ページの挿入

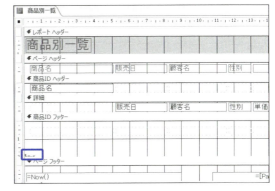

印刷プレビューで確認すると、グループの終わりで改ページされました（図118）。

**図118** 改ページの確認

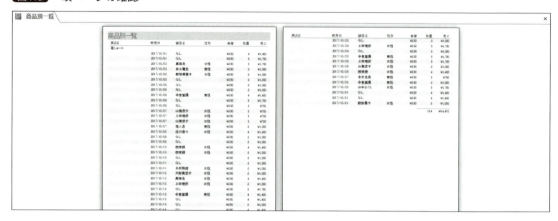

以上で完成です。レポートビューで、たとえば「女性」のみでフィルターをかければ（図119）、女性に販売した商品別のデータを閲覧、印刷することができます（図120）。さらに条件を組み合わせれば、いろんな角度からデータを分析することができます。

**図119** フィルター

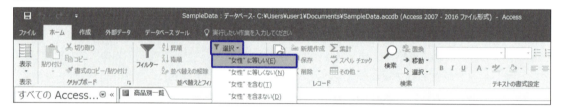

**図120** 結果

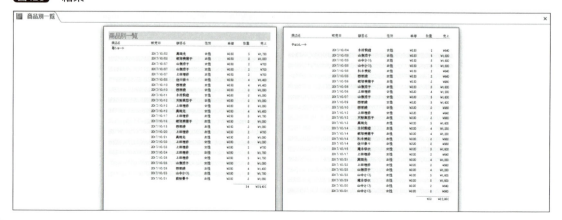

4-3 ウィザードを使ったレポート作成

## 4-3-2 宛名ラベル

次に、市販されている宛名ラベルのレイアウトに合わせてレポートを作成してくれる「宛名ラベル」ウィザードを使ってみましょう。

なお、ここから先の宛名ラベル、伝票ウィザード、はがきウィザードで作成するレポートはCD-ROMには収録されておらず、キャプチャのみの解説です。

ナビゲーションウィンドウでレコードソースとなるテーブルまたはクエリ（ここでは「顧客マスター」テーブル）を選択して、「作成」タブの「宛名ラベル」をクリックします（図121）。

**図121** 宛名ラベルウィザードを起動

まずはラベルの種類を選択します。印刷したい宛名ラベルの製品番号を選択します（図122）。

印刷する文字のフォント、大きさ、色などを指定します（図123）。

図124では、「ラベルのレイアウト」で上下キーを使って位置を指定し、「選択可能なフィールド」から選んで > をクリックして、フィールドを配置します。

**図122** ラベルの種類を選択

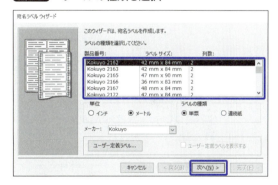

**図123** 文字スタイルを指定

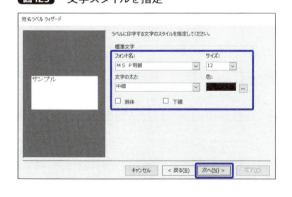

**図124** フィールドの指定

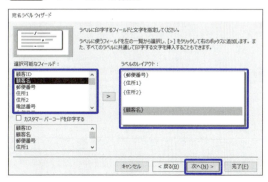

どのフィールドの順番にしたがって印刷するかを指定します（図125）。

最後にレポート名を指定して完了です（図126）。

## CHAPTER 4 レポートの基本

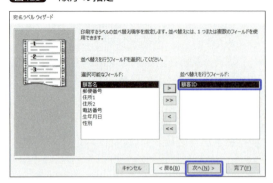

図125 順序の指定

図126 レポート名を指定

図127のように宛名ラベルが作成できました。郵便番号の前に「〒」のマークや、顧客名の後ろに「様」を入れてみましょう。

図127 完成した宛名ラベル

デザインビューに切り替えます。ウィザードで作成した直後は図128のようになっていますが、「郵便番号」に文字列結合の「&」を組み合わせて「〒」を結合し、「顧客名」テキストボックスを狭め、隣へ「様」というラベルを挿入したものが図129です。

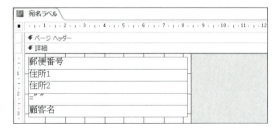

図128 修正前　　　　　　　　　　　図129 修正後

なお、追加したラベルに「関連付けられていない新しいラベル」というエラーが出ますが、このエラーは無視して構いません（図130）。ラベルは、別のコントロールの名前を表示するために関連付けて使われることが多いため、ミスを防ぐために独立したラベルにはこのようなエラーが出るのです。

印刷プレビューで確認する前に、レポートビューでフィルターをかけましょう。今回使った「顧客マスター」テーブルでは「顧客ID」が「C000」のものは顧客名が「なし」なので、印刷する場合はこれを省かなくてはなりません。

「なし」を選択し右クリックして、「"なし"に等しくない」を選択します（図131）。

図130　エラーが表示される

図131　フィルターをかける

これで、宛名ラベルが完成しました（図132）。

図132　完成

# CHAPTER 4 レポートの基本

## 4-3-3 伝票ウィザード

Accessでは、市販の伝票紙に合わせたレイアウトのレポートを作成することもできます。「作成」タブの「伝票ウィザード」をクリックします（図133）。

**図133** 伝票ウィザードを起動

伝票の種類を選択します（図134）。

伝票のレイアウトに合わせて、該当のテーブルからフィールドを選択します（図135、図136）。ここで選択されたフィールドが伝票に合わなかった場合、正常に作成されない場合があります。

詳細レコードを、どのフィールドを基準に並べるか指定することができます（図137）。

レポート名を指定して、完了です（図138）。「レポートのデザインを編集する」を選択しておくと、ウィザードを終了したあとデザインビューで開きます。

**図134** 伝票の種類を選択

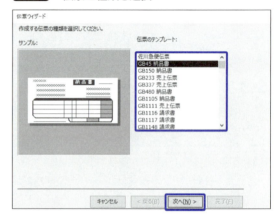

**図135** フィールドを選択

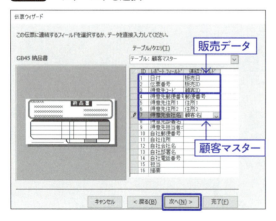

**図136** フィールドを選択

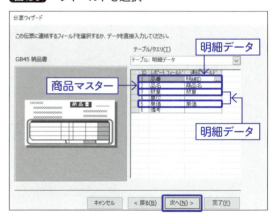

4-3 ウィザードを使ったレポート作成

**図137** 順序の指定

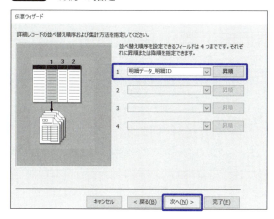

**図138** レポート名を指定

図139、図140のようなレポートができました。

なお、レポートのサイズと用紙のサイズが一致していないと、セクションの幅がページ幅よりも広く、はみ出す部分に印刷される項目がないため、一部のページが白紙になります。例えばレポートの幅がページの幅よりも広い場合です。

「ページ設定」タブの「サイズ」や「余白」などから、レポートと用紙のサイズを調節してから印刷しましょう。

**図139** デザインビュー

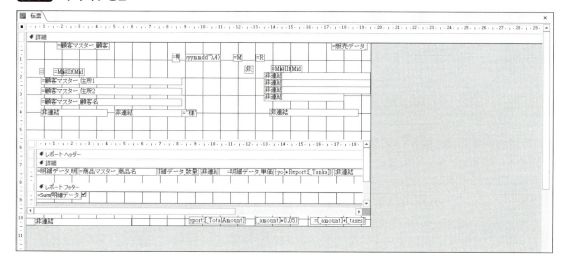

113

## CHAPTER 4 レポートの基本

**図140** 印刷プレビュー

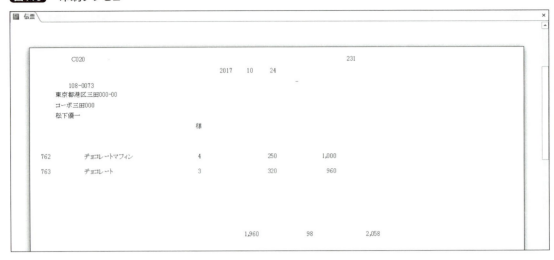

### 4-3-4 はがきウィザード

はがき用のレイアウトのレポートもウィザードで作成できます。「作成」タブの「はがきウィザード」をクリックします（図141）。

**図141** はがきウィザードを起動

はがきの種類を選択します（図142）。

はがきのレイアウトに合わせて、該当のテーブルからフィールドを選択します（図143）。

差出人の部分は、フィールドを選択することもできますが、該当のテーブルがない場合は直接入力することができます（図144）。

使用するフォントを選択します（図145）。

詳細レコードを、どのフィールドを基準に並べるか指定することができます（図146）。特に指定のない場合は空欄か「なし」にします。

**図142** はがきの種類を選択3

4-3 ウィザードを使ったレポート作成

レポート名を指定して、完了です（図147）。

**図143** フィールドを選択

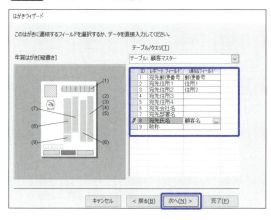

**図144** 差出人の設定

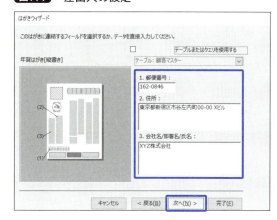

**図145** フォントを選択

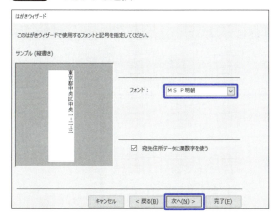

**図146** 順序の指定

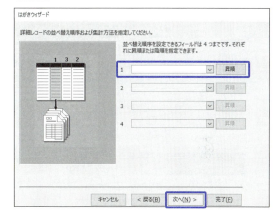

**図147** レポート名を指定

図148、図149のようなレポートができました。印刷プレビューで用紙サイズを「はがき」に指定してから印刷します。

**図148** デザインビュー

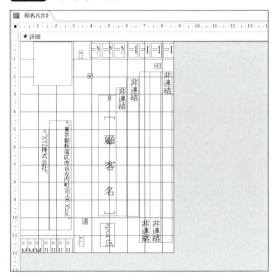

**図149** 印刷プレビュー

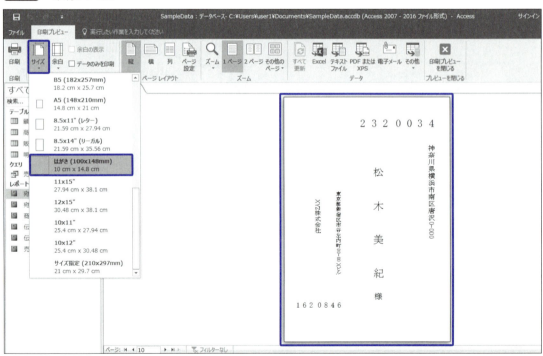

# オリジナルレポートの作成

CHAPTER 5

# 5-1 レポートを作成する前に決めておくこと

それでは今度は、自動作成やウィザードを使わず、オリジナルのレイアウトで、レポートを作ってみましょう。まずは作る前の準備を行います。

## 5-1-1 完成図をイメージする

まず大切なのは、できるだけ具体的なイメージを固めておくことです。

**CHAPTER 4**までで学んだ通り、レポートを作成するには、最初にレコードソースの作成が必要でしたね。具体的な完成図が決まっていないと適切なレコードソースが作れないので、できるだけ細かく、どの位置にどんな情報を配置したいのか、紙に書き出すとよいでしょう。

**図1** 完成イメージ

```
販売明細書                    発行日 _____

顧客ID   _____
郵便番号 _____              自社名
住所    _____              自社住所

顧客名   _____


お支払い金額(税込) ¥***円    販売ID _____
お買上げありがとうございます。 販売日 _____

明細ID  商品ID  商品名  単価  数量  小計
_____
_____
_____

                            合計    _____
                            消費税  _____
                            税込金額 _____

                            [ロゴ]
```

## 5-1-2 コントロールの詳細を決める

配置イメージが固まったら、コントロールのひとつひとつについて、それが連結コントロールなのか、非連結コントロールなのか、演算コントロールなのか、ということも決めておきます。

連結コントロールにする場合、どのテーブルのどのフィールドをコントロールソースにするのか、

演算コントロールならば、なにを使ってどんな値を入れたいのか、ということを先に決めておくと、スムーズに作成することができます。

**図2** コントロール詳細

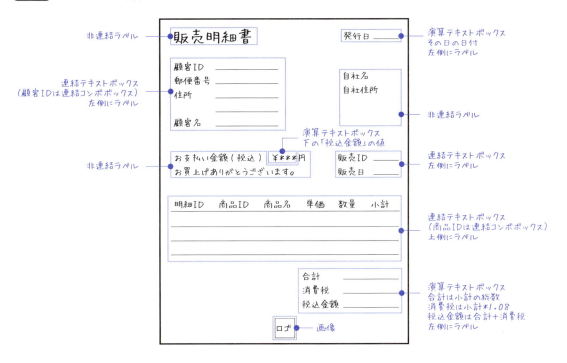

## 5-1-3 一対多の関係と親子レポート

複雑なレポートを作りたいとき、理解しておきたいのが、「一対多」という関係性です。

リレーションシップが設定されているテーブルのレコードには、「一対多」という関係性が発生することがあります。テーブルをデータシートビューで表示してみると、「一対多」の関係のあるレコードは、図3のようになります。

**図3** 一対多という関係性を持っているレコード

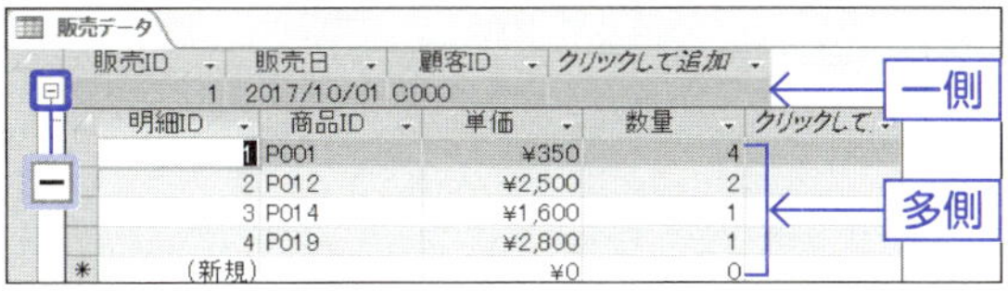

レコードの左端にプラスマークが現れているものが「一側」です。展開すると、リレーションが張られた別のテーブルで、展開されたレコードに関係のあるレコードが複数現れます。こちらが「多側」です。

この例では、「1回分の売上で、アイテムが複数売れている」という状況ですね。特段珍しいことではありませんが、データベースではデータ格納を効率的に行うためにテーブルを分割した結果、このような表現になるのです。

# CHAPTER 5　オリジナルレポートの作成

　CHAPTER 4で、2つのレポートを作りましたが、この2つでは、「グループ化」という方法でデータをまとめました。これは一対多の関係性を利用して、「一側のレコードが共通する多側のレコードを、グループとしてまとめる」ということをしているのです。

**図4**　「売上一覧」レポート

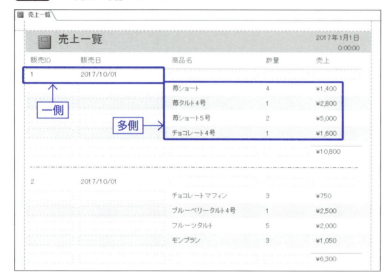

**図5**　「商品別一覧」レポート

　さて、先ほど書いたイメージを見てみましょう。これも図6のように、一対多の関係性でできていますね。この形を実現するには、どのように作ればよいのでしょうか？

まずひとつの方法は、「グループ化」を使うことです。この形ならば、レポートウィザード（**4-3-1** 96ページ）を使ってレイアウトを「アウトライン」にするとかんたんです。図7は、ウィザードの「アウトライン」レイアウトで作成後、演算コントロールなど必要なものを加えて、見栄えを整えたものです。

**図6** イメージ図での一対多

**図7** ウィザードのアウトラインレイアウトで作成した例

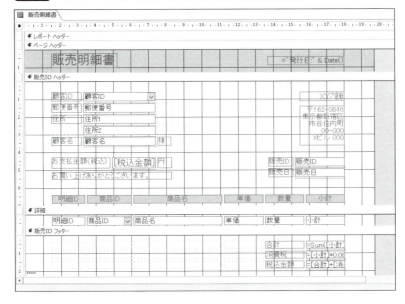

この形でももちろんよいですが、今回は「サブレポート」という機能を使ってみましょう。

サブレポートは、レポートの中に別のレポートを読み込んで表示させることができる機能で、サ

ブレポートを設置する元のレポートを「メインレポート」または「親レポート」、中に表示するレポートを「サブレポート」または「子レポート」と呼び、この2つを合わせて「親子レポート」と表現します。

この親子レポートが一対多の関係性を持っているとき、メイン（親）レポートが「一側」のレコードとなり、サブ（子）レポートでは「多側」のレポートを表示することができるので、今回のような形のレポートを作りたい場合に便利です。

**図8** 親子レポート

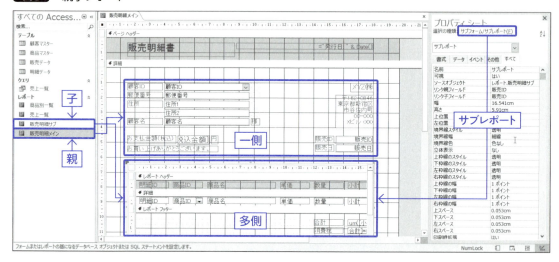

ただし、親子レポートは2つのレポートが必要なので、作成や修正の際に2つのレポートをまたいで作業しなければならないので、ちょっと面倒な面もあります。

グループ化を使う場合は1つのレポートで済みますが、セクションやレコードの関係性をよく理解していないと配置が難しいので、実務で使うユーザーのことも考慮しながら、使う現場に合わせて都合のよいほうを選択しましょう。

## 5-1-4 セクションとレイアウトを決める

作成に入る前に、各コントロールをどのセクションに置くか、レイアウト設定の有無を決めておくとスムーズです。親子レポートの想定で、どのように表示させたいか **3-2**（45ページ）、**3-4**（51ページ）を参考に考えながら検討しましょう。

メインレポートでは、タイトルやフッターのロゴはすべてのページに適用させたいので、レポートヘッダー/フッターではなく、ページヘッダー/フッターへ配置します。

また、サブレポート内では改ページが適用されず、ページヘッダー/フッターは表示されません。サブレポートで見出しとなるフィールド名などは、レポートヘッダーに配置します。

**図9** セクションとレイアウトの想定

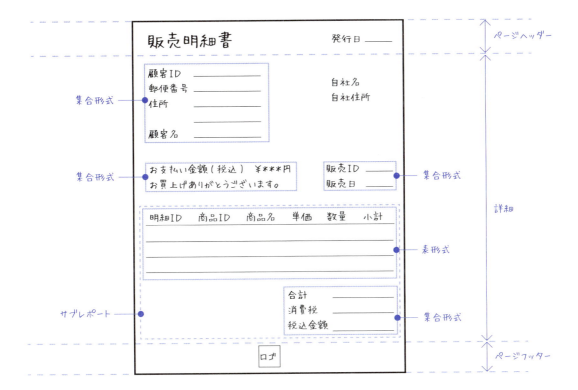

# CHAPTER 5

## 5-2 メインレポートの作成

十分に検討したら、実際の作成に入りましょう。まず「親」部分である、メインレポートを作ります。

### 5-2-1 デザインビューから作る

　デザインビューは、コントロールを好きな場所に挿入したり、移動したりすることができるので、自由度の高い配置が得意です。必要があれば、対象のコントロールを複数選んでから集合形式、表形式などのレイアウトを設定できます。

　想定しているメインレポートは、複数の集合形式が混在しているので、デザインビューから作成するとよいでしょう。

　「作成」タブから「レポートデザイン」をクリックすると（図10）、新しいレポートがデザインビューで開きます（図11）。

**図10** レポートデザイン

**図11** 新規レポートのデザインビュー

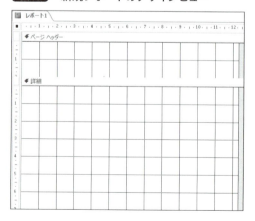

　このレポートに名前を付けましょう。新規レポートのタブを右クリックして「上書き保存」し（図12）、レポート名を入力して「OK」をクリックします（図13）。

5-2 メインレポートの作成

**図12** 上書き保存

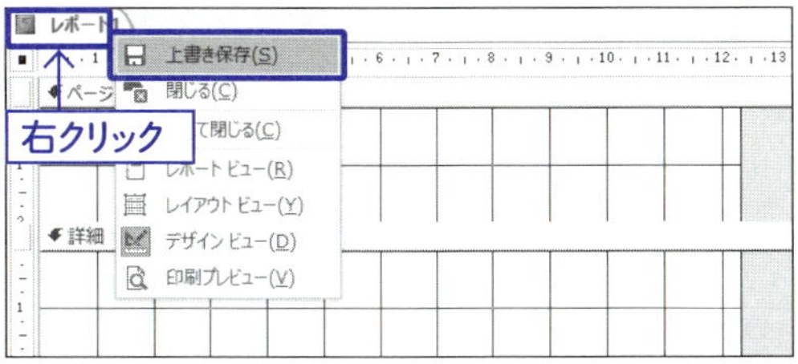

**図13** レポート名を入力

　レポートが保存され、ナビゲーションウィンドウにレポートが現れました。次にこのレポートのレコードソースとなる、埋め込みクエリを作成しましょう。
　「デザイン」タブからプロパティシートを表示し、「選択の種類」を「レポート」にした状態で、「データ」タブの「レコードソース」の […] をクリックしてクエリツールを起動します（図14）。

**図14** レコードソースのクエリデザインを起動

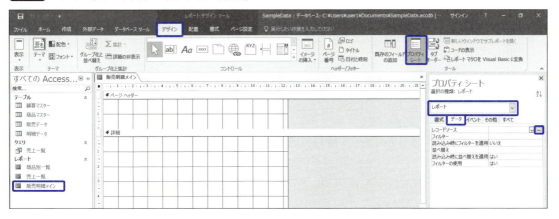

　クエリビルダーが起動すると、テーブルの選択画面が開きます。通常のクエリと同じように、必要なフィールドが含まれるテーブルを選択しましょう。Ctrl キーを押しながらクリックすると、複数選択することができます。「顧客マスター」と「販売データ」テーブルを選択し、「追加」をクリックしてから（図15）、「閉じる」をクリックしてこのウィンドウを閉じます。

**図15** テーブルの表示

125

選択したテーブルが追加されました（図16）。なお、テーブルを追加したい場合、リボンの「テーブルの表示」から、先ほどのウィンドウを再度表示することができます。

**図16** テーブルが追加された

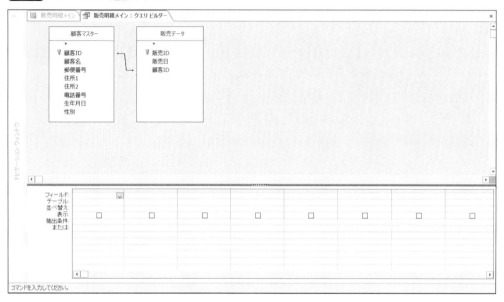

メインレポートで必要なフィールドをドラッグまたはダブルクリックして、デザイングリッドへ追加します。「販売ID」の並べ替えも「昇順」にしておきましょう（図17）。これを上書き保存し、クエリビルダーを閉じます。

**図17** フィールドを追加

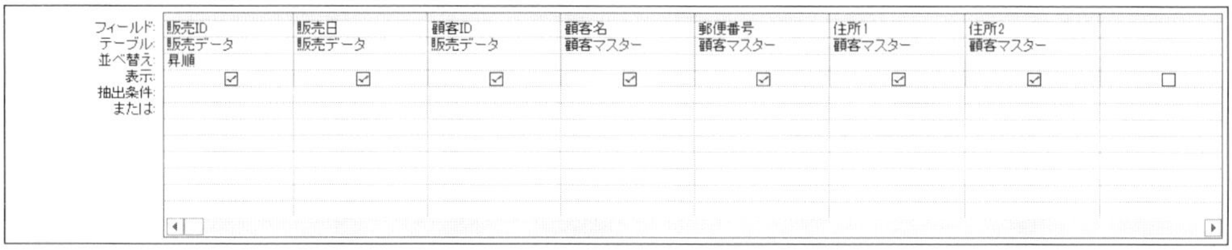

「デザイン」タブの「既存のフィールドの追加」をクリックしてフィールドリストを表示すると、先ほどの埋め込みクエリで作成したフィールドが表示されています。これで、レコードソースを設定することができました（図18）。

**図18** フィールドリストを確認

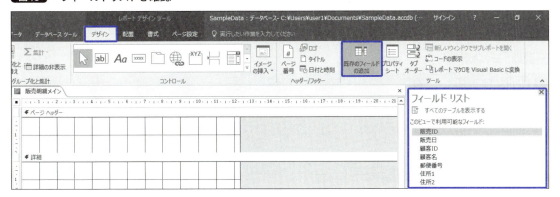

## 5-2-2 タイトルとフッター

レポートのタイトルを挿入しましょう。自分でラベルを挿入することもできますが、「デザイン」タブの「タイトル」をクリックするだけで、レポート名を適切な大きさでタイトルとして挿入してくれるので便利です（**図19**）。

**図19** タイトルの挿入

タイトルを編集します。左隣りにある枠へは、「ロゴ」から画像ファイルを選んで挿入することができます（**図20**）。不要な場合は、選択して Delete キーを押すと削除できます（**図21**）。

**図20** ロゴ画像用のセル　　　**図21** ロゴ画像用セルの削除

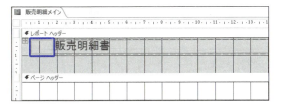

# CHAPTER 5 オリジナルレポートの作成

続けて発行日となる、日付を入力する部分を挿入します。「日付と時刻」をクリックすると図22のウィンドウが現れるので、挿入したいスタイルを選びます。今回は日付だけにしておきます。

**図22** 日付と時刻

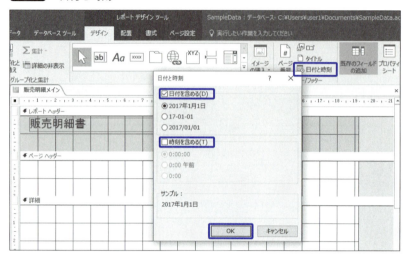

「OK」をクリックすると、図23のようにタイトルの横に現在の日付を表す「=Date()」という式の入ったテキストボックスが挿入されます。もし図22で「時刻を含める」にチェックが入っていた場合は、日付の下に時刻を表すテキストボックスが挿入されます。

**図23** 日付を表す演算コントロールが挿入された

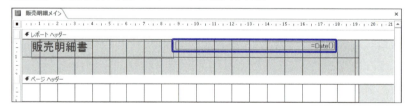

日付の前に「発行日:」という文字列を付けるには、式を「="発行日: " & Date()」のように修正します（図24）。

**図24** 日付に文字列を追加

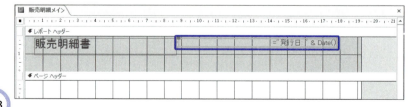

挿入されたタイトルはレポートヘッダーに配置されているので、これらをページヘッダーへ移動します。田をクリックして、「配置」タブの「下へ移動」をクリックすると（図25）、1つ下のセクションへ移動させることができます（図26）。

**図25** 下へ移動

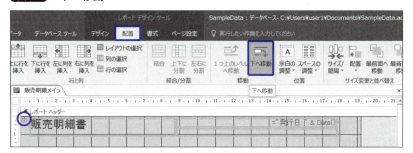

**図26** 下のセクションへ移動した

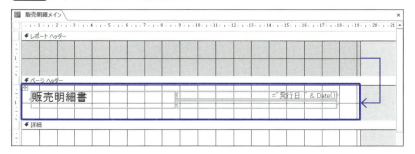

セクションは、区切り部分にカーソルを合わせると高さを変更することができます。図27のように高さをゼロにすることで、非表示となります。

**図27** レポートフッターの高さがゼロになった

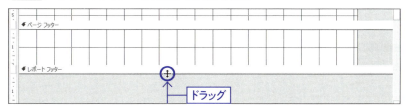

高さをゼロにするという方法のほか、レポートヘッダー/フッター、またはページヘッダー/フッターについては、任意のセクションを右クリックして表示される図28のウィンドウから表示/非表示を切り替えることもできます。このメインレポートではレポートヘッダー/フッターは使わないので、非表示にしてみましょう（図29）。

**図28** 表示の切り替え

**図29** レポートヘッダーが非表示になった

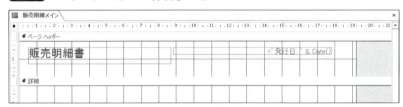

　ページヘッダーにタイトルが移ったので、セクションの背景色をタイトルらしく変更してみましょう。ページヘッダーセクションを選択して、「書式」タブの「図形の塗りつぶし」から任意の色を選択すると（図30）、セクションが選択した色で塗りつぶされます（図31）。

**図30** 図形の塗りつぶし

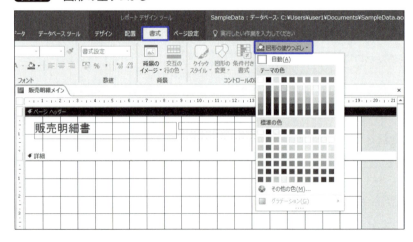

**図31** セクションの色が変更された

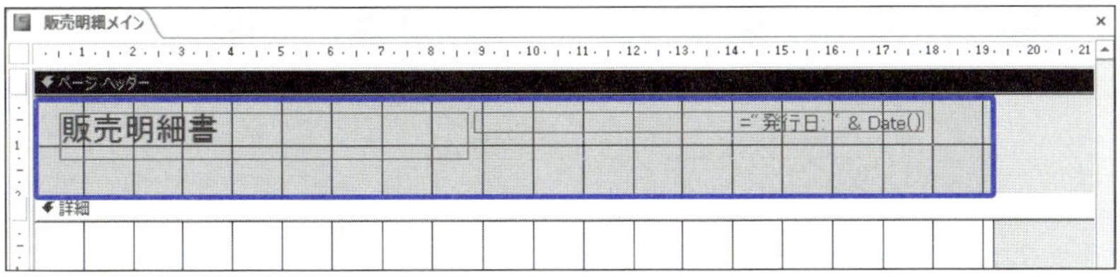

次は、ページフッターにロゴ画像を入れてみましょう。「デザイン」タブのコントロールの「イメージ」か、「イメージの挿入」から挿入できます（**図32**）。

挿入したい画像ファイル（**図33**）と、挿入位置を指定します（**図34**、**図35**）。

挿入された画像の大きさと、広がってしまったセクションの高さを調整します（**図36**）。

**図32** 画像の挿入

**図33** 画像の選択

## CHAPTER 5 オリジナルレポートの作成

**図34** 挿入位置の指定

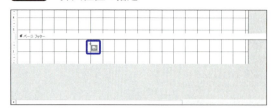

**図35** 画像が挿入された

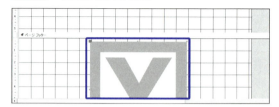

**図36** 画像の大きさとセクション高さを調整

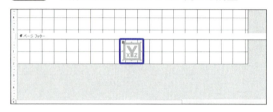

　これで、ヘッダーとフッターができました。なお、今回は入れませんが、「デザイン」タブの「ページ番号」から、ヘッダーもしくはフッターにページ番号を入れることができます（図37）。

**図37** ページ番号を挿入する場合

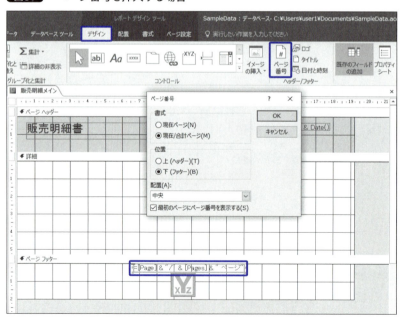

## 5-2-3 顧客情報部分の作成

メインレポートの中身を作ります。フィールドリストから、顧客情報に関わるフィールドを選択し、詳細セクションへドラッグします（図38）。

**図38** フィールドを挿入

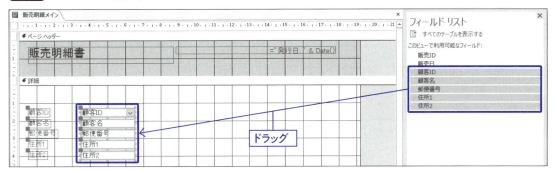

この時点では、これらのフィールドは独立しているので、それぞれ自由な位置に動かすことができます。ただし、1つのフィールドでラベルとテキストボックスは一対になっています。

ためしに「顧客ID」フィールドだけ動かしてみましょう。「コンボボックス」コントロールを動かすと、ラベルも同じだけ移動します（図39）。

一対になっているもののうち、どちらか一方を動かしたい場合は、左上の■部分をドラッグします（図40）。

**図39** 一対のフィールドを移動

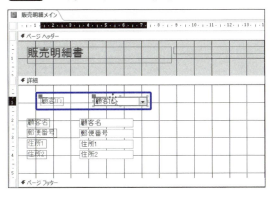

**図40** 一方だけ移動

この特性を活かして手作業で揃えることもできますが、今回のような形は、集合形式でレイアウト設定してしまったほうが縦横が揃ってきれいに見えます。

# CHAPTER 5 オリジナルレポートの作成

　対象となるコントロールをすべて選択します。Shiftキーを押しながらひとつずつ選択してもよいですが、このようにコントロールがまとまっている場合は、コントロールを「選択」にした状態で任意の範囲をドラッグすると（図41）、範囲内のコントロールが選択されるので、「配置」の「集合形式」をクリックして（図42）、レイアウトを設定します（図43）。

**図41** 対象のコントロールをすべて選択

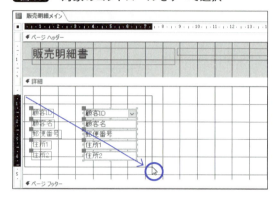

**図42** 集合形式を選択

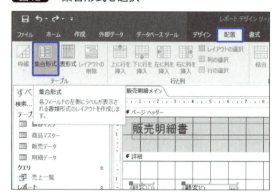

**図43** レイアウトが設定された

　コントロール間のスペースがやや広く感じるので、「配置」タブの「スペースの調整」から「狭い」を選択し（図44）、スペースを詰めます（図45）。

**図44** スペースを狭いへ

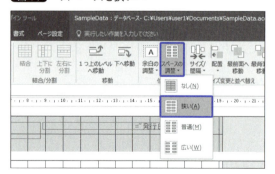

**図45** スペース調整後

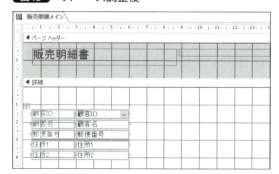

並び順を変更しましょう。「顧客名」のラベルとテキストボックスを両方選択し、「住所2」の下へドラッグすると（図46）、並び順を変えることができます（図47）。

**図46** 選択してドラッグ

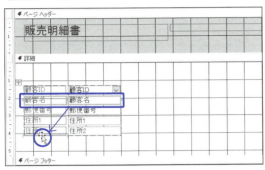

**図47** フィールドが移動した

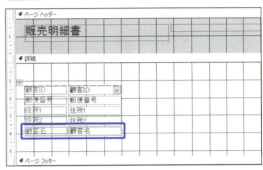

テーブルからデータを取得するフィールド名は「住所1」「住所2」ですが、レポート上での見出しとしては「住所」のみにしておきたいところです。「住所2」のラベルを選択して（図48）、Delete キーを押して、削除します（図49）。レイアウト設定がされている状態では、削除された箇所は空白セルになります。

**図48** 不要なラベルを選択

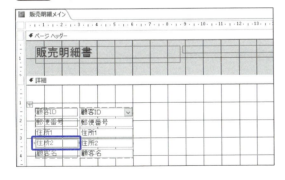

**図49** Delete キーで削除

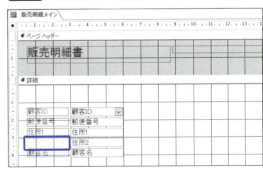

「住所1」のラベルの内容も「住所」に変更しましょう（図50）。コントロールを選択して直接書き換えることもできますし、プロパティシートの「標題」でも変更できます。

**図50** ラベル標題を変更

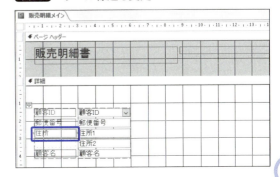

「顧客名」の隣に、「様」という敬称を入れます。「顧客名」フィールドを選択し、「配置」タブの「右に列を挿入」をクリックすると（図51）、集合形式にレイアウト設定されている範囲の列に空白セルが挿入されました（図52）。

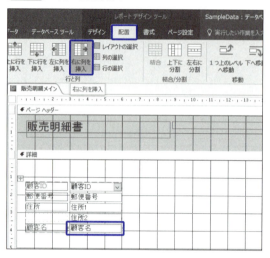

**図51** 右に列を挿入

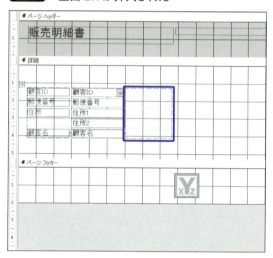

**図52** 空白セルが挿入された

任意の場所に「様」という標題の「ラベル」コントロールを作成し（図53）、設置したい空白セルへドラッグすることで（図54）、レイアウト内に挿入することができます。

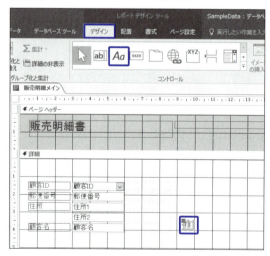

**図53** ラベルコントロールを作成

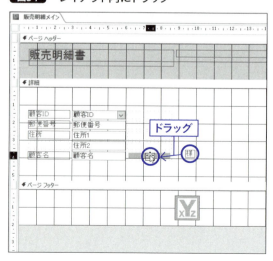

**図54** レイアウト内にドラッグ

レイアウト設定してあるコントロール群は、左上の⊞をクリックするとすべて選択できるので、

上辺と左辺に表示されているルーラーで位置を確認しながら調整ができます（図55）。
　タイトルなどほかのコントロールと位置を合わせたり、コントロール幅やセクションの高さなどを設定したりして、全体のレイアウトを整えます（図56）。

**図55** 位置調整

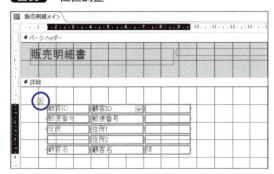

**図56** 全体的な調整

## 5-2-4 販売・自社情報部分の作成

　販売情報を作成します。フィールドリストから、販売情報に関わるフィールドを選択し、詳細セクションへドラッグします（図57）。

**図57** フィールドをドラッグ

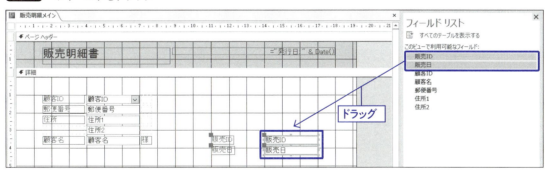

　挿入された状態ではレイアウト設定されていませんので、5-2-3と同じように集合形式レイアウトを設定します。対象のコントロールをすべて選択し、「配置」タブから「集合形式」をクリックします（図58）。

**図58** 集合形式レイアウトへ

　コントロールどうしのスペースも、5-2-3（134ページ）へ合わせて「狭い」を適用します（図59）。
　コントロール幅と位置を調整します（図60）。

## CHAPTER 5 オリジナルレポートの作成

**図59** スペースを狭いへ

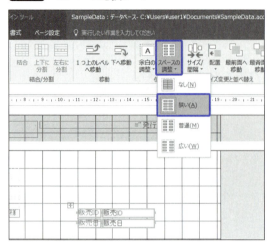

**図60** 幅と位置を調整

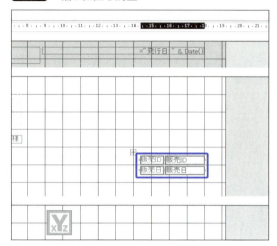

　自社情報を挿入します。テーブルには存在しないフィールドなので、ラベルで直接書き込みます（図61）。別のコントロールに関連付けられているラベルではないので、「関連付けられていない新しいラベル」というエラーが出ても無視して構いません。

**図61** ラベルで自社情報を挿入

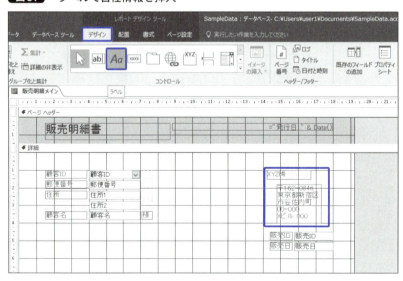

　レイアウト設定のされていない独立したコントロールは、ほかのコントロールを基準に位置を合わせることができます。位置を合わせたいラベル2つと、基準となる「販売ID」のテキストボックスを選択して、「配置」タブの「配置」から「右」をクリックすると（図62）、一番右にあるコントロールに合わせて、位置が揃いました（図63）。

5-2 メインレポートの作成

**図62** 配置を右で合わせる

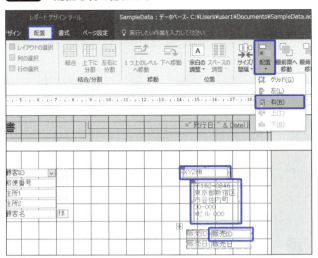

**図63** 右に揃った

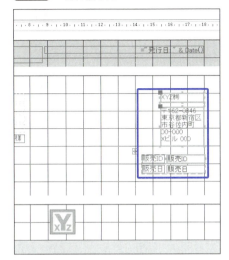

## 5-2-5 付帯情報の作成

　税込金額を表す部分を作成します。これはテーブルに存在するフィールドではないので、演算コントロールの想定です。「デザイン」の「コントロール」から、テキストボックスを選択して任意の場所をクリックして、空のテキストボックスを挿入し（図64）、ラベルの標題を変更します（図65）。

　税込金額はサブレポートの値を使うので、ここでは非連結のテキストボックスの用意だけしておいて、式の入力は **5-4-2**（168ページ）で行います。テキストボックスの名前は「支払金額」にしておきましょう。

**図64** テキストボックスを挿入

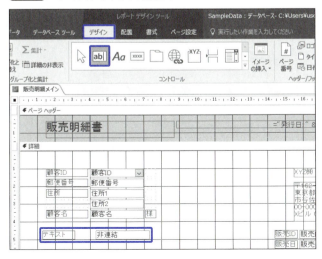

**図65** ラベルの標題を変更

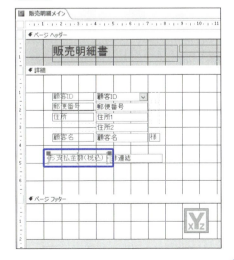

ここも集合形式レイアウトにしましょう。対象のコントロールをすべて選択して「配置」タブの「集合形式」をクリックします（図66）。

ラベルを追加するため、集合形式の行列を増やします。「右に列を挿入」（図67）、「下に行を挿入」をそれぞれクリックします（図68）。

**図66** 集合形式レイアウトへ

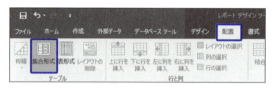

**図67** 右に列を挿入

**図68** 下に行を挿入

挿入された空白セルを結合します。対象をすべて選択して「結合」をクリックすると（図69）、1つの大きな空白セルになりました。

**図69** セルの結合

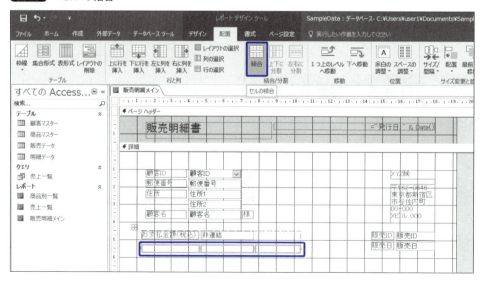

## 図70 結合結果

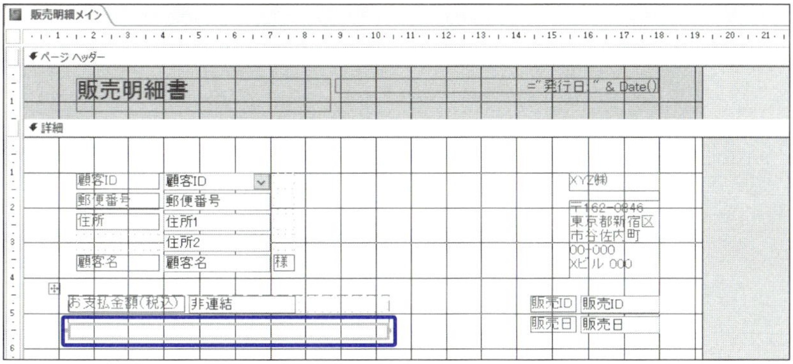

任意の文字列のラベルを作成し、空白セルにドラッグして、レイアウト内に挿入します（図71）。「円」という文字も同様に挿入します。

## 図71 ラベルをレイアウト内にドラッグ

「配置」タブの「スペースの調整」からコントロール間のスペースを「狭い」にします（図72）。

位置を合わせて、コントロールの配置を完了します。4-1-3（82ページ）を参考に、コントロールの名前をわかりやすいものに変更しておきましょう（図73）。

**図72** スペースを狭いへ

**図73** コントロールの名前を変更

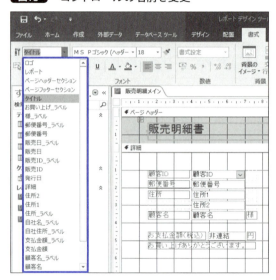

## 5-2-6 レイアウトビューで調整

　レイアウトビューに切り替えて、データが入っている状態を見てみましょう。ページの幅に対して、設定したレポートの幅が少し足りていないようです（図74）。

**図74** レイアウトビューで確認

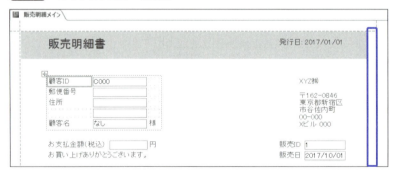

　新規作成されたレポートは、図75のようにプロパティシートで見てみると「ページに合わせる」という項目がデフォルトで「はい」になっています。
　この場合、「ページ設定」タブの「サイズ」を再設定するか（図76）、いったんレポートを閉じて開き直すと、レポートの幅をページサイズに合わせてくれます（図77）。レポートの幅がページの幅を超えている場合は、はみ出しているコントロールをすべてページ内に収めてからページサイズを再設定しましょう。

**図75** ページサイズに合わせるの状態

**図76** ページサイズを再設定

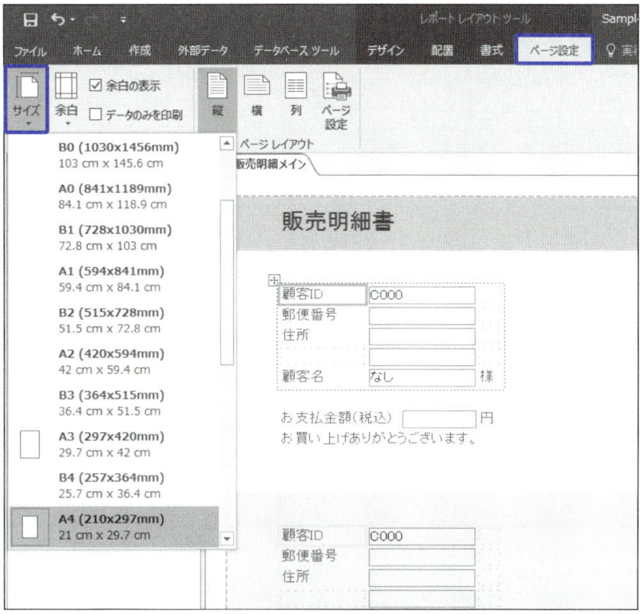

**図77** レポートの幅がページサイズに適応

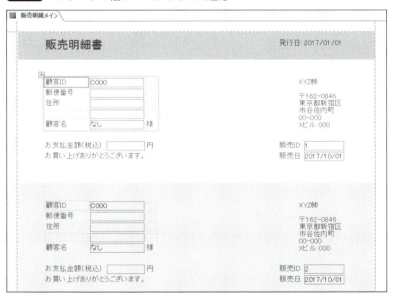

　なお、ページサイズと余白の大きさによって最大レポート幅は変わります。そのときの設定によって最大レポート幅を算出し、デザインビューの上部と左部に表示されているルーラーを目安に作成するとよいでしょう。

## CHAPTER 5 オリジナルレポートの作成

**図78** ページサイズと余白で最大レポート幅がわかる

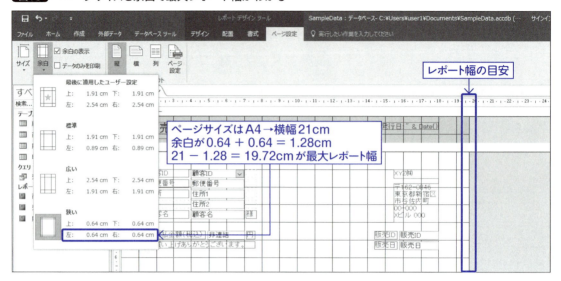

「テキストボックス」と「コンボボックス」に枠が付いているので、この枠を消して下線にしましょう。対象のコントロールをすべて選択します（図79）。

**図79** 枠を消したいコントロールをすべて選択

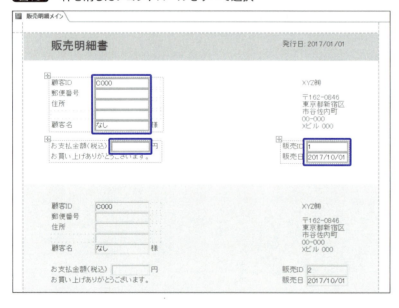

「書式」タブの「図形の枠線」から「透明」をクリックします（図80）。続いて、「配置」タブの「枠線」から「下」をクリックします（図81）。

5-2 メインレポートの作成

**図80** 図形の枠線　　　**図81** 枠線

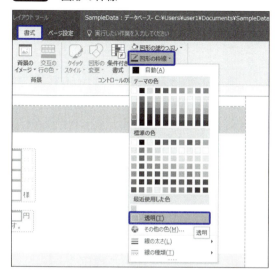

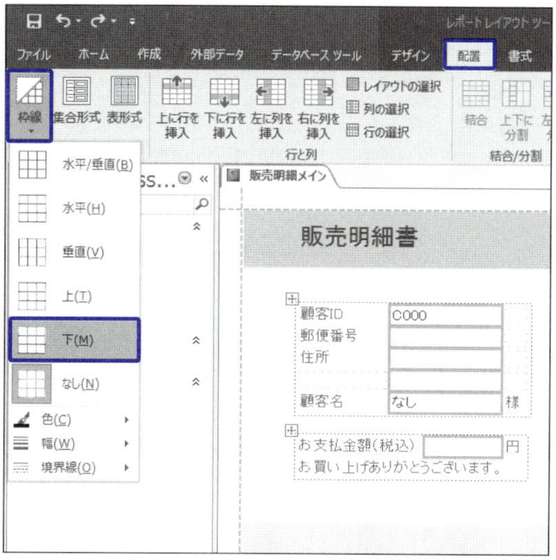

選択を解除すると図82のようになりました。

**図82** 結果

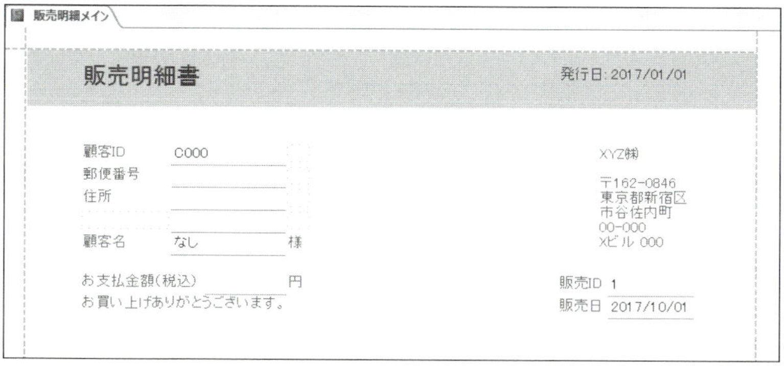

　下線を付けるときに覚えておきたいのが、コントロールに対する「スペース」と「余白」の関係性です。「配置」タブの「枠線」で付けられる線は、図83のように「境界線」の外側の「スペース」に依存します。
　リボンのアイコンから設定すると、上下左右4方向すべて同じ数値が設定されるので、コントロールどうしの間隔を空けたくて「スペース」を多めにとると、「下線」も一緒に遠ざかってしまって見た目がよくない、という状況になることがあります。
　そんな場合、プロパティシートを使うと4方向をひとつずつ設定できるので、図84のように「下スペース」だけをゼロにすると、「下線」が遠くにならずにコントロールどうしの間隔を空けることができます。

145

**図83** スペースと余白の関係性

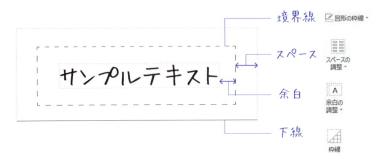

**図84** スペースを調整

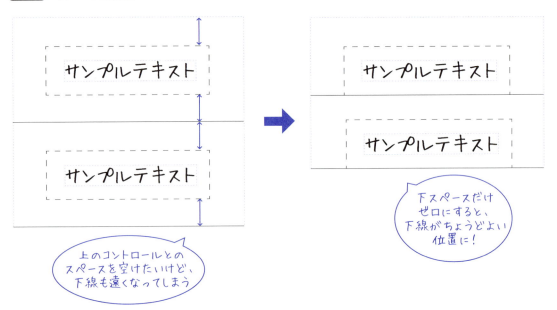

　このレポートでもやってみましょう。下線を入れたコントロールをすべて選択して、まとめてプロパティシートを変更できます。「下スペース」を「0cm」にして、下を無くした分、「上スペース」を倍の数値にするのもよいでしょう（**図85**）。

　なお、Accessではtwipという単位が基準として内部処理されるので、手入力したcm単位の数値は、自動で近似値に変更されます。

**図85** 下線のテクニック

スペースの確認も兼ねてスクロールしてみると、住所部分が切れています（図86）。コントロール幅を調整しましょう（図87）。

**図86** コントロール幅が足りていない

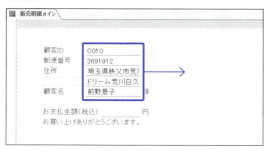

**図87** コントロール幅を修正

また、メインレポートの「詳細」セクションは、レコードごとに背景色を変える必要はありません。「書式」タブから「詳細」を選択し、「交互の行の色」を「色なし」にしましょう（図88、図89）。

**図88** 交互の行の色

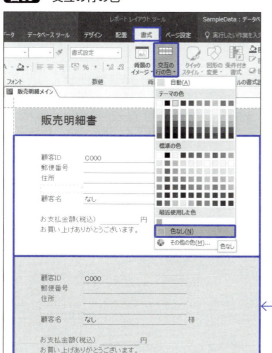

**図89** 色なし

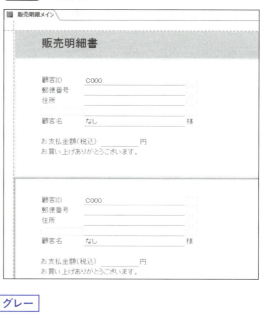

「書式」タブから、販売・自社情報部分を右詰めにします（図90）。

**図90** 右詰め

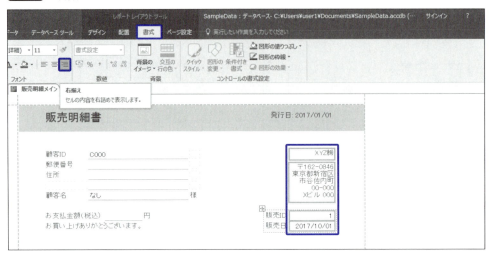

社名部分のみ、フォントサイズを大きくします（図91）。

**図91** フォントサイズ変更

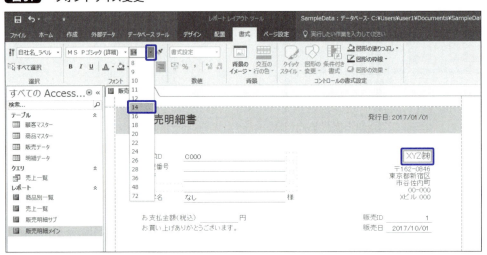

これで、メインレポートの作成はいったん終了です。上書き保存して閉じておきましょう。

# CHAPTER 5

## 5-3 サブレポートの作成

続いて、「子」部分であるサブレポートを作りましょう。メインレポートとは別の、新たなレポートオブジェクトとして作成します。

### 5-3-1 レイアウトビューから作る

　レイアウトビューは、コントロール挿入時に、あらかじめ集合形式、表形式などのレイアウトが設定された状態で挿入されます。したがって、そのレイアウト上で可能な位置にしか挿入できないので、好きな場所にコントロールを置くのは難しいのですが、あらかじめ縦横揃えて配置したい場合には便利です。

　想定しているサブレポートは表形式なので、レイアウトビューから作成するとかんたんです。

　「作成」タブ「空白のレポート」をクリックし（図92）、新しいレポートをレイアウトビューで開きます（図93）。

**図92** 空白のレポート

**図93** 新規レポートのレイアウトビュー

# CHAPTER 5 オリジナルレポートの作成

上書き保存し（図94）、レポート名を付けます（図95）。

**図94** 上書き保存

**図95** レポート名を入力

レコードソースとなる、埋め込みクエリを作成します。「デザイン」タブからプロパティシートを表示し、「選択の種類」を「レポート」にした状態で、「レコードソース」の…をクリックしてクエリビルダーを起動します（図96）。

クエリビルダーが起動すると、テーブルの選択画面が開きます。Ctrlキーを押しながら必要なテーブルを選択して「追加」をクリックしてから（図97）、「閉じる」をクリックしこのウィンドウを閉じます。

**図96** レコードソースのクエリデザインを起動

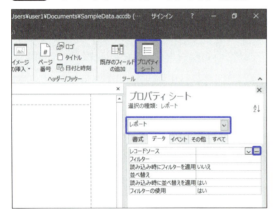

**図97** テーブルの表示

メインレポートで必要なフィールドをドラッグまたはダブルクリックして、デザイングリッドへ追加します。ここで注意しておきたいのが、「メインレポートとリンクするフィールド」です。テーブルどうしのリレーションシップのように、親子レポートは共通のフィールドを使ってレポートどうしをリンクさせます。

サブレポートで表示するフィールドとしては不要でも、レコードソースに「販売ID」が含まれていないとメインレポートとリンクできないので、忘れないようにしましょう。

ここへ、並べ替えや「小計」の演算フィールドも追加したものが図98です。上書き保存してクエリビルダーを閉じます。

## 図98　レコードソースクエリの編集

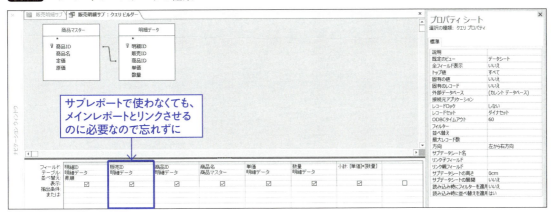

## 5-3-2　明細部分の作成

「デザイン」タブの「既存のフィールドの追加」をクリックしてフィールドリストを表示し、ためしに「明細ID」フィールドをドラッグしてみましょう。自動で表形式のレイアウト設定がなされた状態で、フィールドが挿入されました（図99）。

## 図99　「明細ID」フィールドの挿入

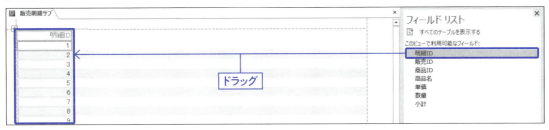

そのほか必要なフィールドもまとめて「明細ID」の隣にドラッグすると（図100）、表形式レイアウトで挿入されました（図101）。

## 図100　ほかのフィールドもドラッグ

図101 表形式で挿入された

| 明細ID | 商品ID | 商品名 | 単価 | 数量 | 小計 |
|---|---|---|---|---|---|
| 1 | P001 | 苺ショート | ¥350 | 4 | ¥1,400 |
| 2 | P012 | 苺ショート5号 | ¥2,500 | 2 | ¥5,000 |
| 3 | P014 | チョコレート4号 | ¥1,600 | 1 | ¥1,600 |
| 4 | P019 | 苺タルト4号 | ¥2,800 | 1 | ¥2,800 |
| 5 | P010 | フルーツタルト | ¥400 | 5 | ¥2,000 |
| 6 | P007 | チョコレートマフィ | ¥250 | 3 | ¥750 |
| 7 | P020 | ブルーベリータル | ¥2,500 | 1 | ¥2,500 |
| 8 | P005 | モンブラン | ¥350 | 3 | ¥1,050 |
| 9 | P005 | モンブラン | ¥350 | 5 | ¥1,750 |
| 10 | P008 | 苺タルト | ¥450 | 5 | ¥2,250 |

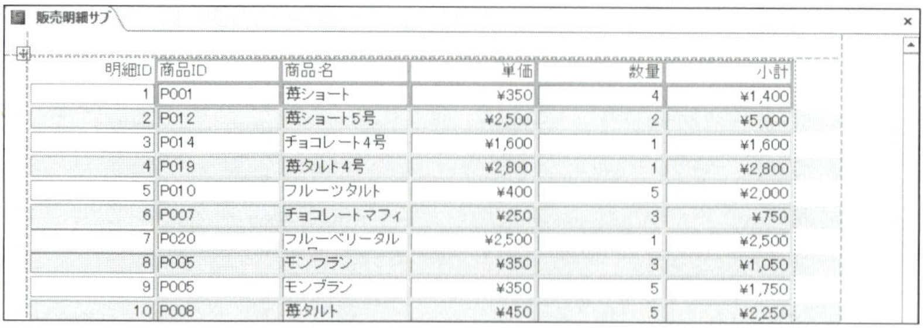

それぞれ、コントロールを任意の幅に調整し（図102）、「書式」タブの「図形の枠線」を「透明」にします（図103）。図104のようになりました。

図102 コントロール幅の調整

| 明細ID | 商品ID | 商品名 | 単価 | 数量 | 小計 |
|---|---|---|---|---|---|
| 1 | P001 | 苺ショート | ¥350 | 4 | ¥1,400 |
| 2 | P012 | 苺ショート5号 | ¥2,500 | 2 | ¥5,000 |
| 3 | P014 | チョコレート4号 | ¥1,600 | 1 | ¥1,600 |
| 4 | P019 | 苺タルト4号 | ¥2,800 | 1 | ¥2,800 |
| 5 | P010 | フルーツタルト | ¥400 | 5 | ¥2,000 |
| 6 | P007 | チョコレートマフィン | ¥250 | 3 | ¥750 |
| 7 | P020 | ブルーベリータルト4号 | ¥2,500 | 1 | ¥2,500 |
| 8 | P005 | モンブラン | ¥350 | 3 | ¥1,050 |
| 9 | P005 | モンブラン | ¥350 | 5 | ¥1,750 |
| 10 | P008 | 苺タルト | ¥450 | 5 | ¥2,250 |

図103 図形の枠線を透明に

図104 枠線の消えた状態

| 明細ID | 商品ID | 商品名 | 単価 | 数量 | 小計 |
|---|---|---|---|---|---|
| 1 | P001 | 苺ショート | ¥350 | 4 | ¥1,400 |
| 2 | P012 | 苺ショート5号 | ¥2,500 | 2 | ¥5,000 |
| 3 | P014 | チョコレート4号 | ¥1,600 | 1 | ¥1,600 |
| 4 | P019 | 苺タルト4号 | ¥2,800 | 1 | ¥2,800 |
| 5 | P010 | フルーツタルト | ¥400 | 5 | ¥2,000 |
| 6 | P007 | チョコレートマフィン | ¥250 | 3 | ¥750 |
| 7 | P020 | ブルーベリータルト4号 | ¥2,500 | 1 | ¥2,500 |
| 8 | P005 | モンブラン | ¥350 | 3 | ¥1,050 |
| 9 | P005 | モンブラン | ¥350 | 5 | ¥1,750 |
| 10 | P008 | 苺タルト | ¥450 | 5 | ¥2,250 |
| 11 | P008 | 苺タルト | ¥450 | 2 | ¥900 |
| 12 | P015 | チョコレート5号 | ¥2,000 | 1 | ¥2,000 |
| 13 | P003 | ベイクドチーズ | ¥300 | 3 | ¥900 |
| 14 | P015 | チョコレート5号 | ¥2,000 | 1 | ¥2,000 |
| 15 | P010 | フルーツタルト | ¥400 | 5 | ¥2,000 |
| 16 | P016 | チョコレート6号 | ¥2,400 | 1 | ¥2,400 |
| 17 | P010 | フルーツタルト | ¥400 | 3 | ¥1,200 |
| 18 | P004 | ミルクレープ | ¥300 | 4 | ¥1,200 |
| 19 | P016 | チョコレート6号 | ¥2,400 | 2 | ¥4,800 |
| 20 | P001 | 苺ショート | ¥350 | 5 | ¥1,750 |

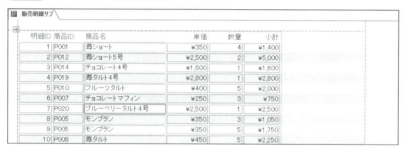

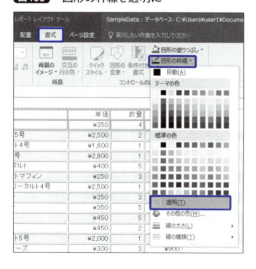

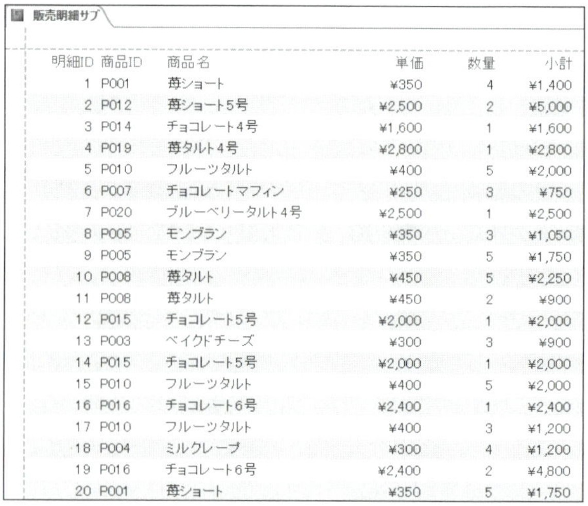

数値は右詰め、文字列は左詰めになっていて並びによっては近接してしまう部分もあるので、文字詰めを直してもよいですし、プロパティシートで左右のスペースのみ広げるという方法もあります（図105）。

**図105** 左右のスペースを広げる

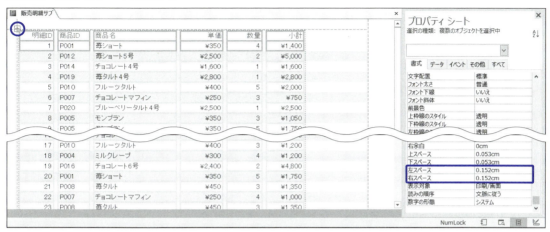

デザインビューへ切り替えて、細かい部分を設定していきます。

5-1-4（122ページ）でも説明した通り、サブレポート内では改ページが適用されず、ページヘッダー/フッターは表示されません。フィールド名をレポートヘッダーに移動しましょう。

レポートヘッダー/フッターが非表示になっているので、任意のセクションで右クリックし、表示の切り替えを行います（図106）。

**図106** レポートヘッダー/フッターの表示切り替え

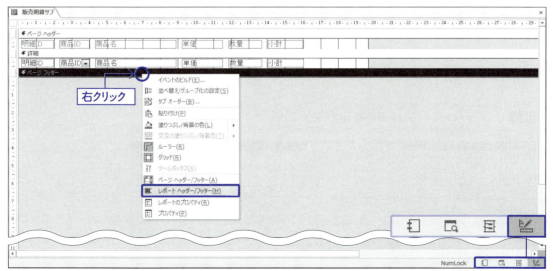

## CHAPTER 5 オリジナルレポートの作成

「配置」タブの「行の選択」を使ってフィールド名部分のラベルをすべて選択し、「1つ上のレベルへ移動」をクリックします（図107）。

**図107** 1つ上のレベルへ移動

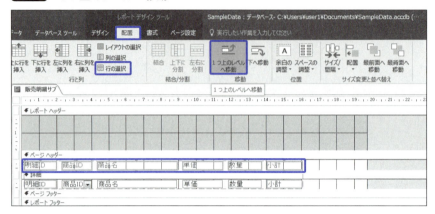

ラベルがレポートヘッダーへ移動しました（図108）。

**図108** レポートヘッダーへ移動した

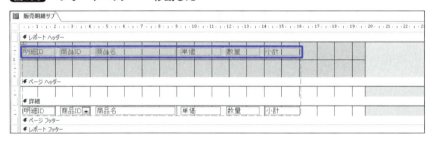

これでページヘッダー/フッターが不要になるので、任意のセクションで右クリックし、表示の切り替えを行います（図109）。

**図109** ページヘッダー/フッターの表示切り替え

ページヘッダー/フッターが非表示になりました。レポートヘッダーのラベル群の位置とセクション高さを調整します（図110）。

### 図110　位置と高さ調整

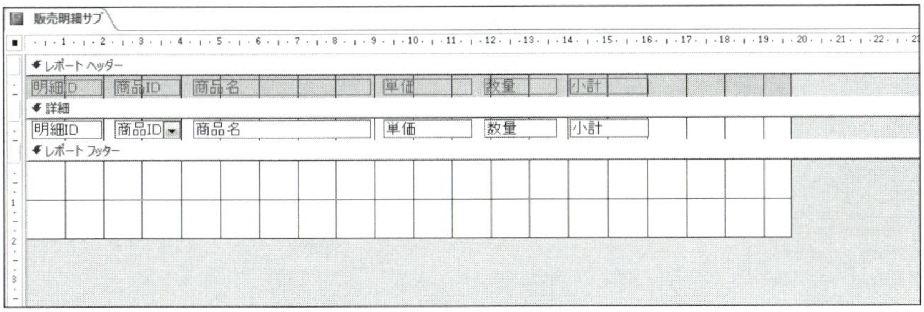

さて、このサブレポートの横幅について考えてみましょう。メインレポートは図111のようになっているので、サブレポートが16.5cmくらいの横幅になっていれば、ちょうどよいサイズになります。

### 図111　メインレポートの横幅

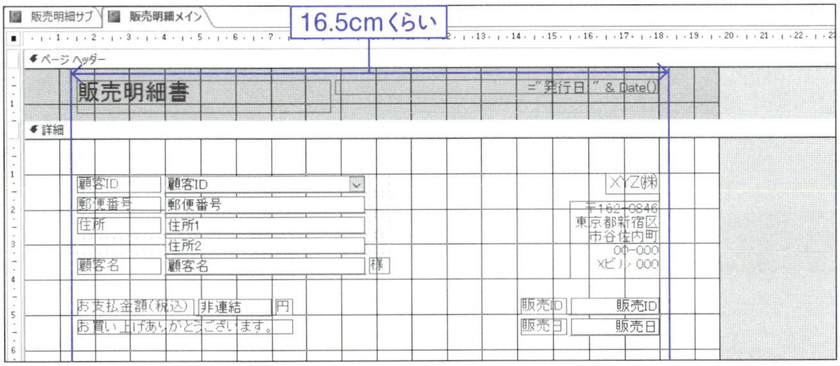

ルーラーを目安にレポートの右端をドラッグして、サブレポートの横幅を16.5cmくらいのところへ合わせます。ただしここでは、5-2-6（142ページ）で説明した「ページに合わせる」を「いいえ」にしておかないと、元に戻ってしまうので注意してください（図112）。

### 図112　サブレポートの横幅を設定

155

「商品名」以外のコントロールは、同じような幅で微妙にバラバラです。「商品名」以外のコントロールを選択してから、「配置」タブの「サイズ間隔」から「広い/狭いコントロールに合わせる」などを使って、揃えてしまったほうが見栄えがよくなります（図113、図114）。

図113 似ている幅のコントロールを揃える

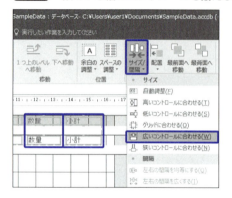

図114 幅が揃った

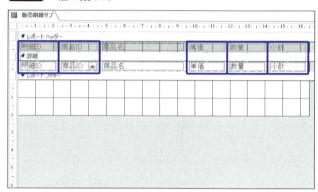

## 5-3-3 合計・消費税・税込金額の作成

「小計」を選択して「デザイン」タブの「集計」から「合計」をクリックすると（図115）、合計を表す演算コントロールが挿入されました（図116）。

図115 集計

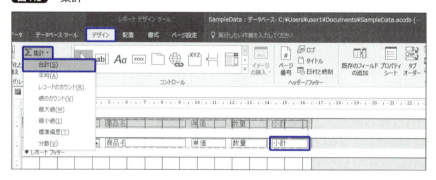

図116 演算コントロールが挿入された

5-3 サブレポートの作成

挿入されたコントロールを選択してから「配置」タブの「下に行を挿入」を2回クリックし、2行分挿入します（図117）。

**図117** 下に行を挿入

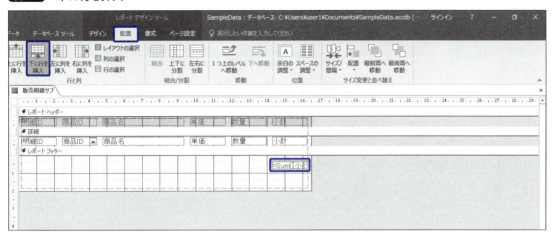

「デザイン」タブの「コントロール」からラベルを作成し、「合計」という標題にします。続いて先ほど作った演算コントロールの左側の空白セルにドラッグします（図118）。

今度はテキストボックスを作成してラベルに「消費税」という標題を付け、「合計」の下にドラッグして挿入します（図119）。

**図118** ラベルをドラッグしてレイアウトに挿入

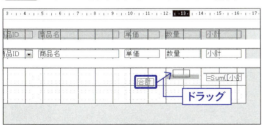

**図119** 「消費税」テキストボックスを挿入

同じように「税込金額」というテキストボックスも「消費税」の下にドラッグして挿入します（図120）。

**図120** 「税込金額」テキストボックスを挿入

演算コントロールの式には、コントロールの「名前」を使います。プロパティシートを開き、新しく挿入した右下3つのテキストボックスの「名前」を、それぞれ「合計」「消費税」「税込金額」にします。図121を参考に、ほかのコントロールもわかりやすい名前に変えておきましょう。

**図121** コントロールの名前を変更

「消費税」テキストボックスに式を設定します。現状はコントロールソースが空なので「非連結」という表示になっています。同欄右の […] をクリックして、式ビルダーを起動します（図122）。

式ビルダーウィンドウが表示されました。「式の要素」で現在のレポートが選択されていて、「式のカテゴリ」にコントロールの名前が一覧で表示されています。ここで「合計」というコントロールをダブルクリックすると、上のボックスに挿入されます。そこへ「*0.08」と追記して「OK」をクリックします（図123）。

**図122** コントロールソースの式ビルダーを起動

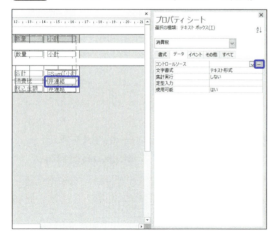

**図123** 式ビルダー

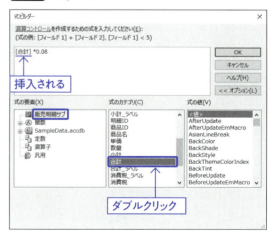

先ほどの式ビルダーで設定した式が、コントロールソースに挿入されました（figure 124）。なお、式ビルダーを使わず、コントロールソースの欄に直接入力することでも設定できます。

同様に、「税込金額」テキストボックスのコントロールソースへも、式を挿入します（figure 125）。なお、フィールド名と演算記号（+）は式ビルダー上でも直接入力できます。

**図124** コントロールソースへ式が挿入された

**図125** 「税込金額」のコントロールソース

## 5-3-4 レイアウトビューで調整

レイアウトビューに切り替えて表示を確認してみましょう。新しく挿入されたテキストボックスは枠ありだったり左詰めだったりして、表示が揃っていません。

新しく挿入されたテキストボックスを Ctrl キーを押しながら3つとも選択し、「書式」タブから、枠線を透明（図126）、右揃え（図127）、通貨形式の適用（図128）をそれぞれ実行します。

**図126** 図形の枠線

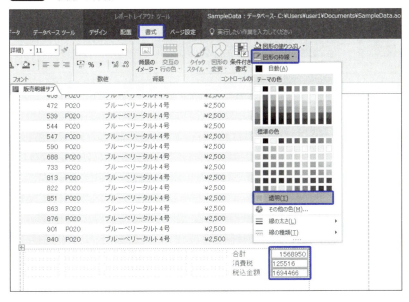

**図127** 右揃え

**図128** 通貨形式

これで、図129のようになりました。

**図129** 結果

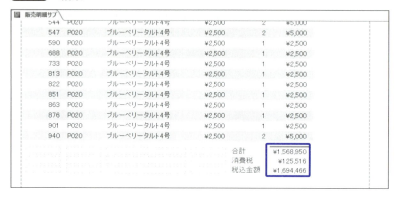

追加した3つのテキストボックスに下線を付けます。「配置」タブの「枠線」から「下」を選択し、145ページのようにプロパティシートで上下のスペースを調整すると（図130）、図131のようになりました。

**図130** 下線とスペース調整

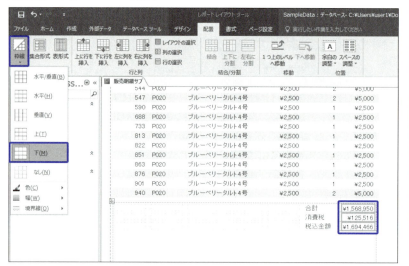

なお、レイアウトビューでコントロールに変更を加えた際、「詳細」などのセクションの高さが変わってしまう場合があります。これは、プロパティシート「書式」タブの「高さの自動調整」が「はい」になっていると自動調整されるためです。

自動で高さを変えたくない場合は、この項目を「いいえ」にしておきましょう（図132）。

**図131** 結果

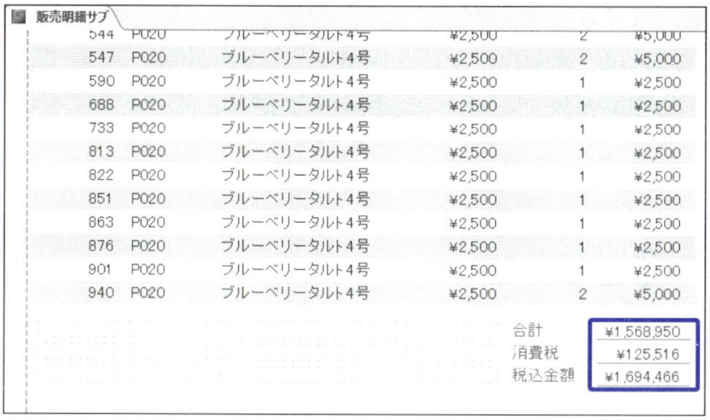

**図132** セクションの高さの自動調整

また、レコードソースクエリで「明細ID」が昇順になるように並べ替え設定をしたのに、意図しない並びになっている、ということがあるかもしれません。レポートの元データはレコードソースですが、レポート内部でもデータの定義を持っています。今回のように合計値を算出するためにレポート上で「集計」などを行うと、レポート内部の定義が書き換わって並びが変わることがあります。

こういった場合は、「グループ化と並べ替え」（75ページ）で、レポート上で並べ替えを定義をしてあげるとよいでしょう（図133）。

**図133** グループ化と並べ替えで並びを再定義

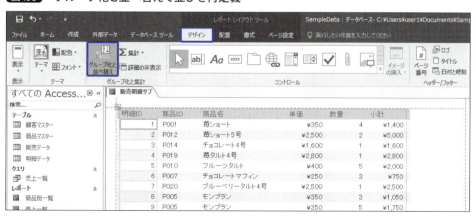

さて、これでサブレポートが完成しました。上書き保存して閉じておきましょう。

# CHAPTER 5

## 5-4 親子レポート

2つのレポートがそれぞれできあがったら、レポートどうしをリンクさせて「親子レポート」にしてみましょう。

### 5-4-1 サブレポートの作成とリンク

　メインレポートのほうを、デザインビューで開きます。ナビゲーションウィンドウからレポートを右クリックすると、開くビューを選べます（図134）。

　サブレポートを配置するため、「詳細」セクションの高さを広げておいてから「デザイン」タブの「コントロール」から「サブレポート」を選択します。右下の「その他」という▼をクリックすると、コントロールをすべて表示できます（図135）。

図134　デザインビューでメインレポートを開く　　図135　コントロールをすべて表示

　最初に「コントロールウィザードの使用」をクリックしてアクティブにしておきます（図136）。続いて、サブレポートを選び、任意の場所でクリックします。

**図136** サブレポートを挿入する

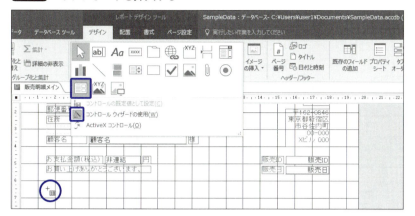

「コントロールウィザードの使用」がアクティブになっていた場合、サブレポートをセクション上でドラッグして作成すると「サブレポートウィザード」が開きます。ここで、サブレポートとして表示するオブジェクトを選択します。先ほど作った「販売明細サブ」レポートを選択しましょう（図137）。リンクフィールドは共通のフィールドがあれば自動的に表示されます。ここでは「販売ID」がリンクするフィールドです（図138）。

サブレポートの名前を指定します。これは、オブジェクトを選択したり、演算コントロールで利用したりする、サブレポートのコントロール名としての「名前」であり、「標題」や「リンクされているレポートの名前（販売明細サブ）」などとは異なるので、注意してください（図139）。

**図137** サブレポートウィザード

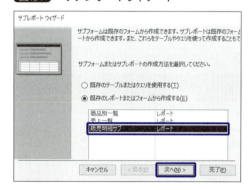

**図138** リンクフィールドを選択

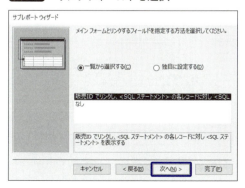

**図139** コントロール名を指定

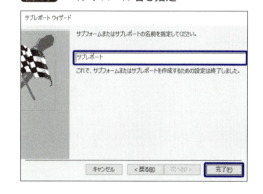

# CHAPTER 5　オリジナルレポートの作成

　ウィザードが完了すると、図140のように「販売明細サブ」レポートがサブレポートとして、「販売明細メイン」レポート上に表示されました。ウィザードを使うと、サブレポートの幅をリンク先レポートに自動で合わせてくれます。

**図140**　サブレポートが表示された

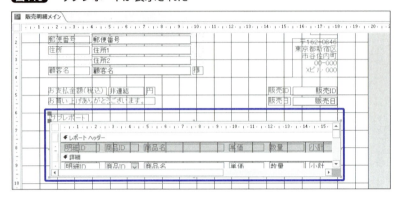

　なお、「コントロールウィザードの使用」が非アクティブだった場合は（図141）、プロパティシートの「ソースオブジェクト」でリンクするレポートを指定します（図142）。

**図141**　ウィザードを使わない場合　　　　　　　**図142**　ソースオブジェクトを指定

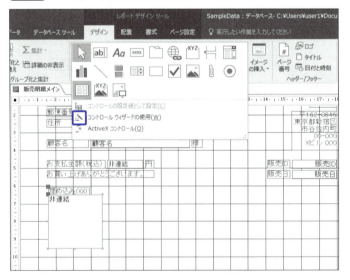

　リンクフィールドは、「リンク親フィールド」または「リンク子フィールド」欄の右側に出てくる<kbd>...</kbd>をクリックすると、「サブレポート フィードリンクビルダー」が表示されるので、そこで選ぶことで設定できます（図143）。

ただしサイズや名前は、手動で変更する必要があります（**図144**）。

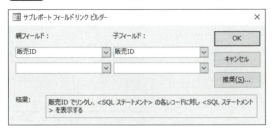

**図143** サブレポート フィードリンクビルダー

**図144** サイズや名前は手動

いずれかの方法でサブレポートを設定したら、位置やサイズ、そのほかのコントロールも整えます。今回はサブレポート名を標題にしているラベルは必要ないので削除します。また、メインレポートの「詳細」セクションで改ページできるようにしておきます。

**CHAPTER 4**の107ページでも説明しましたが、「改ページの挿入」を使う場合、改ページの下に余白があると無駄な改行が挿入されることがあるので、セクションの一番下に設置しなければなりません。プロパティシートを使って「改ページ」の「上位置」を、適用したいセクションの高さと同じ数値にすると確実です（**図145**）。

**図145** 改ページの位置をセクション高さと合わせる

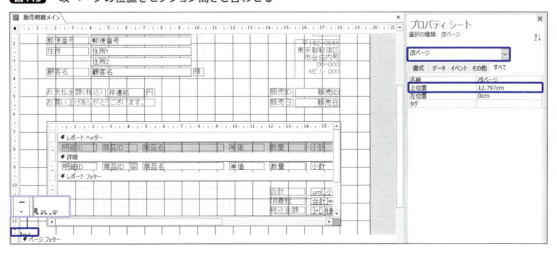

また、「改ページ」を使わずに、適用したいセクションの「改ページ」項目で「カレントセクションの後」としてもよいでしょう（**図146**）。

**図146** コントロールを使わずに改ページする

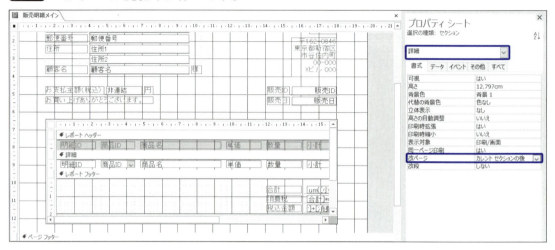

## 5-4-2 親子レポートのレイアウトを調整する

レイアウトビューへ切り替えて表示の確認をします。きちんと表示できていますが、サブレポートの枠線の存在感が強いですね（図147）。

**図147** サブレポートの枠線

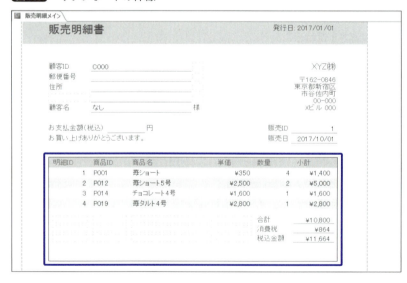

サブレポートを選択し、「書式」タブの「図形の枠線」を「透明」にします（図148）。サブレポートは、中に表示されているレポートのレイアウトも変更できるため、マウスで選択しようとすると、サブレ

ポート内部へフォーカスが移ってしまい、「サブレポート」自体の選択が難しいことがあります。

そんな場合はいったんメインレポートにフォーカスを戻して、「書式」タブの「オブジェクト」から「サブレポート」を選択するとよいでしょう。

**図148** 枠線を透明に

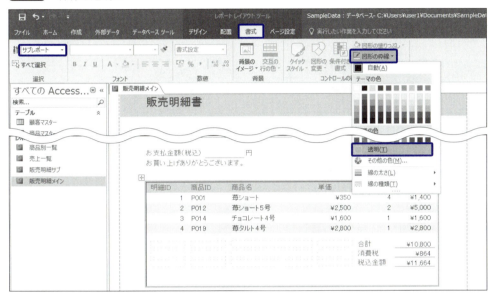

枠線が消えると、図149のようになりました。

**図149** 結果

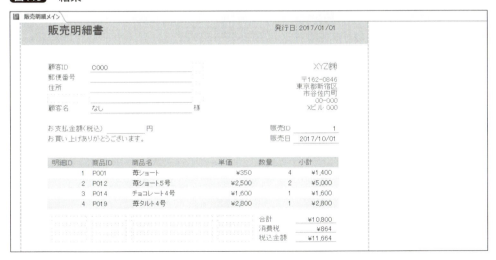

# CHAPTER 5 オリジナルレポートの作成

　メインレポート上の、非連結になっている「支払金額」テキストボックスに、サブレポートの情報を使ったコントロールソースを設定しましょう。「支払金額」テキストボックスを選択してデザインビューに切り替え、プロパティシートを表示して「データ」タブの「コントロールソース」欄右側の…をクリックし、式ビルダーを起動します（図150）。

**図150** コントロールソースの設定

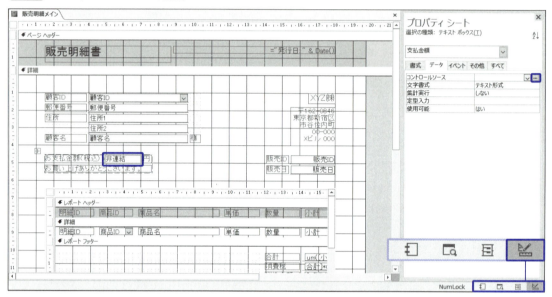

　「式の要素」でメインレポートの左側に出ている＋マークをクリックすると展開され、サブレポートを選択することができます。すると「式のカテゴリ」に、サブレポート上のコントロールが表示されるので、そこで「税込金額」をダブルクリックすることで、上のボックスに挿入されます（図151）。
　「OK」をクリックして式ビルダーを終了します。

**図151** 式ビルダー

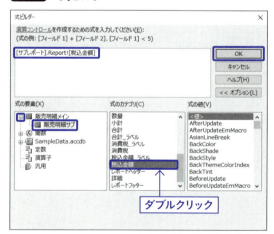

5-4 親子レポート

**図152** コントロールソースが設定された

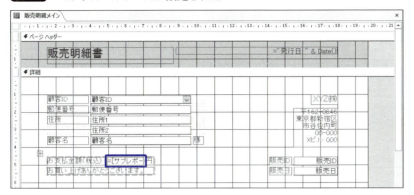

レイアウトビューで確認すると、金額が表示されています（図153）。

**図153** 確認

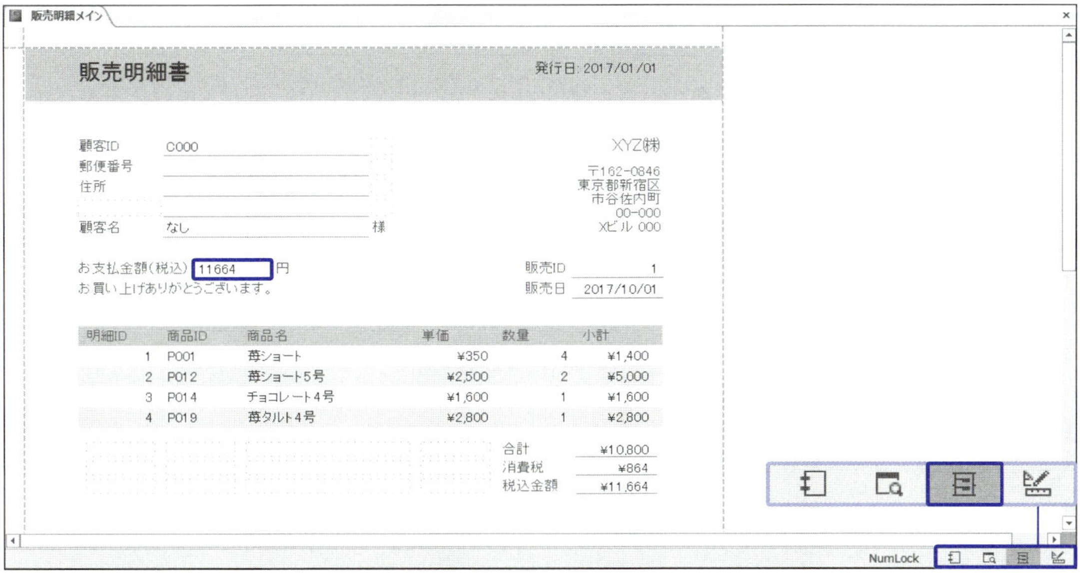

通貨形式やフォントの大きさを変更して、見栄えを整えます（図154）。

**図154** 見栄え修正

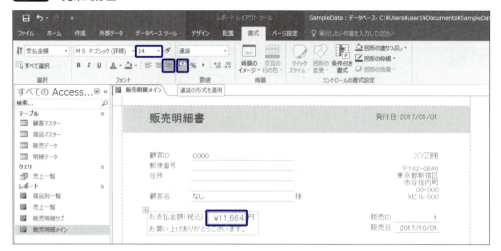

最後に印刷プレビューで、最初にイメージしたものと合っているか確認しましょう（図155、図156）。

**図155** 印刷プレビュー

**図156** いろんなレコードを確認

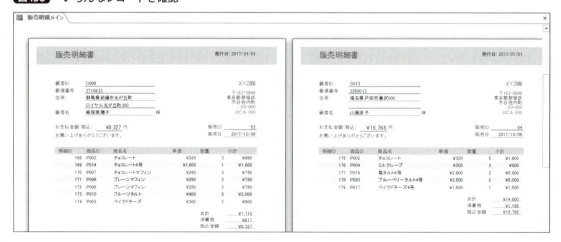

## 5-4-3 パラメーター付きレポートの動作確認

親子レポートでも、もちろんレコードを絞り込んで必要なものだけ表示することができます。4-3（108ページ）を参考にフィルターを設定してもよいですし、パラメーターを使うのもよいでしょう。ためしに、レコードソースにパラメータークエリを設定してみましょう。

メインレポートのプロパティシートを開きます。レコードソースの…をクリックし、クエリビルダーを起動させます（図157）。

**図157** レコードソースのクエリビルダーを起動

2-3（37ページ）を参考に、パラメーター付きの条件を設定します。ここでは「Between 日付1 And 日付2」という構文を利用して、2つのパラメーターを使って日付間で絞り込む条件にしてみましょう（図158）。変更が済んだら保存してクエリビルダーを閉じます。

**図158** パラメーター付きの条件を設定

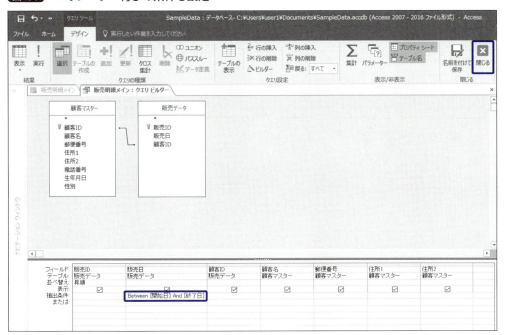

## CHAPTER 5 オリジナルレポートの作成

デザインビュー以外のビューに切り替えると、パラメーターの入力ウィンドウが開きます（図159、図160）。

**図159** 1つ目のパラメーター　　**図160** 2つ目のパラメーター

両方入力すると、条件に合うレコードに絞り込まれたレポートが表示されます（図161）。

**図161** 条件で絞り込まれたレポート

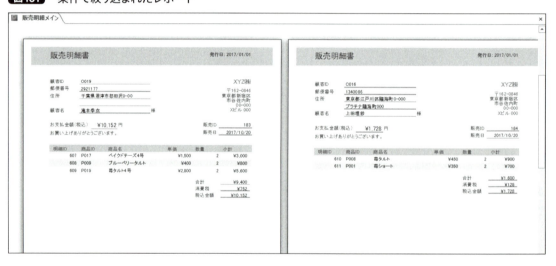

# フォームの基本

# CHAPTER 6

## 6-1 自動作成とレイアウト修正

次はフォームを作ってみましょう。まずは単一のテーブルから、かんたんな入力フォームの作り方を学んでいきましょう。

### 6-1-1 フォームの作成

CHAPTER 6のBeforeフォルダーに入っている、SampleData.accdbに、フォームを追加していきます。

新しいフォームは、「作成」タブをクリックしてリボンの「フォーム」グループにあるアイコンから作成します（図1）。

この中で、「フォームデザイン」と「空白のフォーム」は、どちらも空のフォームを作成しますが、レポートと同じく、「フォームデザイン」をクリックすると（図2）、空のフォームをデザインビューで開きます（図3）。

**図1** 作成タブのフォームグループ

**図2** フォームデザインボタン

**図3** デザインビューで空フォーム

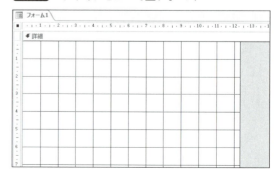

「空白のフォーム」をクリックすると（図4）、空のフォームをレイアウトビューで開きます（図5）。

**図4** 空白のフォーム

**図5** レイアウトビューで空フォーム

さらに、フォームにもレポート同様、既存のテーブルやクエリを元に自動作成してくれる機能があるので、まずはそれを利用して「商品マスター」テーブルの入力フォームを作ってみましょう。

レコードソースとなる「商品マスター」テーブルを選択した状態で、「作成」タブの「フォーム」をクリックします（図6）。

すると、「販売マスター」テーブルをレコードソースとしたフォームが自動作成されました（図7）。

**図6** レコードソースを選択して自動作成

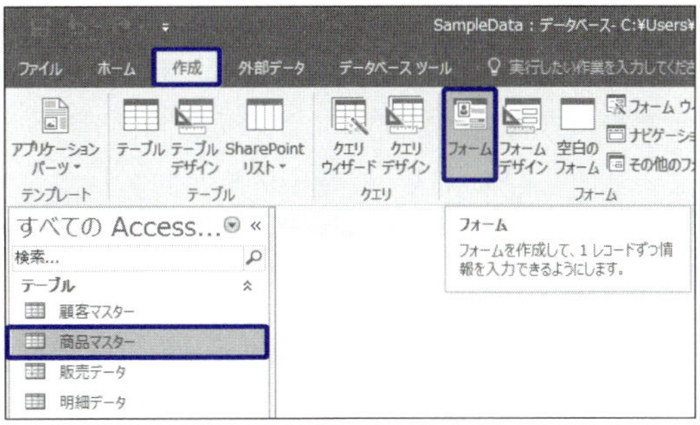

**図7** 自動作成されたフォーム

しかし、このフォームには指定したつもりのない、「明細データ」テーブルのデータがサブフォームとして含まれています。「商品マスター」テーブルをデータシートビューで見てみると、フォームに表示されているのは一対多（**5-1-3** 119ページ）の「多側」の情報であることがわかります（図8）。

**図8** 「商品マスター」テーブルのデータシートビュー

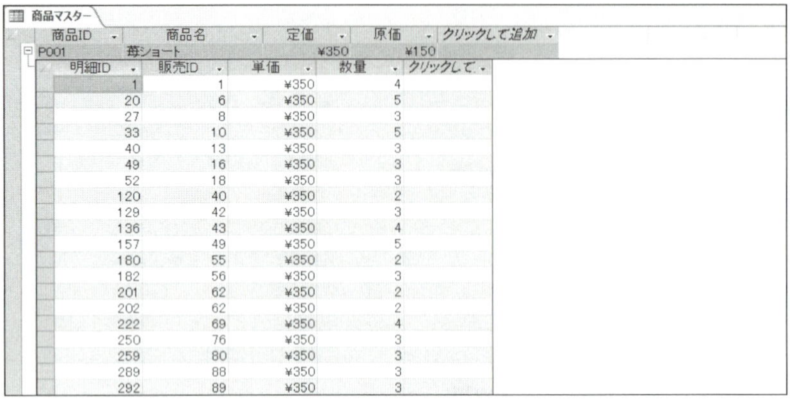


| 商品ID | 商品名 | 定価 | 原価 | クリックして追加 |
|---|---|---|---|---|
| P001 | 苺ショート | ¥350 | ¥150 | |

| 明細ID | 販売ID | 単価 | 数量 | クリックして |
|---|---|---|---|---|
| 1 | 1 | ¥350 | 4 | |
| 20 | 6 | ¥350 | 5 | |
| 27 | 8 | ¥350 | 3 | |
| 33 | 10 | ¥350 | 5 | |
| 40 | 13 | ¥350 | 3 | |
| 49 | 16 | ¥350 | 3 | |
| 52 | 18 | ¥350 | 3 | |
| 120 | 40 | ¥350 | 2 | |
| 129 | 42 | ¥350 | 3 | |
| 136 | 43 | ¥350 | 4 | |
| 157 | 49 | ¥350 | 5 | |
| 180 | 55 | ¥350 | 2 | |
| 182 | 56 | ¥350 | 3 | |
| 201 | 62 | ¥350 | 2 | |
| 202 | 62 | ¥350 | 2 | |
| 222 | 69 | ¥350 | 4 | |
| 250 | 76 | ¥350 | 3 | |
| 259 | 80 | ¥350 | 3 | |
| 289 | 88 | ¥350 | 3 | |
| 292 | 89 | ¥350 | 3 | |

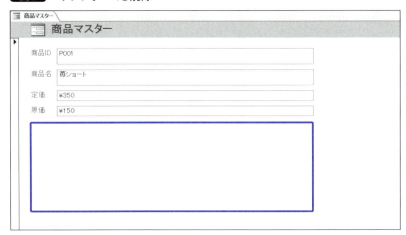

フォームは、レポートの「グループ化と集計」という機能がないので、一対多の関係でレコードをまとめたい場合、サブフォームを多用します。その分、フォームはサブフォームが作りやすくなっており、このように一対多の関係を持つ場合は自動で作成してくれるのです。

レポートとフォームは基礎はよく似ていますが、使用目的によっては、レポートにしかなかったり、フォームにしかなかったりするツールやコントロールがほかにもあります。詳しくは巻末のAPPENDIX（338ページ）を参照してください。

## 6-1-2 レイアウト修正

さて、自動でサブフォームを作成してくれたのですが、今回この情報は必要ありませんので、サブフォームをクリックして選択し Delete キーで削除してしまって構いません（図9）。

**図9** サブフォームを削除

6-1 自動作成とレイアウト修正

　フォームが保存されていないので、タブで右クリックして「上書き保存」し（図10）、フォーム名を指定します。商品を登録するフォームということで、「商品マスター登録」という名前にします（図11）。

### 図10　上書き保存

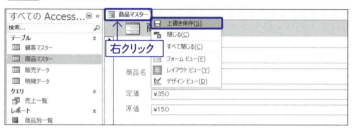

### 図11　フォーム名を指定

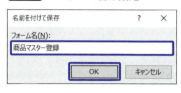

　フォームオブジェクトが保存され、ナビゲーションウィンドウに表示されました。タイトルも合わせて変更しておきましょう（図12）。

### 図12　タイトルを変更

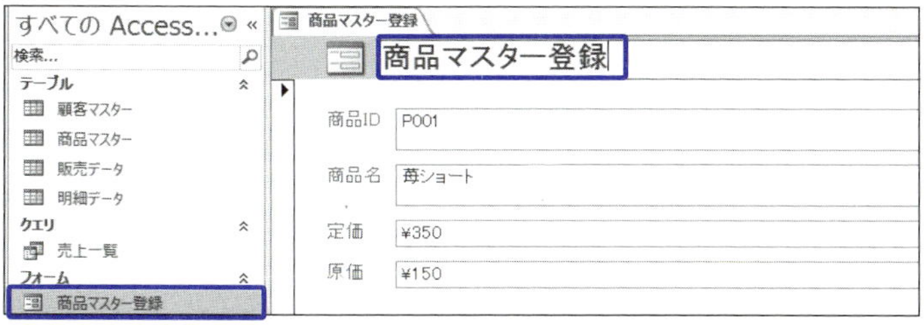

　このままでも機能はしますが、自動作成されるとコントロールのサイズが思わぬことになっていることが多いので、デザインビューに切り替えて「配置」タブの「サイズ間隔」で大きさを揃えたり、幅を変更したりします（図13）。

### 図13　コントロールのサイズを整える

これで、「商品マスター」テーブルへデータを登録できる、入力フォームができました。

なお、今回のような単一テーブルからのシンプルな入力フォームの場合、次のような方法でも作成できます。

「作成」タブの「空白のフォーム」で空のフォームを作成します（図14）。

フィールドリストの「すべてのテーブルを表示する」をクリックし（図15）、テーブルを展開してフィールドをドラッグします（図16）。

**図14** 空白のフォーム

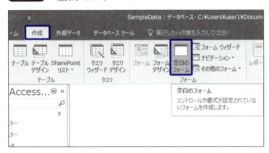

**図15** すべてのテーブルを表示する

**図16** フィールドをドラッグ

挿入の時点でレイアウトが設定されて大きさも揃い、レコードソースも自動で設定してくれるので、かんたんです（図17）。タイトルを入れたい場合は、「デザイン」タブの「タイトル」をクリックすると挿入できます（図18）。

**図17** フィールドが挿入された

**図18** タイトルの挿入

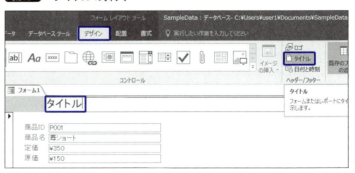

## 6-1-3 フォームビューでデータを追加する

フォームから、実際にテーブルへデータを追加してみましょう。フォームビューに切り替えます。移動ボタンの矢印でレコードを前後に移動して使いますが、一番右のボタンもしくはリボンの「新規作成」で新規レコードに移動できます（図19）。

**図19** フォームビュー

新規レコードに移動したら、新たなデータを書き込みます。左上に鉛筆のマークが出ている最中は「編集中」で、このレコードに対する変更は確定していません。この状態で Esc キーを押すと、編集前の状態へ戻すことができます（図20）。

レコードを確定させたいときは、リボンの「保存」をクリックします。確定したレコードは鉛筆マークが消えます（図21）。また、別のレコードへ移動した場合は自動的に変更が保存されます。

**図20** レコードを編集

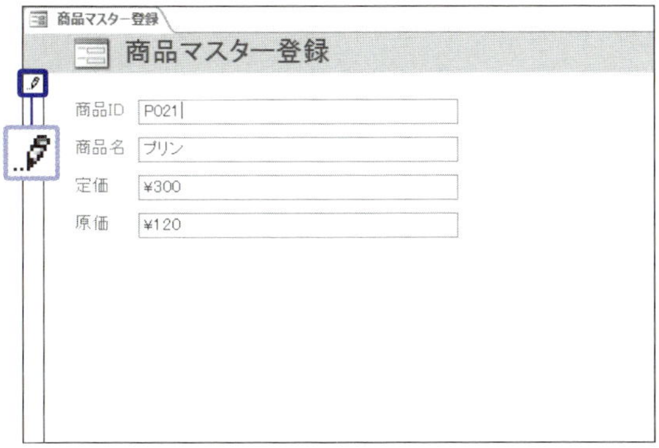

**図21** レコードの確定

# CHAPTER 6 フォームの基本

「商品マスター」テーブルをデータシートビューで開いてみると、フォームで登録したデータが入っているのが確認できます（**図22**）。

**図22** テーブルにデータが追加された

| 商品ID | 商品名 | 定価 | 原価 | クリックして追加 |
|---|---|---|---|---|
| P001 | 苺ショート | ¥350 | ¥150 | |
| P002 | チョコレート | ¥320 | ¥130 | |
| P003 | ベイクドチーズ | ¥300 | ¥110 | |
| P004 | ミルクレープ | ¥300 | ¥100 | |
| P005 | モンブラン | ¥350 | ¥130 | |
| P006 | プレーンマフィン | ¥250 | ¥90 | |
| P007 | チョコレートマフィン | ¥250 | ¥100 | |
| P008 | 苺タルト | ¥450 | ¥180 | |
| P009 | ブルーベリータルト | ¥400 | ¥160 | |
| P010 | フルーツタルト | ¥400 | ¥150 | |
| P011 | 苺ショート4号 | ¥2,000 | ¥800 | |
| P012 | 苺ショート5号 | ¥2,500 | ¥900 | |
| P013 | 苺ショート6号 | ¥3,200 | ¥1,000 | |
| P014 | チョコレート4号 | ¥1,600 | ¥600 | |
| P015 | チョコレート5号 | ¥2,000 | ¥700 | |
| P016 | チョコレート6号 | ¥2,400 | ¥800 | |
| P017 | ベイクドチーズ4号 | ¥1,500 | ¥600 | |
| P018 | ミルクレープ4号 | ¥2,300 | ¥900 | |
| P019 | 苺タルト4号 | ¥2,800 | ¥1,200 | |
| P020 | ブルーベリータルト4号 | ¥2,500 | ¥1,000 | |
| P021 | プリン | ¥300 | ¥120 | |
| * | | ¥0 | ¥0 | |

# CHAPTER 6

## 6-2 補助機能を使った フォーム作成

フォームには、レポートと同じように「ウィザード」で作成できる機能や、「ナビゲーション」などちょっと変わった形のフォームを作成する機能があります。

### 6-2-1　フォームウィザード

　ウィザードを使って、今度は「顧客マスター」テーブルの入力フォームを作ってみましょう。「作成」タブの「フォームウィザード」をクリックします（図23）。
　フォームウィザードが起動します。「顧客マスター」テーブルを選択し、フィールドを選択します（図24）。すべてのフィールドを選択したい場合は >> を押すとかんたんです（図25）。

**図23**　フォームウィザード

**図24**　テーブルとフィールドを選択

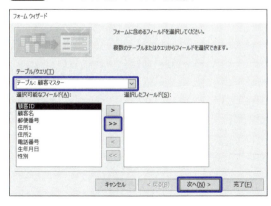

**図25**　フィールド選択後

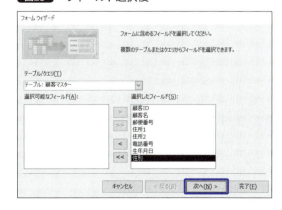

レイアウトを選択します。「商品マスター登録」フォームに合わせて、単票形式にしてみましょう（図26）。最後にフォーム名を指定します。「顧客マスター登録」という名前にして、「完了」をクリックします（図27）。

**図26** レイアウトを選択

**図27** フォーム名を指定

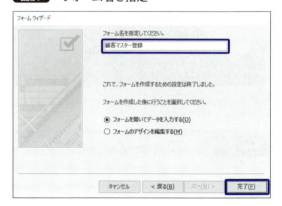

すると、図28のようなフォームができあがりました。

**図28** 単票形式で作成した結果

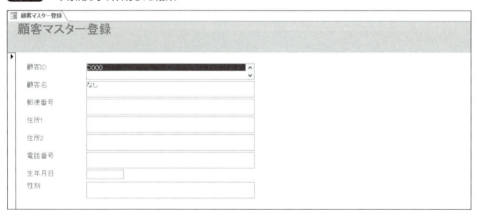

なお、図26で違うレイアウトを選択すると、右ページのような結果になります。なお図29、図30、図31は、見やすいようにコントロールサイズなどを修正したあとのものです。

6-2 補助機能を使ったフォーム作成

**図29** 表形式の例

**図30** データシートの例

**図31** 帳票形式の例

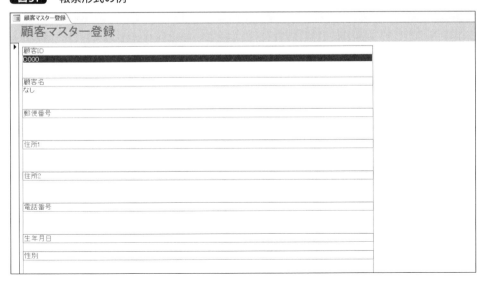

では、図28の単票形式で作成した続きから、デザインビューに切り替えてレイアウトを修正していきます。レポートのときもそうでしたが、ウィザードで作成しただけのフォームは、サイズや位置がバラバラです。この例ではタイトルのサイズが大きいので、タイトルをクリックして選び、「配置」タブ「サイズ間隔」の「自動調整」でサイズを変更しましょう（図32、図33）。

**図32** 自動調整の設定前

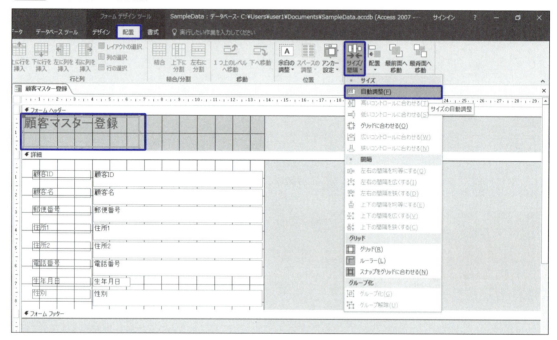

**図33** 自動調整の設定後

ラベルやテキストボックスも、レイアウト設定されていませんので、「詳細」セクションのすべてのコントロールを選び、「集合形式」で設定しましょう（図34、図35）。

### 図34　集合形式の設定前

### 図35　集合形式の設定後

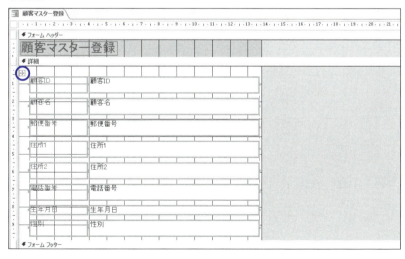

「サイズ/間隔」でコントロールの高さを合わせ（図36）、任意の幅に狭めます（図37）。

## CHAPTER 6 フォームの基本

**図36** 低いコントロールに合わせる

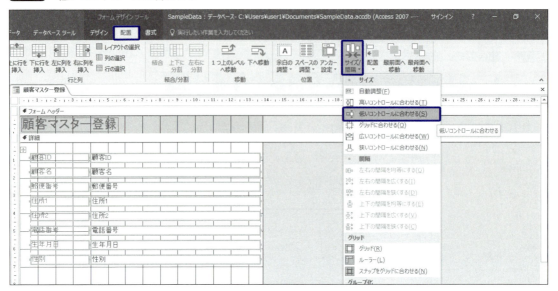

**図37** 幅を変更

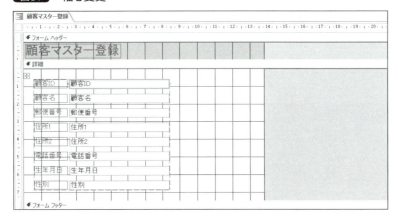

　フォームビューに切り替えてテキストボックスを選択してみると、右側に矢印が表示されています（**図38**）。これは、ウィザードで作成したテキストボックスはスクロールバーが「あり」になってしまう場合があるためです。

　不要な場合、プロパティシート「書式」タブの「スクロールバー」を「なし」にすると（**図39**）、矢印表示がなくなります（**図40**）。

6-2 補助機能を使ったフォーム作成

**図38** テキストボックスを選択すると矢印が表示される

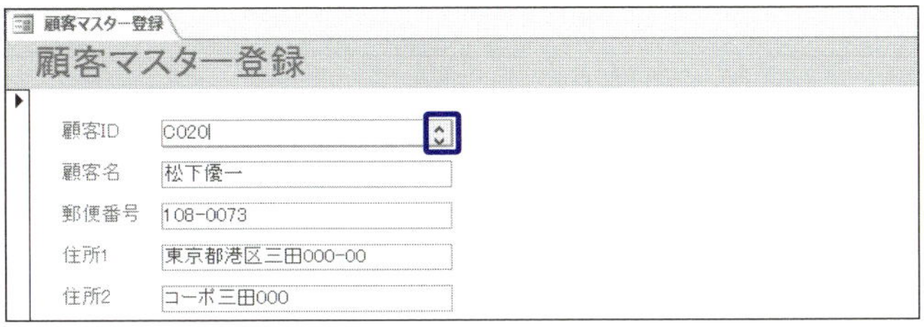

**図39** スクロールバーをなしに

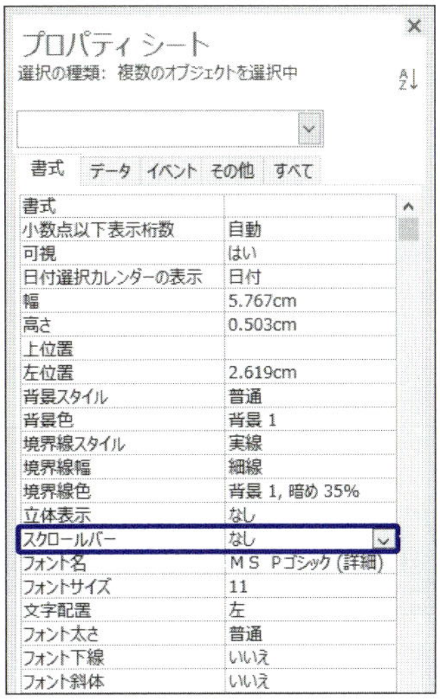

**図40** 結果

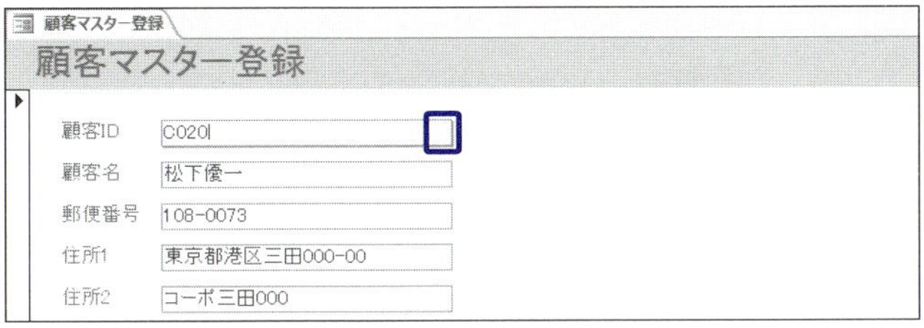

これで、ウィザードを使った「顧客マスター登録」フォームも完成です。

なお、このようなマスターデータのIDは非常に幅広く使われ使用頻度も高いため、複雑な文字列は好ましくありません。一般的には短い英数字の組み合わせがよく使われますが、その際、全角や半角が混合しないほうがよいでしょう。

その対策として、プロパティーシートの「その他」タブで「IME入力モード」を「使用不可」にしておくと、半角英数字しか扱えなくなります（図41）。「商品マスター登録」の「商品ID」も同様にしておきましょう。

**図41** IME入力モード

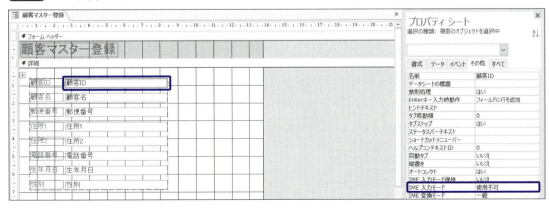

なお、ここまでの操作を収録したサンプルはAfterフォルダーに入っており、**CHAPTER 7**はこの状態から始まります。

## 6-2-2 ナビゲーション

つぎに、「ナビゲーション」というフォームがどんなものか見てみましょう。ここから、フォームにまつわるその他の機能を紹介していきます。掲載されている機能はAfter2フォルダーのSampleData.accdbのフォームオブジェクト群に、それぞれ「6-2-2」などの本文中の項から始まる名称を付けて収録されています。

「作成」タブの「ナビゲーション」をクリックすると（図42）、6つのタイプが選択できます。ここでは一番上の「水平タブ」で解説していきます（図43）。

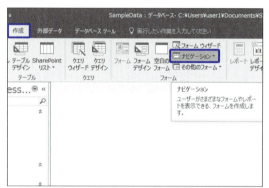

図42　ナビゲーション

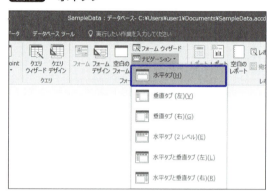

図43　水平タブ

「水平タブ」で作成したフォームは図44のようになります。このフォームは、タブに既存のフォーム／レポートを挿入すると、サブフォーム／レポートにその内容をフォームビューまたはレポートビューで表示することができます。

図44　水平タブナビゲーションフォーム

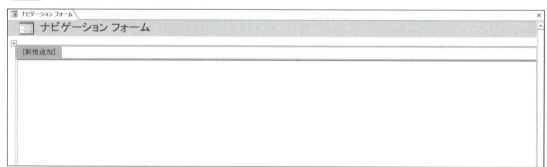

「顧客マスター登録」フォームを図45のようにドラッグすると、タブが追加され、サブフォーム内に表示されました（図46）。

6-2 補助機能を使ったフォーム作成

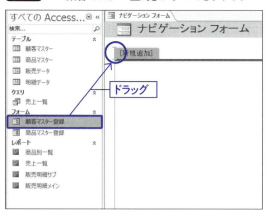

図45 「顧客マスター登録」フォームをドラッグ
図46 サブフォームに表示された

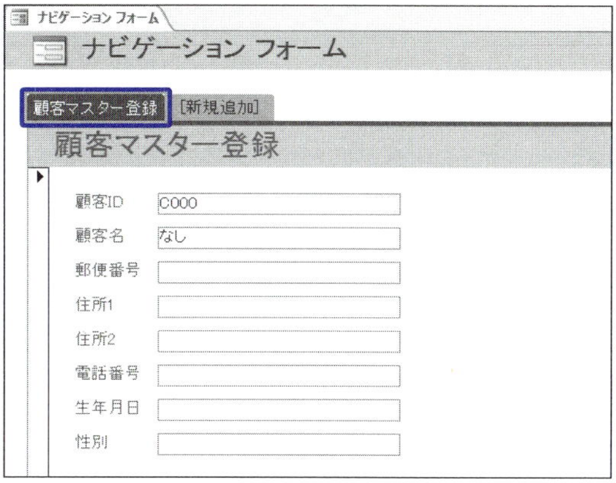

今度は「商品マスター登録」フォームをドラッグしてみましょう（図47）。これもタブが追加され、サブフォーム内に表示されます（図48）。

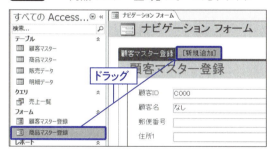

図47 「商品マスター登録」フォームをドラッグ
図48 サブフォームに表示された

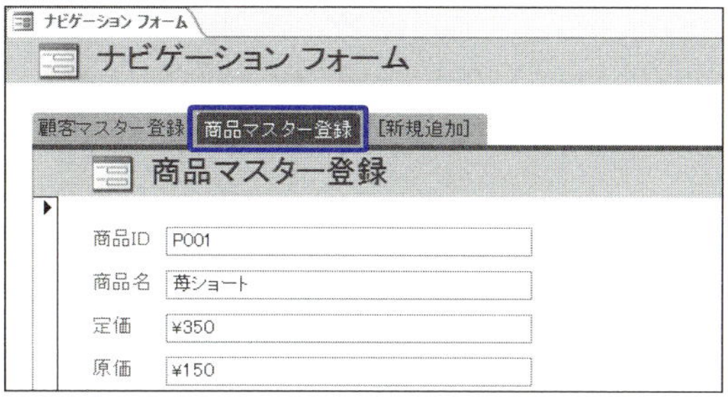

同じ要領で、レポートも追加することができます（図49）。

図49 2つのレポートも追加

189

# CHAPTER 6　フォームの基本

これをフォームビューで見てみると、上部に並んだタブをクリックすることでサブフォーム内の表記が切り替わり、1つのフォームでさまざまなフォーム／レポートを扱うことができます（図50）。

**図50**　フォームビューで使う

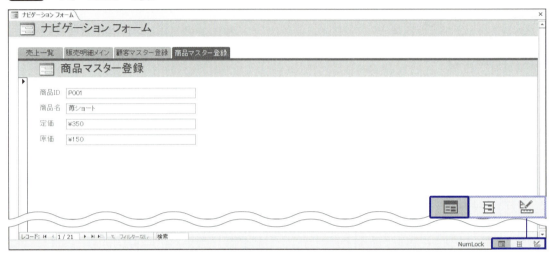

なお、デフォルトでは画面いっぱいに表示されますが、サブフォーム部分の大きさは変えられるので、レイアウトビューなどでお好みの大きさに調節することもできます（図51）。

**図51**　サブフォームの大きさを変更

「水平タブ」は上部にタブが並びますが、「垂直タブ（左）」は左側に（図52）、「垂直タブ（右）」は右側にタブが並んだナビゲーションフォームです（図53）。

6-2 補助機能を使ったフォーム作成

**図52** 垂直タブ（左）

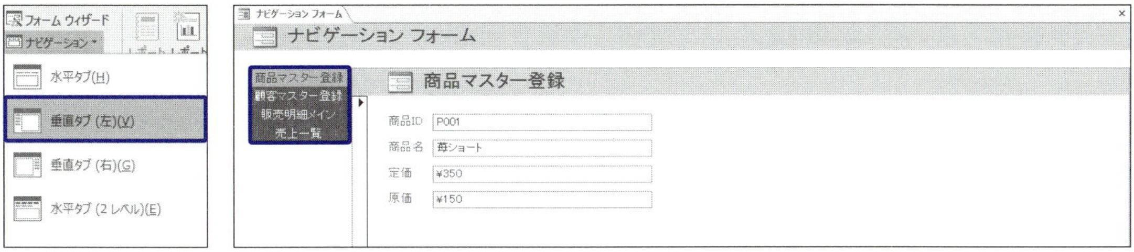

**図53** 垂直タブ（右）

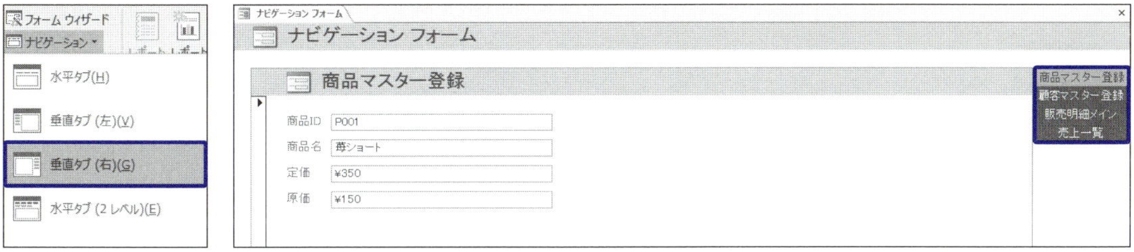

「水平タブ（2レベル）」（図54）は、2段階のナビゲーションを作成できます。

上のタブの「新規追加」をダブルクリックすると（図55）、任意の文字列を挿入できます（図56）。

**図54** 水平タブ（2レベル）

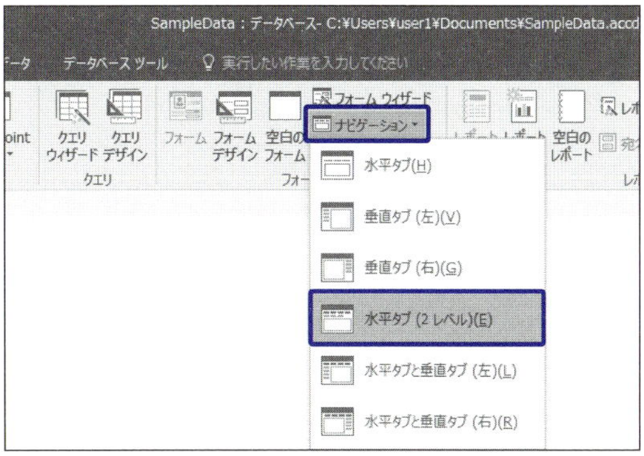

**図55** 上タブをタブルクリック

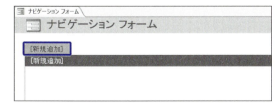

**図56** 任意のタブ名へ

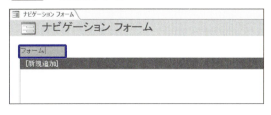

同様にして、タブをもう1つ追加し（図57）。一番左のタブを選択すると、図58のような形になりました。濃い色になっているのが、アクティブタブです。

**図57** 任意のタブ名を入力

**図58** タブが追加された

　この状態で、下タブへ既存フォームをドラッグすると（図59）、サブフォームへ内容が表示されました（図60）。

**図59** 下タブへフォームをドラッグ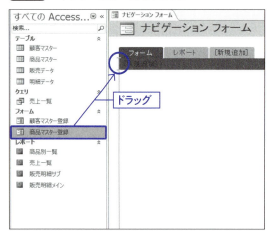

**図60** 挿入された

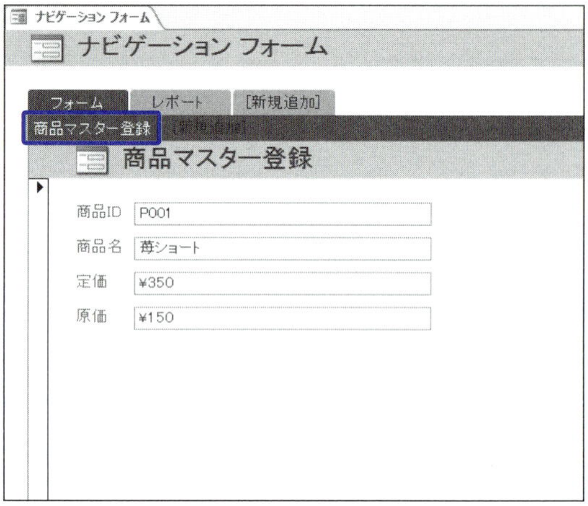

　同様に、別のフォームも下タブに追加します（図61）。この2つは、上タブが「フォーム」のときに表示されます。

**図61** フォームの追加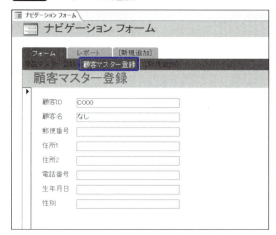

ここで、上タブを「レポート」へ切り替えると、下タブには別のオブジェクトを挿入することができます。2つのレポートをドラッグしました（図62）。

**図62** 上タブを切り替えてレポートを挿入

フォームビューへ切り替えて動作確認してみると、上タブを切り替えることで、選択できるオブジェクトを分けることができます（図63、図64）。これが「2レベル」のナビゲーションです。

**図63** フォームのナビゲーション

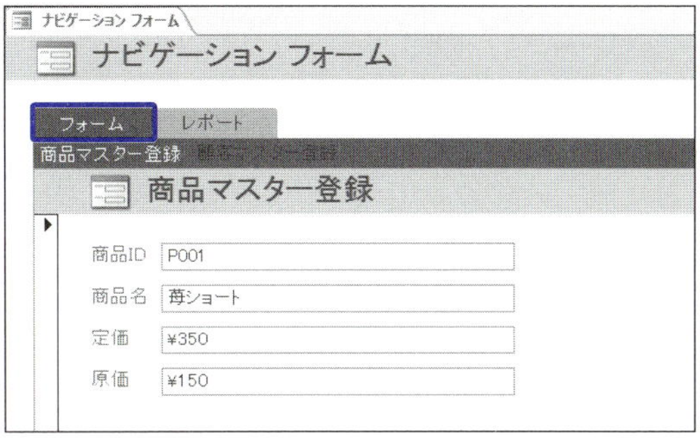

**図64** レポートのナビゲーション

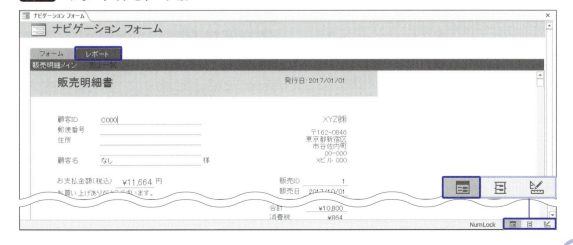

「水平タブと垂直タブ（左）」は上部へ1段階目、左側へ2段階目のタブが並び（図65）、「水平タブと垂直タブ（右）」は上部へ1段階目、右側へ2段階目のタブが並ぶナビゲーションフォームです（図66）。

**図65** 水平タブと垂直タブ（左）

**図66** 水平タブと垂直タブ（右）

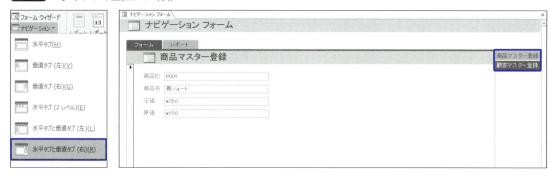

## 6-2-3 その他のフォーム

「作成」タブ「その他のフォーム」の「複数アイテム」は、レコードソースとなるテーブルまたはクエリを選択してクリックすることで（図67）、レコードが繰り返し表示される表形式のフォームがかんたんに作成できます。図68のように、プロパティシートで「フォーム」の「規定のビュー」が「帳票フォーム」になっている状態となります。

**図67** 複数アイテム

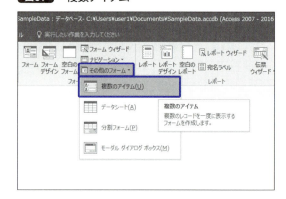

6-2 補助機能を使ったフォーム作成

**図68** 表形式（複数）のフォーム

「データシート」は、レコードソースとなるテーブルまたはクエリを選択してクリックすることで（図69）、フォーム上でデータシートビュー（3-1-5 44ページ）のモードを作成できます（図70）。

**図69** データシート

**図70** データシートビューフォーム

「分割フォーム」は、レコードソースとなるテーブルまたはクエリを選択してクリックすることで（図71）、入力フォームとデータシートの両方を表示するフォームを作成できます（図72）。

**図71** 分割フォーム

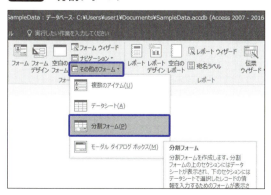

**図72** 分割フォーム作成例

195

「モーダルダイアログボックス」（図73）では、ちょっと特殊なフォームが作成できます。

クリックするとデザインビューで図74のようなフォームができ、フォームビューで開くと、図75のようにポップアップで表示されます。「モーダル」とは、このフォームを閉じるまで、ほかの操作ができなくなるという意味です。

図73　モーダルダイアログボックス

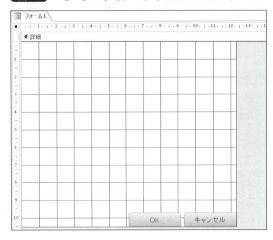

図74　モーダルダイアログボックスのデザインビュー

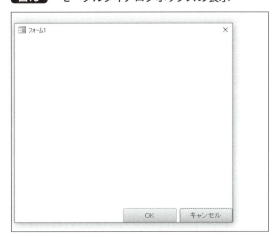

図75　モーダルダイアログボックスの表示

なお、違う手順で作成したフォームも、プロパティシートで「フォーム」を選択し「その他」タブの「ポップアップ」を「はい」にすることでポップアップ型のフォームにすることができます。「作業ウィンドウ固定」を「はい」にすると、フォームが閉じるまで、ほかの操作ができなくなる、「モーダル」モードになります。

図76　既存フォームのモーダルダイアログ化

図77　結果

CHAPTER 6

# 6-3 特殊なコントロールやツール

フォームとレポートは基本的な機能は似ていますが、使用目的の違いにより、フォームにしか存在しない機能があります。ここではフォーム操作で便利な、ちょっと特殊なツールやコントロールを紹介します。

## 6-3-1 タブオーダー

テキストボックスなどにカーソルがある状態（フォーカスと呼びます）でTabキーを押すと、フォーカスが移動します（図78）。「タブオーダー」は、この順番を変更できるツールです。

テキストボックスを途中に挿入したり、レイアウトを変更したりしたときなどに、タブオーダーは意図しない順番になってしまうことがあります。いざ使ってみたらフォーカスがあっちこっちに飛んでしまうとユーザーが入力しにくいので、フォームができあがったら、最後に順番をチェックするとよいでしょう。

デザインビューにて、「デザイン」タブの「タブオーダー」をクリックすると（図79）、ウィンドウが開きます。変更したい行を選択し、ドラッグで順番を入れ替えます（図80）。

**図78** フォーカスの動く順番

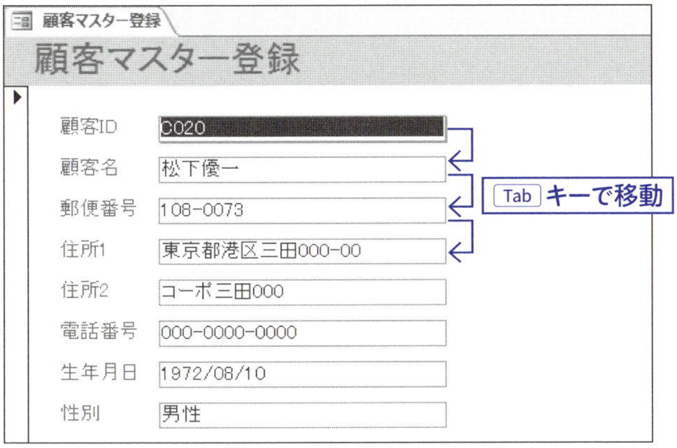

**図79** タブオーダー

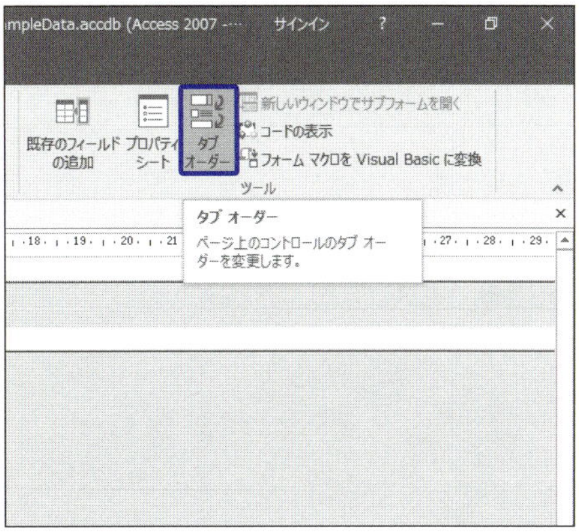

なお、タブオーダー用のサンプルは付属CD-ROMに収録されていません。

**図80** 左端を選択してドラッグ

**図81** 順番が変更された

## 6-3-2 アンカー設定

アンカーとは錨（いかり）のことで、任意の場所へ留めるという意味を持っています。これは、フォームにしか存在しないツールです。

「配置」タブの「アンカー設定」から設定することができ、たいていは「左上」がデフォルトになっています（図82）。

たとえばボタンを1つ追加して「右上」のアンカーを設定すると（図83）、フォームビューで見たときに右上にボタンが表示されます（図84）。

**図82** アンカー設定

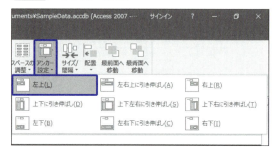

このコントロールは、ウィンドウに対して「右上」に固定されているので、ウィンドウサイズが変更されても、一緒に移動して常に「右上」に表示されます。

**図83** ボタンを右上へ設定

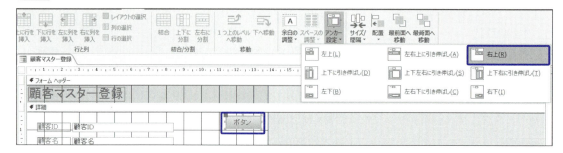

6-3 特殊なコントロールやツール

**図84** 結果

位置だけでなく、サイズも変えることができます。任意のテキストボックスを「上下左右に引き伸ばし」に設定すると（図85）、図86のようにウィンドウサイズに合わせて大きくなります。

**図85** 上下左右に引き伸ばし

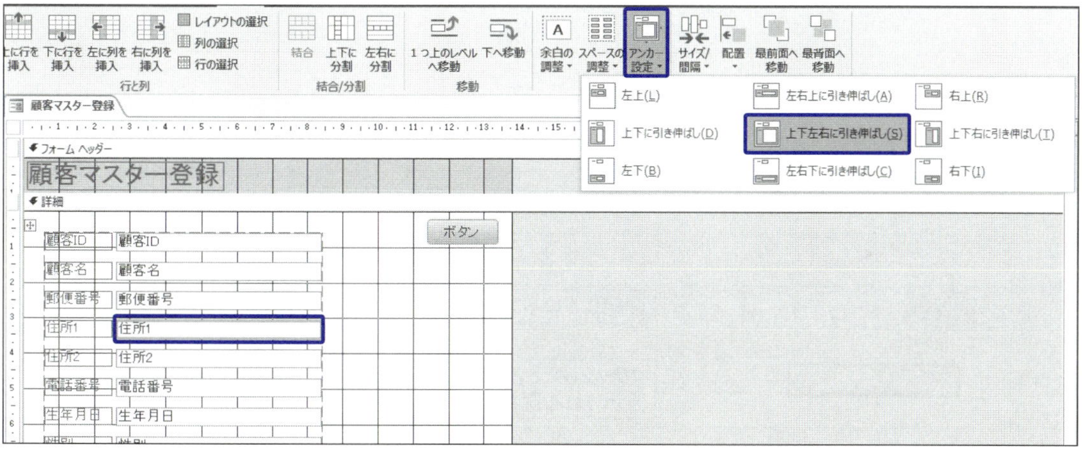

**図86** 結果

なお、アンカー設定用のサンプルは収録されていないので、任意のフォームで試してみてください。

## 6-3-3 ユーザーに「選択させる」コントロール

フォームはユーザーに操作してもらうことの多いオブジェクトです。その中でも、「値を選択」できるコントロールで代表的なのは、コンボボックスです。「販売データ」テーブルのように、フィールドにルックアップ（**1-5-2** 25ページ）を設定してあるテーブルからフォームを作成すると、**図87**のようにコンボボックスが割り当てられ、かんたんに連結コントロールとして使えてとても便利です。

このコンボボックスのプロパティを見てみましょう。**図88**のように、テーブルと連結してデータを読み書きする項目（コントロールソース）と、ドロップダウンで表示される選択肢を設定する項目（値集合ソース／タイプ）は、別なのです。

**図87** コンボボックス

**図88** データの読み書きと選択肢の項目は別

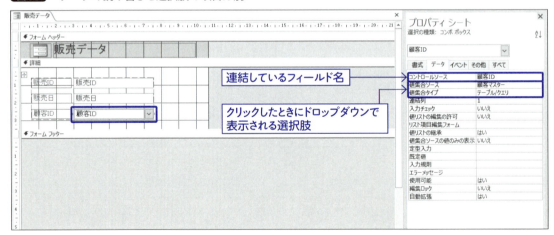

つまり、コントロールソースが「なし」になっていれば、テーブルの情報を使って選択肢を表示できるが、テーブルのデータには直接影響を与えない、非連結コントロールにすることができるのです（**図89**）。

このような非連結のコンボボックスは、選択された値を使って「Aだったら1の処理」「Bだったら2の処理」のようにマクロやVBA、パラメーターなどで「条件」として利用することができます。

6-3 特殊なコントロールやツール

**図89** 非連結コントロールとしても使える

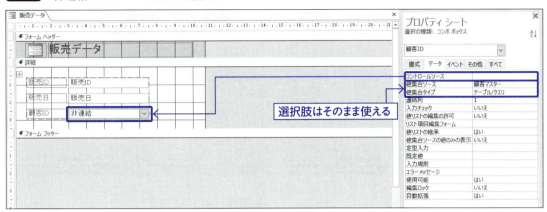

非連結のコンボボックスは、リストボックスとよく似た使い方ができるので、一緒に使い方を理解してみましょう。

「コントロール」からコンボボックスを選択し、任意の場所をクリックします（図90）。

**図90** コンボボックスを作成

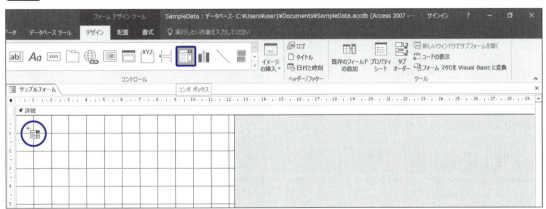

ウィザードが起動します。既存のテーブルまたはクエリを使うか、選択肢をここで作成するか選びます（図91）。

例として「顧客マスター」テーブルを選び（図92）、「顧客ID」「顧客名」「生年月日」「性別」のフィールドを選択します（図93）。

並び順を指定します（図94）。

表示列の幅と、キー列の表示/非表示を選びます（図95）。

ラベルを指定します（図96）。これはコンボボックスと一緒に作成されるラベルの標題であり、コンボボックスのコントロール名ではないので注意してください。

# CHAPTER 6 フォームの基本

**図91** 値の種類を選択

**図92** テーブルまたはクエリを選択

**図93** フィールドを選択

**図94** 並び順を指定

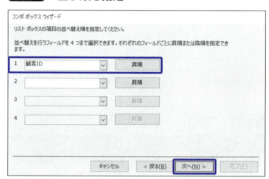

**図95** 幅とキー列の設定

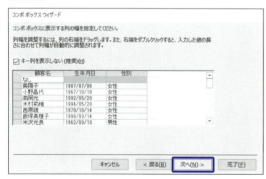

**図96** ラベル名を指定

リストボックスも、ウィザードは一緒なので、同じ内容で作成します（図97）。

**図97** リストボックスを作成

作成したリストボックスとコンボボックスは、図98のようになりました。プロパティを見てみると、非連結なのでコントロールソースがなく、「値集合ソース」と「値集合タイプ」が設定されています。

**図98** 作成されたリストボックスとコンボボックス

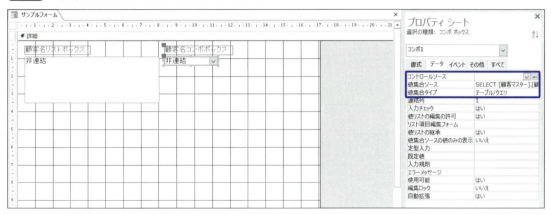

選択肢を自作するコンボボックスも作ってみます。リストボックスも同様なのでこちらは割愛します。

ウィザードで「表示する値をここで指定する」を選びます（図99）。

表示させたい列数と内容を直接入力します（図100）。必ず1つ以上は、どの値も重複しない列を作っておいて、それを代表列にします（図101）。

**図99** 選択肢を自作する

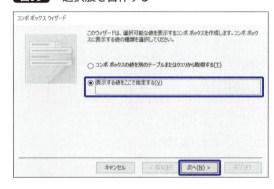

**図100** 列数と内容を入力

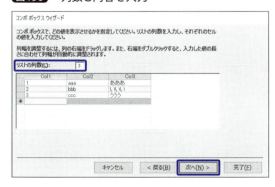

**図101** 重複のない列を指定

最後にラベル名を指定します（図102）。

選択肢を自作したコンボボックスができました。テーブルから作成したときと違い、プロパティシートの「値集合ソース」に直接値が入っています（図103）。

**図102** ラベル名を指定

**図103** 選択肢を自作したコンボボックス

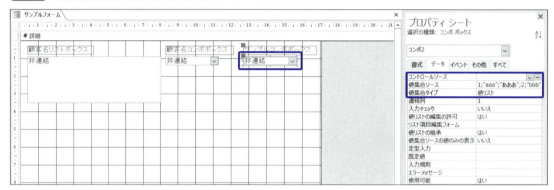

フォームビューに切り替えて動作確認してみます。コンボボックスはコンパクトですが、「値集合ソース/タイプ」が同じならば、ドロップダウンしたときにリストボックスと同じ情報を表示することができます（図104）。

**図104** 値集合ソース/タイプが同じリストボックスとコンボボックス

選択肢を自作したコンボボックスは、ドロップダウンすると図105のようになっています。

**図105** 選択肢を自作したコンボボックス

　リストボックスやコンボボックスの選択している値は、別のコントロールで取得することができます。図106のように、テキストボックスを4つ作り、コントロールソースへ「=[対象コントロール名].[COLUMN](列数)」をそれぞれ入力してみましょう。例えば、ここでは、「対象コントロール名」はプロパティシートの「その他」タブの「名前」に表示される「リスト1」を指定します。また、コンボボックスやリストボックスの「列数」は、1列目は0、2列目は1のように、ゼロから数えます。

**図106** リストボックスの値を取得する式

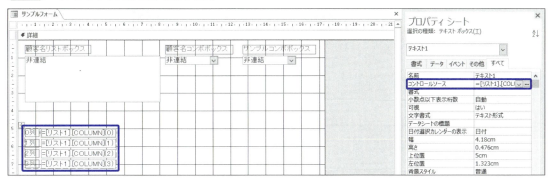

　フォームビューに切り替えてみます。最初はリストボックスが未選択なので、テキストボックスも空ですが（図107）、リストボックスの任意の行を選択すると、その行のそれぞれの内容がテキストボックスに表示されます（図108）。非表示にしていた0列目の値も取得することができます。

**図107** リストボックス未選択

**図108** 選択すると、テキストボックスの内容が変わる

　同様のテキストボックスを対象コントロール名を変えて作成してみると（**図109**）、それぞれのコントロールで選択している情報を表示することができます（**図110**）。

**図109** コンボボックスの値を取得する式

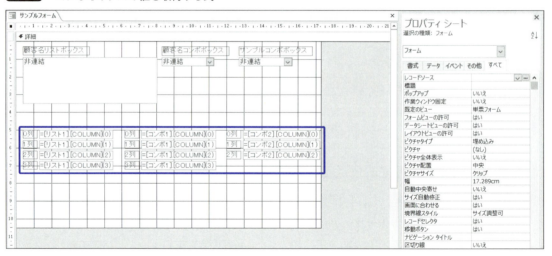

**図110** それぞれの情報を表示

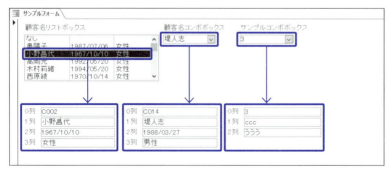

ほかにユーザーに「選択させる」コントロールとして、「チェックボックス」や「トグルボタン」があります。この2つはON/OFFの「どちらか」を「条件」として利用できるコントロールです（図111）。

**図111** チェックボックスとトグルボタン

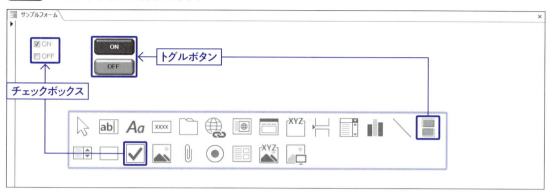

「オプションボタン」というコントロールも選択して使いますが、これは複数のうち「どれか1つしか選択できない」という使い方が一般的です。これには「オプショングループ」というコントロールを使います。

使い方は、「オプショングループ」を選択して任意の場所でクリックし（図112）、「オプショングループウィザード」でラベルにしたい文字列を入力します（図113）。

フォームを開いたときにあらかじめコントロールを選択するかを決定します（図114）。

**図112** オプショングループ

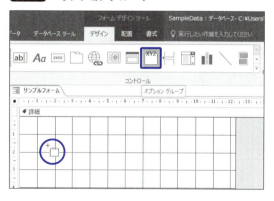

**図113** ラベルにする文字列の入力

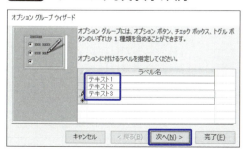

**図114** 規定のオプションの設定

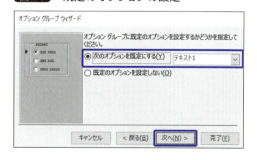

いずれかのコントロールが選択された際に、オプショングループが保持する値を決定します（図115）。

オプショングループ内に含めるコントロールを選択します。オプションボタン（図116）、チェックボックス（図117）、トグルボタン（図118）の3つのうちから選べます。

ラベルを指定します（図119）。これはオプショングループと一緒に作成されるラベルの標題であり、オプショングループのコントロール名ではないので注意してください。

**図115** コントロールの値を決定

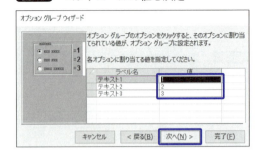

**図116** コントロールの選択

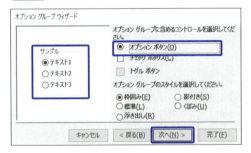

**図117** チェックボックス

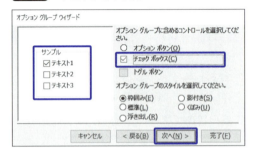

**図118** トグルボタン

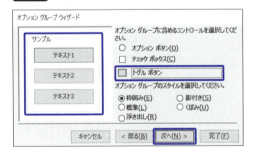

**図119** ラベルを指定

オプショングループと、グループ化されたオプションボタンが作成されました（図120）。先ほどのリストボックスのように、選択されている値を取得して表示するには、テキストボックスのコントロールソースに「=[オプショングループのコントロール名].[Value]」と入力しておきます。

図120　オプショングループと値取得のテキストボックス

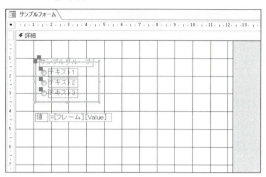

フォームビューに切り替えて動作確認してみると、選択されているコントロールの値がテキストボックスに表示され（図121）、ほかのコントロールをクリックすると値が変更されます（図122）。このオプショングループ内では1つしか選択できないようになっています。

図121　オプショングループの動作確認

図122　値が変更された

## 6-3-4　フォーム内でさまざまな表現を行うコントロール

「ナビゲーションのコントロール」は、6-2-2（188ページ）で解説した「ナビゲーションフォーム」のコントロール版です。2レベルはありません。コントロールを選択して任意の場所をクリックすると（図123）、ナビゲーションの枠組みが作成されます（図124）。

図123　ナビゲーションのコントロール

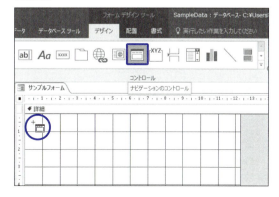

**図124** ナビゲーションの枠組み

デザインビューで設定する場合は、「新規追加」部分をダブルクリックして任意の文字列を入力し、プロパティシートの「移動先の名前」でサブフォーム内に表示したいフォーム/レポートを指定します（図125）。

**図125** 移動先の名前を指定

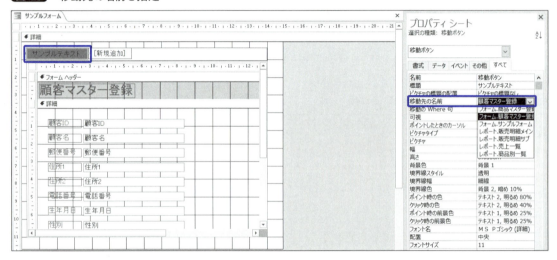

レイアウトビューからだと、フォーム/レポートをドラッグで挿入できるので、こちらのほうがかんたんです（図126）。

**図126** レイアウトビューでドラッグして挿入

6-3 特殊なコントロールやツール

「タブコントロール」は、フォームの中に「タブページ」と呼ばれる領域を設置し、その中に配置したコントロールの表示を、タブによって切り替えることができます。「タブコントロール」を選択して任意の場所をクリックすると（図127）、タブページが作成されます（図128）。

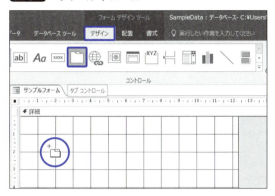

**図127** タブコントロール

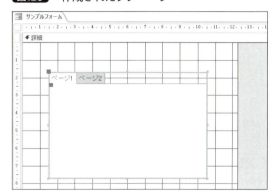

**図128** 作成されたタブページ

フォームに多くのコントロールが配置されて情報が読みづらくなる場合、タブコントロールを使って、カテゴリごとに各タブページにコントロールを整理すると使いやすくなります（図129、図130）。

**図129** タブページ1

**図130** タブページ2

「Webブラウザーコントロール」は、フォーム内でWebサイトの閲覧ができるコントロールです。

「Webブラウザーコントロール」を選択して任意の場所をクリックすると（図131）、「ハイパーリンクの挿入」というウィンドウが開くので、「アドレス」ボックスに、任意のURLを入力します（図132）。すると、入力されたURLが解析されて設定されます（図133）。これで「OK」をクリックします。

**図131** Webブラウザーコントロール

211

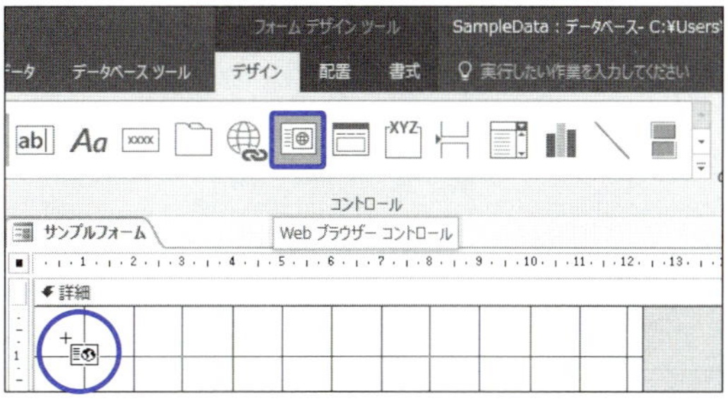

図132 ハイパーリンクの挿入

図133 URLの設定

コントロールサイズを調整してフォームビューに切り替えると、コントロールの中で指定URLのWebサイトが表示されて、このまま閲覧することができます（図134）。

図134 フォームビューでWeb閲覧

「グラフ」は、データベース内のデータを使ってグラフを作成できます。コントロールを選択して任意の場所をクリックすると（図135）、グラフウィザードが開きます。

図135 グラフ

6-3 特殊なコントロールやツール

グラフ化したいデータの含まれるテーブルまたはクエリと(**図136**)、フィールド(**図137**)、グラフの種類を指定します(**図138**)。

フィールドを使ってグラフをどんな形にするか指定します(**図139**)。日付や数値をダブルクリックすることで集計やグループ化の方法を編集できます(**図140**)。最後にグラフタイトルと、凡例の表示方法を指定して完了です(**図141**)。

**図136** テーブルまたはクエリを選択

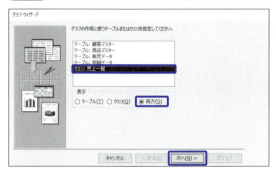

**図137** フィールドを選択

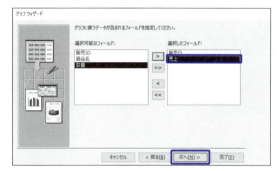

**図138** グラフの種類を選択

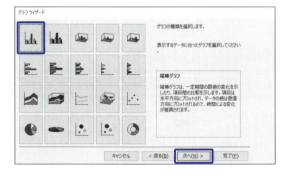

**図139** グラフの形を指定

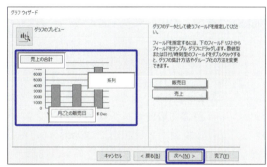

**図140** グループ化の設定

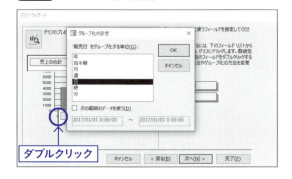

**図141** タイトルと凡例

# CHAPTER 6 フォームの基本

サイズを整えてフォームビューへ切り替えると図142のようになりました。レイアウトビューだと、グラフの状態を見ながらサイズ調整ができるので便利です。

**図142** グラフの表示結果

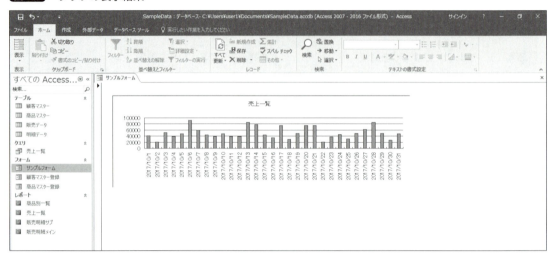

## 6-3-5 Access外のファイルと連携するコントロール

「リンク」は、別のファイルを開くためのリンクを作ることができます。コントロールを選択すると（図143）、「ハイパーリンクの挿入」というウィンドウが開くので、リンクさせたい文字列とファイルを指定して（図144）、「OK」をクリックします。

**図143** リンク

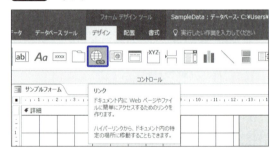

**図144** ハイパーリンクの挿入

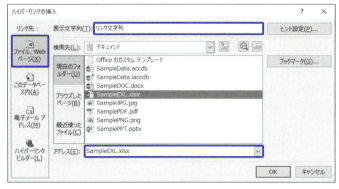

214

リンクの張られた文字列が表示されます（図145）。これをフォームビューでクリックすると、リンクされたファイルを開くことができます。

なお、リンクは外部ファイルだけではなく、Accessのデータベース内のオブジェクトも選択できるので、リンク文字列から、レポートやフォームを開くこともできます（図146）。

**図145** リンクが張られた

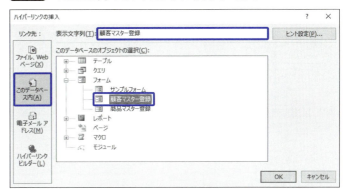

**図146** Access内のオブジェクトにもリンクできる

最後に、「添付ファイル」と「連結/非連結オブジェクトフレーム」を見てみましょう（図147）。

これらのコントロールは、図148のような、データ型が「添付ファイル」型、「OLEオブジェクト」型のフィールドを持ったテーブルを元にフォーム化したときに使われます。図148の構造のテーブルは、After2フォルダーのSampleData.accdbに「6-3-5_サンプルテーブル（オブジェクト）」という名称で収録されています。

**図147** 添付ファイルと連結/非連結オブジェクトフレーム

**図148** サンプルテーブルデザイン

「添付ファイル」型は、電子メールへファイルを添付するように、レコードにファイルを添付できるフィールドです。

「OLEオブジェクト」型は、別の形式のファイルをAccessと連携して編集可能な形（OLE機能）で保持できるフィールドです。

# CHAPTER 6 フォームの基本

　図148のようなテーブルを元に「作成」タブの「フォーム」で自動作成すると、「添付ファイル」型には「添付ファイル」が割り当てられます（図149）。

**図149** 添付ファイルコントロール

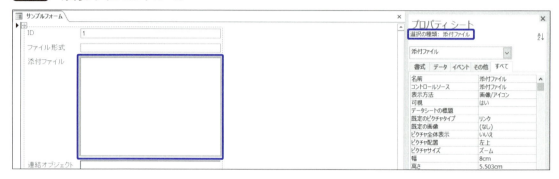

　このコントロールは、フォームビューでダブルクリックすることで（図150）、添付ファイルを追加するウィンドウが開きます（図151）。

**図150** 添付ファイルコントロールをダブルクリック

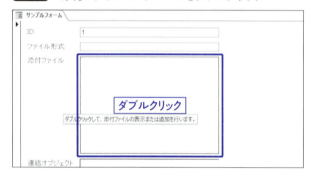

**図151** 添付ファイルウィンドウ

　「追加」をクリックすると、さまざまな形式のファイルを添付することができます（図152、図153）。1つのフィールドに、複数の添付ファイルを持たせることも可能です。

**図152** 添付ファイルの選択

**図153** 添付されたファイルの一覧

6-3 特殊なコントロールやツール

「OLEオブジェクト」型には「連結オブジェクトフレーム」が割り当てられています（図154）。

**図154** 連結オブジェクトフレームコントロール

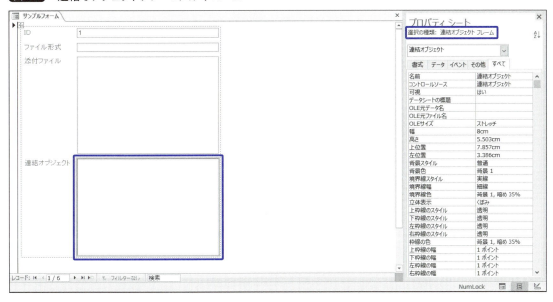

OLEオブジェクトを挿入するには、コントロールを右クリックして「オブジェクトの挿入」をクリックします（図155）。

**図155** オブジェクトの挿入

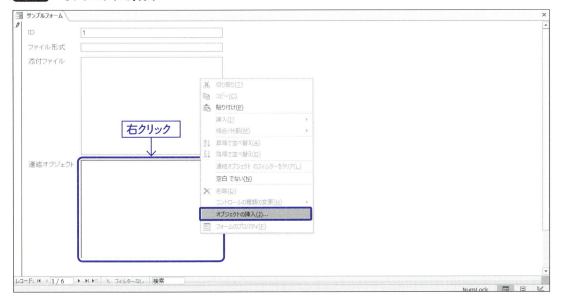

217

「新規作成」の場合は形式を選択、既存ファイルを挿入する場合は「ファイルから」の「参照」をクリックして（図156）ファイルを選択します（図157）。

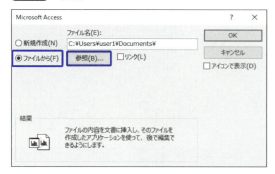

**図156** 参照

**図157** ファイルの選択

既存ファイルを選択した場合、「リンク」という項目を外すと「埋め込み」オブジェクトになります（図158）。挿入されたファイルはAccess内部に保存されているので、編集しても挿入元のファイルに影響を与えません。

「リンク」にチェックが入っている場合は「リンク」オブジェクトになり、挿入元のファイルの変更が適用されます（図159）。

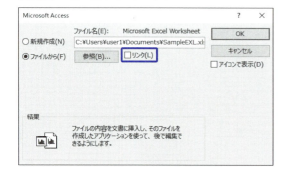

**図158** 埋め込みオブジェクト

**図159** リンクオブジェクト

この「添付ファイル」と「連結オブジェクトフレーム」に、1つのレコードにつき同じ形式のファイルを挿入してみると、フォームビューでは図160～図165のように表示できます。

画像ファイルをOLEオブジェクトとして挿入した場合、そのPCにインストールされているアプリケーションによって見え方が異なります。

なお、右ページの画像はプロパティシートにて、「添付ファイル」は「表示方法」を「画像/アイコン」に、「ピクチャサイズ」を「ズーム」に、「連結オブジェクトフレーム」は「OLEサイズ」を「クリップ」にした結果です。

**図160** Excelファイルの例

**図161** Wordファイルの例

**図162** PowerPointファイルの例

**図163** PDFファイルの例

**図164** PNGファイルの例

**図165** JPEGファイルの例

「非連結オブジェクトフレーム」は「連結オブジェクトフレーム」とほぼ同じですが、コントロールソースを持たないので、テーブルに保存されていないOLEオブジェクトを扱います。デザインビューにて、「デザイン」タブの「非連結オブジェクトフレーム」を選択し、任意の場所をクリックすることで挿入できます。

非連結のOLEオブジェクトなのでテーブルの内容には関係なく、レコードを移動しても同じ内容が表示されます。

さて、ここで注意しておきたいのが、添付ファイルやOLEオブジェクトは、多用するとデータベースの容量が肥大してしまうということです。Accessではデータを削除しても自動では容量が減らないので、こまめな最適化が必要ですが、それを行っていたとしても、容量の上限が2GBということを考えると、できる限りデータはテキストにしたほうが無難です。

しかしながら、商品一覧や履歴書のようなものを作りたいと想定すると、レコードごとに画像を登録して表示できたら便利ですよね。そんな場合は、「イメージ」を使って、容量を肥大化させずに画像を表示させる方法があります。

図166のようなテーブルがあったとします（図166と同じ構造のテーブルは、After2フォルダーのSampleData.accdbに「6-3-5_サンプルテーブル（イメージ）」という名称で収録されています）。任意のフォルダーに使用したい画像ファイルをまとめて保存しておき、先ほどのテーブルの「短いテキスト」型の「ファイル名」フィールドに、画像のファイル名をレコードごとに入力しておきます（図167）。

**図166** サンプルテーブルデザイン

**図167** 画像ファイル名を入力

このテーブルを元に「作成」タブの「フォーム」で自動作成したフォームに、「イメージ」を追加します。ここで、この「イメージ」のコントロールソースに「="画像を保存してあるフォルダーのパス¥" & [ファイル名が格納されているフィールド名]」と入力します。例では「="C:¥Users¥user1¥Documents¥images¥" & [ファイル名]」としています。

これで、フォルダーパスとファイル名が結合され、画像が表示されます（図168）。

**図168** フォルダーパスとファイル名を組み合わせる

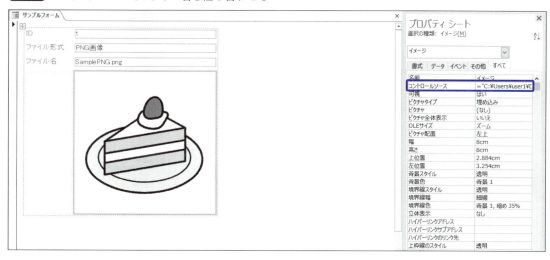

この方法なら、画像は表示されますが、Accessにはパスとファイル名のテキストデータしか格納されないので、画像が増えても小さな容量で管理することができます。

さらに、先ほどはフォルダーパスを直接指定しましたが、図169のようにAccessファイルと同じフォルダーに、画像をまとめたフォルダーを一緒に置いてあるとします。

**図169** Accessと画像フォルダーが同じ場所

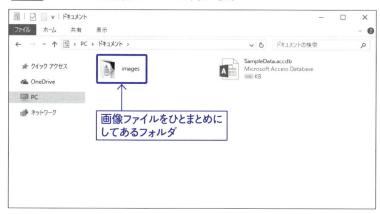

221

この場合、「いま使っているAccessファイル自身のパス（カレントパス）」を「［Application］.［CurrentProject］.［Path］」と書くことで取得できます。それを利用して、「イメージ」のコントロールソースに「＝［Application］.［CurrentProject］.［Path］& "¥images¥" &［ファイル名］」と書くことで、画像を表示できます（図170）。

**図170** カレントパスを利用した書き方

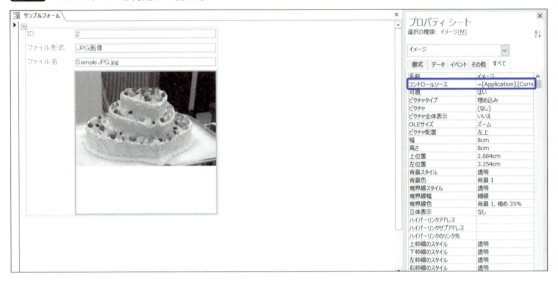

これならフォルダーの整理や移動があっても、Accessファイルと「images」フォルダーが同じ場所にあれば修正が不要なので、管理がかんたんになります。

# オリジナルフォームの作成

# CHAPTER 7

## 7-1 作成する前に

今度は、CHAPTER5のようなオリジナルデザインをフォームで作ってみましょう。レポートと違って「ユーザーに操作してもらう」ことをよく考えながら、仕様や配置を検討します。

### 7-1-1 完成図をイメージする

オリジナルのフォームを作成する場合、できるだけ細かく、どの位置にどんな情報を配置したいのかを紙に書き出して、具体的なイメージを固めます。販売データを入力するフォームの想定です。

**図1** 完成イメージ

### 7-1-2 コントロールの詳細を決める

各コントロールについて、連結/非連結、コントロールソースの内容などを決めておきます。読み取り専用だったレポートに比べて、フォームではテキストボックスに入力したりコンボボックスで選択したりできるので、使い方を考えながら検討しましょう。

**図2** コントロール詳細

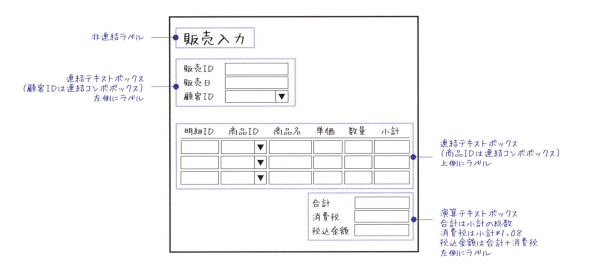

## 7-1-3 セクションとレイアウトを決める

作成したいフォームも「一対多」の関係（**5-1-3** 119ページ）を持っています。レポートでは「サブレポート」を使いましたが、レポートにも同じく「サブフォーム」という機能があるので、これを使って作成してみましょう。

続けて、各コントロールをどのセクションに置くか、レイアウト設定の有無も決めておきます。

**図3** セクションとレイアウトの想定

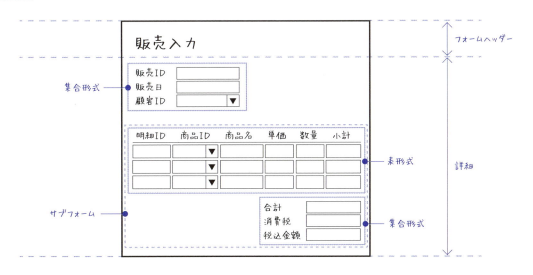

# CHAPTER 7

## 7-2 親子フォームの作成

CHAPTER 5のレポートと同じ手順で、メインフォームとサブフォームを別々に作ってリンクさせるという方法でもできますが、フォームではウィザードでも親子フォームを作れます。

### 7-2-1 親子フォームを作る

「作成」タブから「フォームウィザード」を起動します(図4)。

**図4** フォームウィザードを起動

7-1-2で決めたコントロールを参考に、コントロールソースになるフィールドを複数のテーブルからすべて選択します(図5)。データの表示方法を指定します。いくつかのパターン例を示してくれるので、イメージに一番近いものを選択しましょう。ここで、サブフォームが必要になる構造を選択すると、自動で選択肢が現れます(図6)。

**図5** フィールドを選択

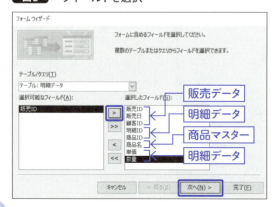

**図6** データの表示方法を指定

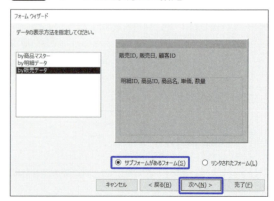

7-2 親子フォームの作成

なお、図6で「リンクされたフォーム」を選択すると、メインフォームで「一側」の情報を表示し(図7)、そこに設置されたトグルボタンから「多側」のフォームの開閉を行う(図8)、というスタイルになります。

図7　メインフォーム　　　　　　　　　　　図8　リンクされたフォーム

ここでは図6で「サブフォームがあるフォーム」を選択して次へ進み、サブフォームのレイアウトを指定します(図9)。

「表形式」は、ラベルやテキストボックスで構成され(図10)、「データシート」はテーブルに直接入力する形になります(図11)。

図9　レイアウト指定

図10　表形式の例　　　　　　　　　　　　図11　データシートの例

ここでは図9で「表形式」を選択して次へ進み、メインフォーム、サブフォームそれぞれのコントロール名を指定します（図12）。これで設定は終了なので、「フォームを開いてデータを入力する」を選択して「完了」をクリックします。

フォームが作成されて、ナビゲーションウィザードにも2つのフォームが追加されました（図13）。

**図12** コントロール名を指定

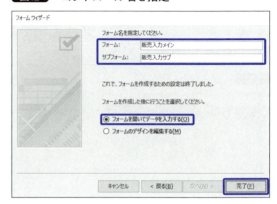

**図13** 作成されたフォーム

これだけでおおまかな形はできましたね。ウィザードで作成しただけのフォームは、コントロールの大きさや配置が整っていないので、ここから調整していきます。

## 7-2-2 メインフォームのレイアウト調整

デザインビューに切り替えてタイトルを変更し、タイトルのサイズを「配置」タブ「サイズ間隔」の「自動調整」で整え、セクションの高さも調整します（図14）。

7-2 親子フォームの作成

**図14** タイトルサイズを自動調整

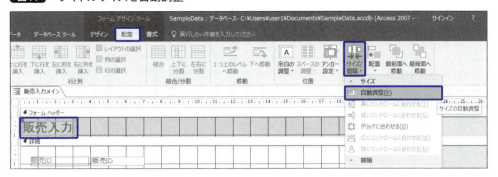

販売情報部分に「集合形式」のレイアウトを設定します（図15、図16）。

**図15** レイアウト設定前　　　　**図16** レイアウト設定後

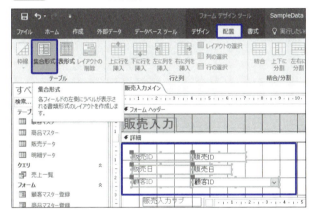

販売情報部分に対して「スペースの調整」で「狭い」を設定した上で（図17）、レイアウトビューでデータを見ながらサイズを整えます（図18）。

**図17** スペースの調整

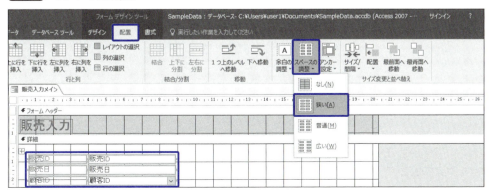

## CHAPTER 7 オリジナルフォームの作成

**図18** コントロールサイズの変更

サブフォームは、不要なラベルを削除し、レイアウトビューでおおまかな大きさにしておきます（図19）。ここで幅のサイズをチェックしておいて、あとでサブフォームの中を作るときの目安とするのもよいでしょう。

**図19** サブフォームの調整

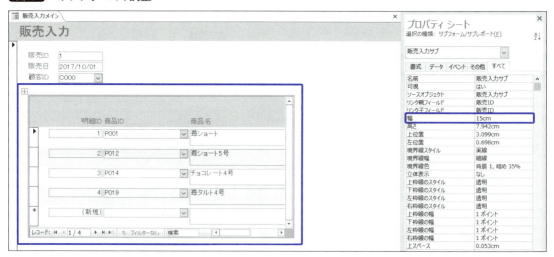

サブフォームの中のコントロールは、この状態からでも変更することができます。ただ、全体的な構造の変更はやりにくいので、サブフォームを個別に開いておおまかな形を作り込んだあとで、メインフォームとのバランスを見ながら再調整していきます。

メインフォームが開いている状態だとサブフォームを開くことができないので、メインフォームは上書き保存して、いったん閉じます。

## 7-2-3 サブフォームの作り込み

ナビゲーションウィザードの「販売入力サブ」フォームを右クリックして、デザインビューで開きます（図20）。

バラバラになっているコントロールをすべて選択して、「配置」タブの「表形式」レイアウトを設定します。

**図20** デザインビューでサブフォームを開く

**図21** レイアウト設定前

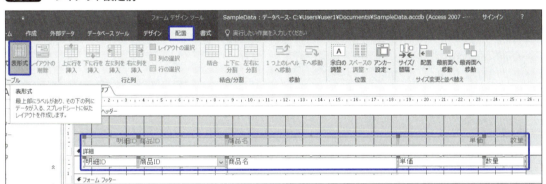

**図22** レイアウト設定後

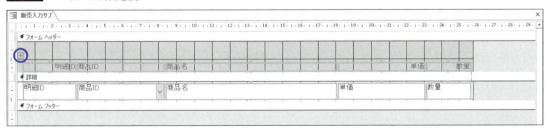

「サイズ間隔」で、コントロールの大きさを揃えます（図23、図24）。

**図23** 狭いコントロールに合わせる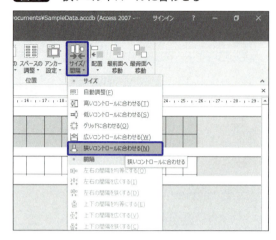

**図24** 低いコントロールに合わせる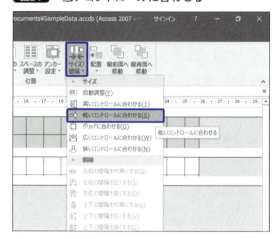

　フォームヘッダーの任意のコントロールをひとつ選択して「行の選択」で見出しのラベルだけ選択し（**図25**）、ドラッグして上の余白を詰めます（**図26**）。

**図25** 行の選択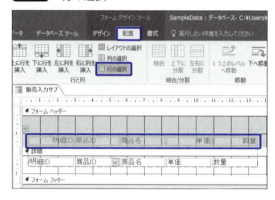

**図26** 余白を詰める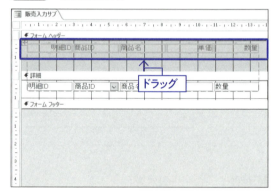

　ヘッダーと詳細のセクションの高さを調整します（**図27**）。

**図27** セクション高さの調整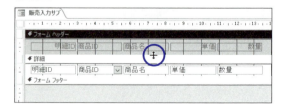

　「数量」の隣にもう1つ枠がほしいので、選択して「配置」タブの「右に列を挿入」をクリックし、空セルを挿入します（**図28**）。

**図28** 右に列を挿入

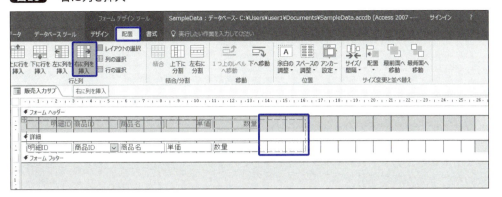

さて、ここへ「小計」を入れたいのですが、このフォームのレコードソースには、最初にウィザードで選択したフィールドしか含まれていないので、ソースを編集しましょう。プロパティシートで「フォーム」を選択して「レコードソース」の…をクリックします（図29）。

埋め込みクエリのデザインビューが開きました。デザイングリッドの一番右の欄に、「小計」の演算フィールドを入力します（図30）。

**図29** レコードソースを編集

**図30** クエリの編集

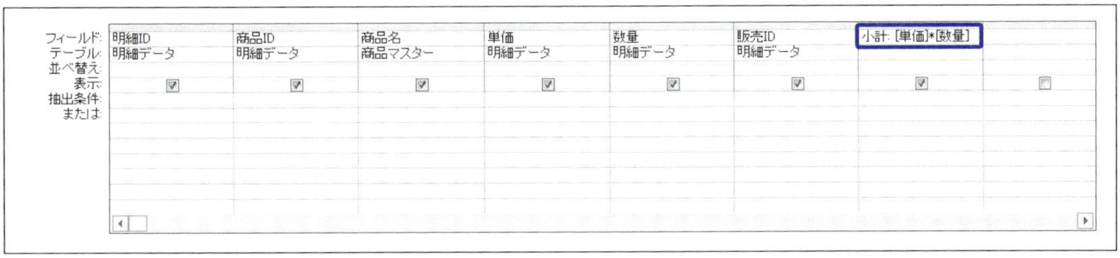

ここでもう1つ変更を加えます。「商品マスター」テーブルと「明細データ」テーブルの間のリレーションシップを表す線を右クリックして「結合プロパティ」を選択し（図31）、プロパティを3番目（右外部結合）にしておきます（図32）。

**図31** 結合プロパティ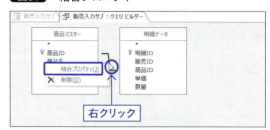

**図32** 右外部結合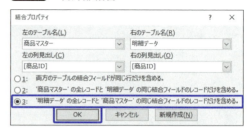

　最初はプロパティの設定は1番目（内部結合）となっています。この設定では、お互いに同じ「商品ID」が存在しないとエラーになります。これは、テーブルで設定したリレーションが継承されているからです。

　テーブルの設定はそれでよいのですが、このフォームでは「商品ID」が空だった場合に「商品名が見つからない」という旨のエラーが出てしまいます。そこで、エラーを回避するために、プロパティを3番目に設定しておきます。

　なお、フォームでのリレーションは、初期状態でテーブルの設定を継承しているだけなので、変更してもテーブルの設定には影響を与えません。

　これで、上書き保存してこの画面を閉じます（図33）。

**図33** レコードソースクエリの上書き保存

　「既存のフィールドの追加」をクリックしてフィールドリストを表示し、「小計」をドラッグします（図34）。

**図34** 「小計」をドラッグ

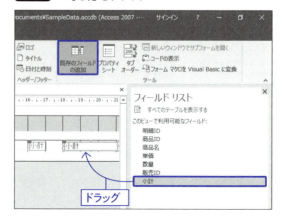

このコントロールをこのままレイアウトに挿入すると、ラベルとテキストボックスが横並びになってしまうので、いったんこちらだけを「表形式」レイアウトを設定します（図35）。

**図35** 表形式レイアウトにする

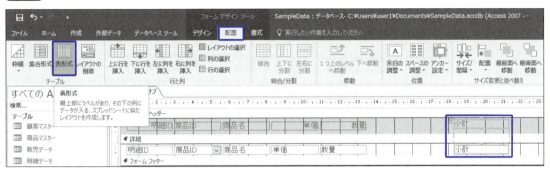

ドラッグして、レイアウトに挿入します（図36、図37）。

**図36** ドラッグ

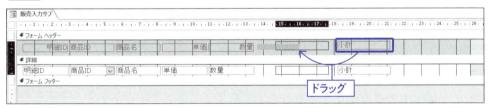

**図37** 挿入された

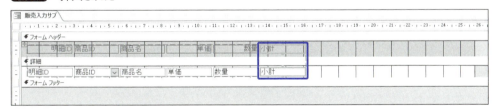

フッターに「合計」を作ります。レポートでは「グループ化と集計」という項目で、かんたんにできたのですが、フォームにはその機能がないので、別の方法で実装します。

想定としては、フォームフッターにテキストボックスを挿入して、式を使って演算コントロールとします。

図38のように、3つのテキストボックスを集合形式にして配置してもよいですが、せっかく表形式のレイアウトがあるので、これを利用した配置にしてみましょう。

## CHAPTER 7 オリジナルフォームの作成

**図38** 演算コントロールを集合形式で配置した例

「詳細」セクションにあるコントロールの任意の1つを選択し、「配置」タブの「上下に分割」をクリックすると、既存のコントロールと空セルに分割されます（図39）。

分割された空セルのほうを選択して、「下へ移動」をクリックすると（図40）、1つ下のセクションに空セルが移動します。ここでは表形式レイアウトが適用されているので、すべての項目に対して空セルが挿入されます（図41）。

**図39** 上下に分割

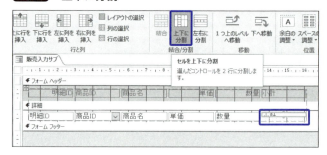

**図40** 下へ移動

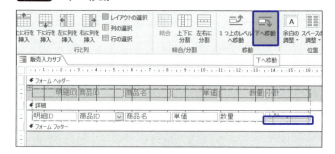

**図41** 表形式レイアウト上で空セルが移動した

## 7-2 親子フォームの作成

移動対象が空セルだった場合、移動元のセルがそのままになってしまうので、先ほど上下に分割したコントロールを結合させて（図42）、元の形に戻します（図43）。

フォームフッターでは3行使いたいので、フォームフッターの任意のセルを選択して「下に行を挿入」を2回クリックして、もう2行挿入します（図44）。

「デザイン」タブの「コントロール」からテキストボックスを選択し、任意の位置でクリックします（図45）。

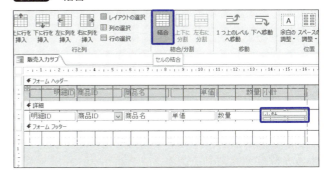

図42　結合

図43　結合結果

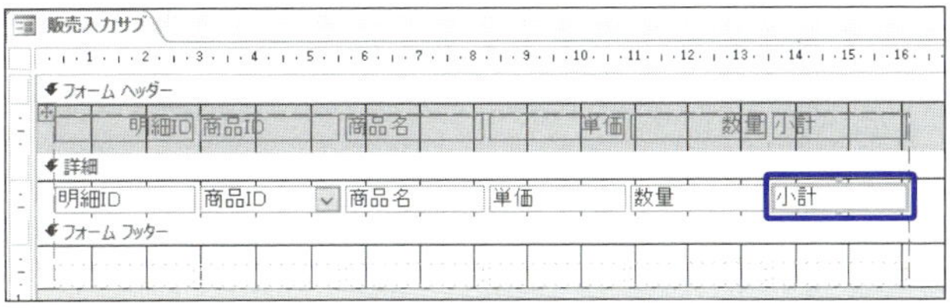

図44　下に行を挿入

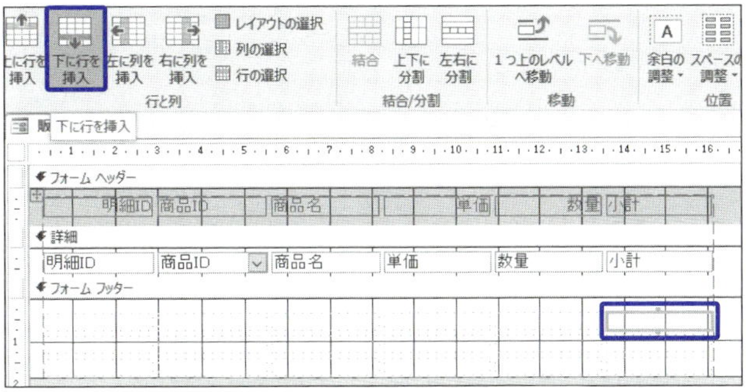

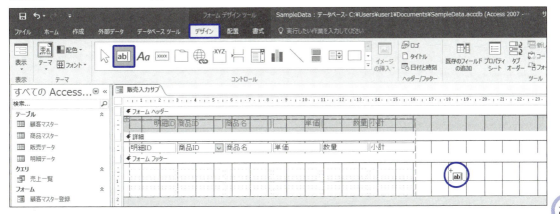

図45　テキストボックスを挿入

フォームの場合、クリックするとテキストボックスウィザードが開き、入力時の設定を行うことができます（図46、図47）。

IME入力モードは、テキストボックスにカーソルが入ったときに自動でモードを切り替えてくれるので、日本語入力したいボックスは「ひらがな」、半角英数字で入力したいボックスは「オフ」にしておくと、ユーザーの入力効率が上がります。

これらの項目はあとからプロパティシートで設定することもできます。今回は演算コントロールで自動入力される目的なので、ウィザードはキャンセルして構いません。

**図46** フォント、配置、余白などの設定

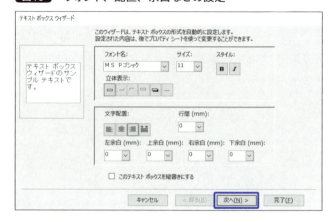

**図47** 入力モード、ふりがなの設定

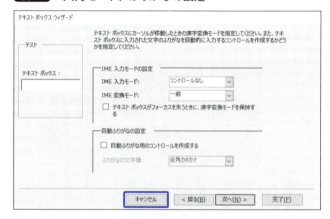

でき上がったテキストボックスの「名前」に「合計」、「コントロールソース」に「=Sum（[小計]）」を入力して、演算コントロールにします（図48）。セットになっているラベルの「名前」と「標題」も変更しておきます。このテキストボックスを、先ほど追加した空セルにドラッグすると（図49）、表形式レイアウトに挿入されます（図50）。

**図48** コントロールソースの設定

**図49** ドラッグしてレイアウトに挿入

7-2 親子フォームの作成

**図50** 挿入された

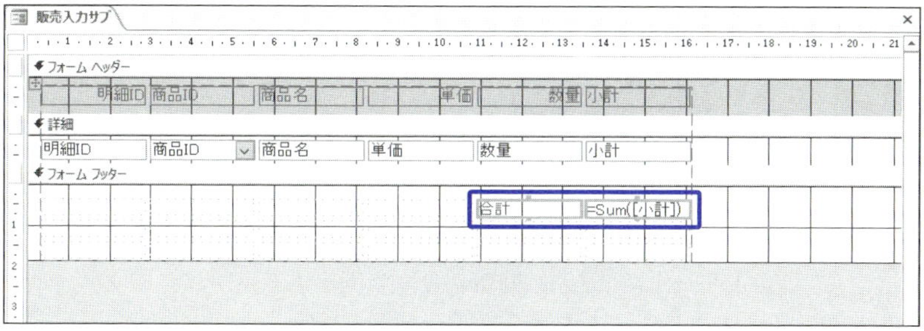

同様に、「消費税」と「税込金額」のテキストボックスを作成して、それぞれレイアウトに挿入します（図51、図52）。

**図51** 「消費税」の演算コントロール

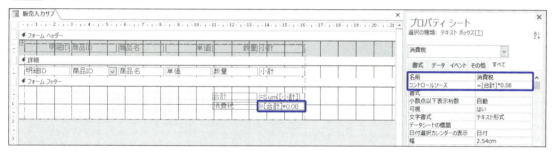

**図52** 「税込金額」の演算コントロール

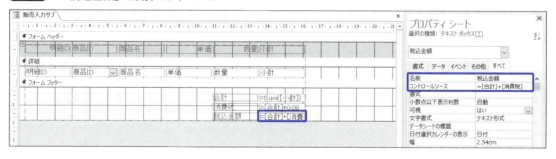

おおまかな部分は完成したので、保存していったん閉じます。

今度はメインフォームと合わせてバランスを見ながら、レイアウトビューから微調整します。ナビゲーションウィンドウから、メインフォームである「販売入力メイン」を右クリックし、レイアウトビューで開きます（図53、図54）。

239

**図53** メインフォームをレイアウトビューで開く

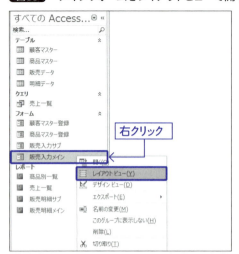

**図54** レイアウトビュー

サブフォーム内のコントロールを選択し、サイズを調整します（図55）。サブフォーム内のレコード数が多いとスクロールバーが表示される場合もあるので（図56）、親レコードを移動しながらチェックしましょう。

**図55** コントロール幅を調整

**図56** サブフォーム内のスクロールバー

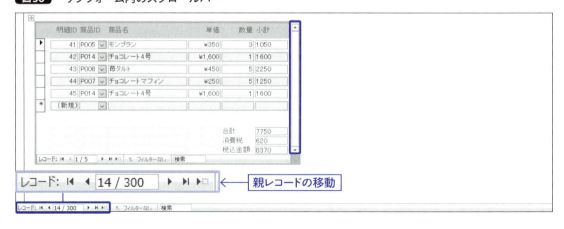

「小計」「合計」「消費税」「税込金額」といった、あとから追加したコントロールを、右詰めの通貨形式にします（図57）。

**図57** 追加したコントロールを右詰め＆通貨形式へ

サブフォーム内の見出しのラベルは、中央揃えにしてみましょう（図58）。

**図58** 中央揃え

次に、サブフォームの下部に注目してみましょう（図59）。ここは**移動ボタン**と呼ばれる部分で、レコードの移動や検索ができます。

**図59** 移動ボタン

しかし、このサブフォーム内ではレコードが1行ずつ一覧表示されているので、あまり必要性がありません。その下には、親フォームに対する移動ボタンもあるので、ユーザーに無用な混乱を感じさせないために、サブフォームの移動ボタンを非表示にしてみましょう。

プロパティシートから編集するのですが、この項目はサブフォーム上の「フォーム」オブジェクトを選択することで表示されます。

現状のメインフォームを開いた状態からでは、まずはサブフォーム内の任意のコントロールを選択してフォーカスをサブフォーム内に移してから、「フォーム」オブジェクトを選択するとよいでしょう（図60）。

**図60** サブフォーム上のフォームを選択

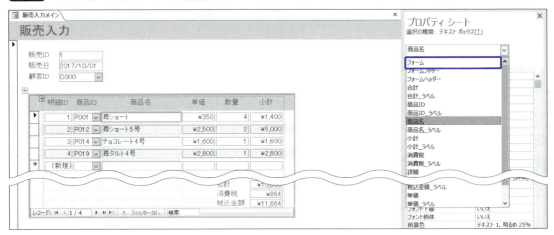

メインフォーム上の「サブフォーム」を選択している状態とは異なるので、注意してください。

サブフォーム上の「フォーム」オブジェクトが選択されると、「書式」タブに「移動ボタン」が表示されるので（図61）、「いいえ」にすると非表示になります（図62）。

**図61** 移動ボタン

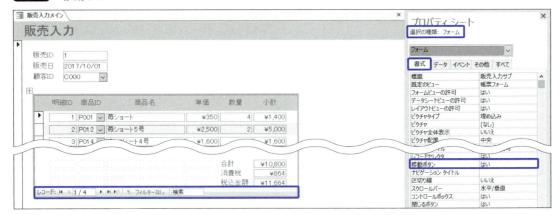

**図62** 非表示になった

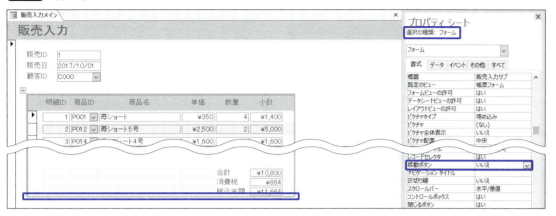

最後に、サブフォーム内のフォームフッターを調整しましょう。高さに余裕がない感じがするので、プロパティシート「書式」タブの「高さ」を大きくします（図63）。

**図63** フォームフッターの高さを大きく

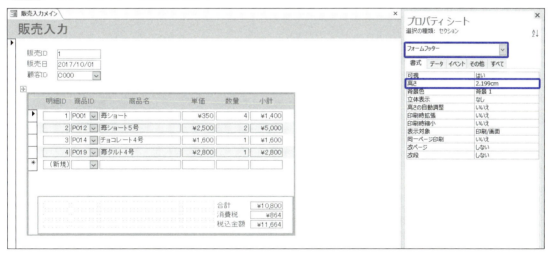

この3つは合計や演算結果を表示するもので、「詳細」セクションにあるコントロールとは性質が違います。見た目を変えてユーザーにわかりやすくしましょう。

「書式」タブの「図形の枠線」を「透明」にしてテキストボックスの枠線を消して（図64）、「配置」タブの「枠線」から「下」を選択し、下線を付けます（図65）。「スペース」と「余白」の関係性について、5-2-6（145ページ）も参考にしてください。

## CHAPTER 7 オリジナルフォームの作成

**図64** 枠線を透明に

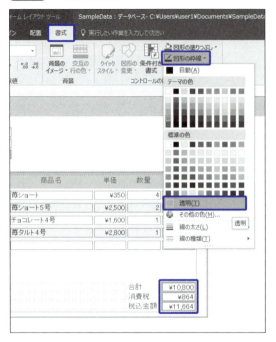

**図65** 下線を付ける

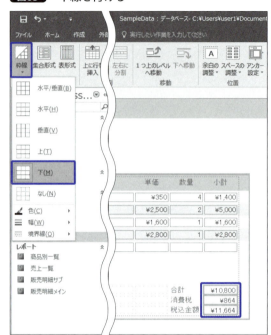

　これで、レイアウトの調整が完了しました（図66）。なお、テキストボックスのスクロールバーを非表示にしたい場合は、**6-2-1**（186ページ）を参考にしてください。

**図66** 調整結果

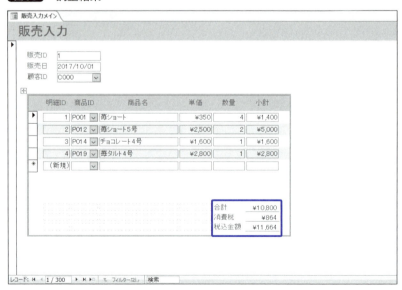

# CHAPTER 7

## 7-3 動作確認とコントロールの制御

フォームはレポートと違って「操作できる」「テーブルに影響を与える」オブジェクトです。動作検証をしながら、親子フォームの特徴や、コントロール制御について学びましょう。

### 7-3-1 動作確認

メインフォームである「販売入力メイン」をフォームビューに切り替えると、操作できる状態になります。すでに登録されている「商品ID」を変更してみましょう（**図67**）。

**図67** 「商品ID」を変更

「商品ID」を変更すると、連動して「商品名」が変更されます。そのほかの項目は、図68のようになっています。左端に鉛筆マークが表示されているレコードは、「編集中」です。別のレコードに移動するか、リボンの「保存」をクリックすることでレコードが確定します。

**図68** サブフォーム内の動作

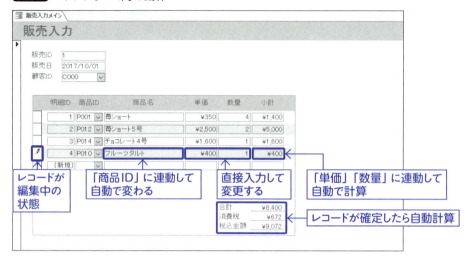

この「単価」の部分ですが、「商品ID」を変更したら「商品名」が連動して入力されるように、「商品マスター」テーブルの「定価」にしたほうが楽に思えるかもしれません。しかしそれでは、販売した価格はすべて一定になってしまうのです。割引や価格改定など、販売価格が変更になる可能性を考慮すると、「実際に販売した価格」としてレコードごとに「単価」フィールドを持たせる必要があります。

とはいえ、今の状態では商品すべての価格を覚えていないと入力しにくいですよね。この部分を効率化するには、「商品ID」を変更したら「単価」フィールドに「定価」の値が参考値として入力されるしくみを作っておくとよいでしょう。割引など価格に変更があったら、そのときだけ直接入力で変更すればよいのです。この方法はVBAを使うので、**9-1-3**（298ページ）で解説します。

さて、それでは、フォームビューでの変更内容がテーブルに反映されているか確認してみましょう。「明細データ」テーブルをデータシートビューで開くと、ちゃんと変更されているのがわかります（図69）。

**図69** テーブルに変更が反映されている

| 明細ID | 販売ID | 商品ID | 単価 | 数量 | クリックして追加 |
|---|---|---|---|---|---|
| 1 | 1 | P001 | ¥350 | 4 | |
| 2 | 1 | P012 | ¥2,500 | 2 | |
| 3 | 1 | P014 | ¥1,600 | 1 | |
| 4 | 1 | P010 | ¥400 | 1 | |
| 5 | 2 | P010 | ¥400 | 5 | |
| 6 | 2 | P007 | ¥250 | 3 | |
| 7 | 2 | P020 | ¥2,500 | 1 | |
| 8 | 2 | P005 | ¥350 | 3 | |
| 9 | 3 | P005 | ¥350 | 5 | |
| 10 | 3 | P008 | ¥450 | 5 | |
| 11 | 4 | P008 | ¥450 | 2 | |
| 12 | 4 | P015 | ¥2,000 | 1 | |
| 13 | 4 | P003 | ¥300 | 3 | |
| 14 | 4 | P015 | ¥2,000 | 1 | |
| 15 | 5 | P010 | ¥400 | 5 | |
| 16 | 5 | P016 | ¥2,400 | 1 | |
| 17 | 5 | P010 | ¥400 | 3 | |
| 18 | 5 | P004 | ¥300 | 4 | |
| 19 | 6 | P016 | ¥2,400 | 2 | |
| 20 | 6 | P001 | ¥350 | 5 | |
| 21 | 6 | P008 | ¥450 | 3 | |
| 22 | 7 | P007 | ¥250 | 4 | |

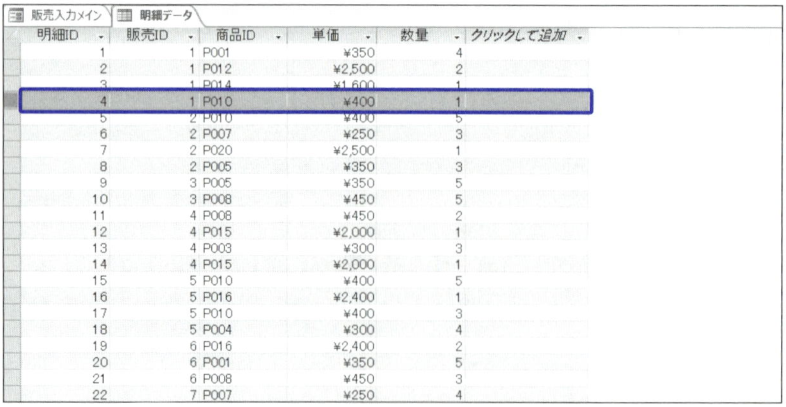

新しいレコードを登録してみましょう。移動ボタンの「新しい(空の)レコード」もしくは、リボンの「新規作成」をクリックすると(図70)、新規レコードに移動します(図71)。

図70 新しいレコードへ移動

図71 新規入力フォーム

まず親レコードである、「販売日」と「顧客ID」を入力します。データ型が「日付」になっているフィールドはカレンダーを使って入力することができます(図72)。顧客IDは、テーブル設計の時点でルックアップフィールドにしておけば(1-5-2 25ページ)、その設定が継承されます(図73)。「販売ID」はオートナンバー型なので、「販売日」「顧客ID」のいずれかが入力されると自動入力されます。

図72 「販売日」をカレンダーで入力

図73 「顧客ID」はコンボボックスから選択

このとき、親フォームの左上に鉛筆マークが表示されている場合は、このレコードはまだ編集中です（図74）。レコードを確定するには、リボンの「保存」をクリックするか、別のレコードに移動します。サブフォーム内にフォーカスが移った場合でも、レコードは確定します（図75）。

図74 親レコードはまだ編集中

図75 親レコードが確定した

サブフォームは、現在表示されている親フォームの「販売ID」と結び付いているので、必ず親レコードを先に確定しなければなりません。親レコードが未登録のまま子レコードを入力してしまうと（図76）、親IDが存在しないままテーブルに書き込まれてしまいます（図77）。これではいつ、誰に販売したかわからないデータができてしまいます。

図76 親レコードが未登録

図77 親IDが存在しないレコード

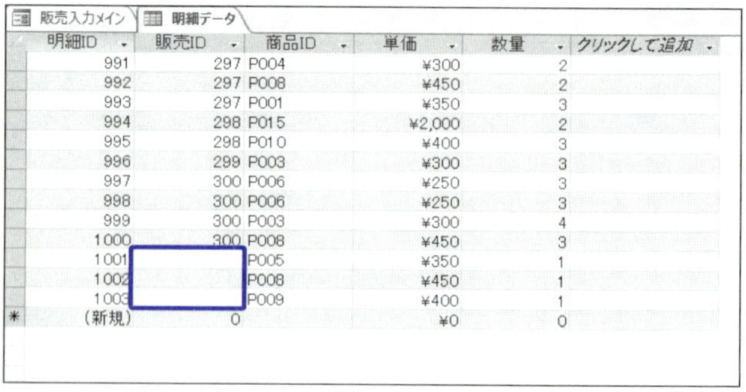

親である「販売ID」が確定した状態でサブフォームに入力すると（図78）、一対多の関係性でテーブルに書き込まれます（図79）。

**図78** 親レコード登録後、子レコードを登録

**図79** 一対多の関係性で書き込まれた

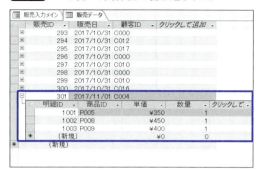

しかし、どんなに気を付けても「うっかり」はなくせないものなので、この場合は「親レコードの確定前に子レコードは入力できない」というしくみを作っておくべきです。この方法についても、**9-1**（290ページ）でVBAを使って解説します。

## 7-3-2 編集ロック

フォームは、「連結コントロール」というしくみによって、とてもかんたんにテーブルに入力する画面を作ることができます。しかし、気を付けないと「変更してほしくないところも変更可能になっている」ということがあります。

「小計」のテキストボックスにカーソルを合わせて、適当に入力してみましょう。左下のステータスバーに「編集できません」と表示されます（**図80**）。このコントロールは式が入っているので、直接入力できないようになっているのです。「合計」のテキストボックスも、同様です（**図81**）。

**図80** 「小計」テキストボックス

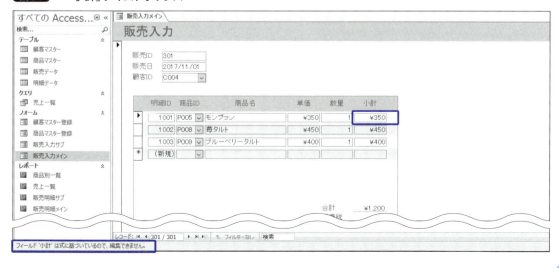

## CHAPTER 7 オリジナルフォームの作成

**図81** 「合計」テキストボックス

しかし、「商品名」はどうでしょうか。これは「連結コントロール」で入力可能になっており（図82）、この変更によって「商品マスター」テーブルが書き換えられてしまうのです（図83）。これは、困りますよね。

**図82** 「商品名」テキストボックスは書き換え可能

### 図83 「商品マスター」テーブルが変更されてしまう

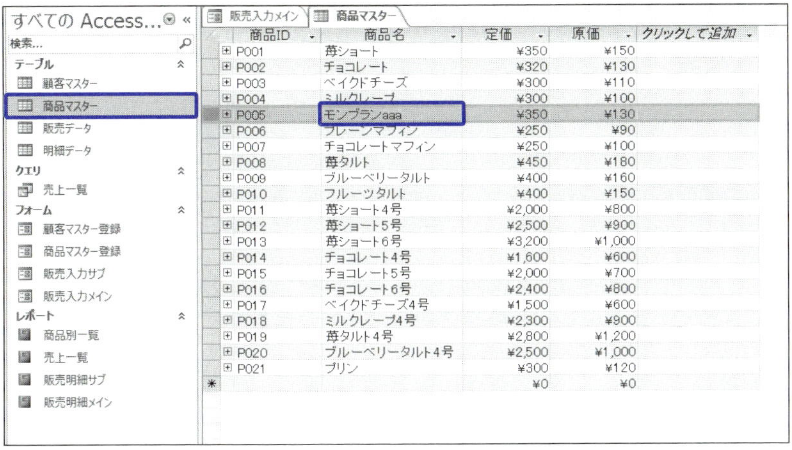

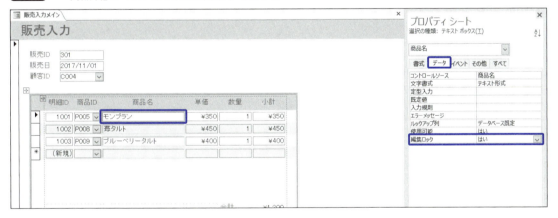

このような場合、プロパティシートを開き「データ」タブの「編集ロック」を「はい」にすることで、編集不可にすることができます（図84）。

### 図84 「商品名」テキストボックスを編集不可にする

## 7-3-3 既定値の設定

今度は、「ユーザーがどんな使い方をするか」を考えてみましょう。新規の販売実績を記録したいとき、それはたいてい、その日に記録するのではないでしょうか？ 新規レコードの「販売日時」に、あらかじめ「今日の日付」が入っていたら、便利ですよね。

プロパティシートで「データ」タブの「規定値」に「=Date()」と入力しておくと（図85）、フォームビューで新規レコードの入力画面を表示したときに、その日の日付を自動入力してくれます（図86）。

**図85** 既定値を利用して今日の日付が入るようにしておく

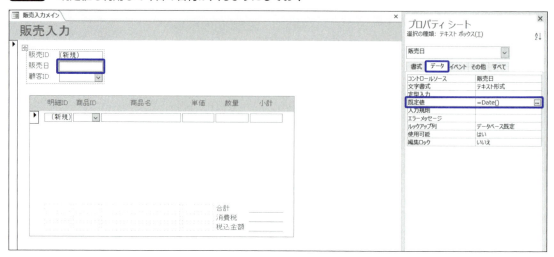

**図86** 新規レコードへ移動したとき

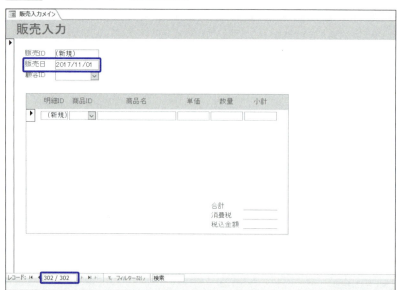

# CHAPTER 8

# マクロを利用して メニューフォームを作成

# CHAPTER 8

## 8-1 マクロの基礎知識

CHAPTER 8ではマクロを使って「メニュー」となるフォームを作っていきます。マクロとはなんとなく便利な機能というイメージがありますが、一体どのように作るのでしょうか？

### 8-1-1 マクロを作るには

1-3-2（21ページ）で、マクロは「特定の作業を登録して自動で実行させる機能」だと説明しました。この機能を作成するために、まずは「いつ」「なにをするのか」という、大きく分けて2つのことについて考えてみましょう。

この「いつ」というのは、ユーザーがどの操作を行ったのをきっかけにマクロを動作させたいか、ということです。この「いつ」を**イベント**と呼びます。

そして、「なにをするのか」というのは、実行したい内容です。レポートを開く、レコードを移動する、レコードを保存する、そういった「なにをするのか」を**アクション**と呼びます。

**図1** マクロ

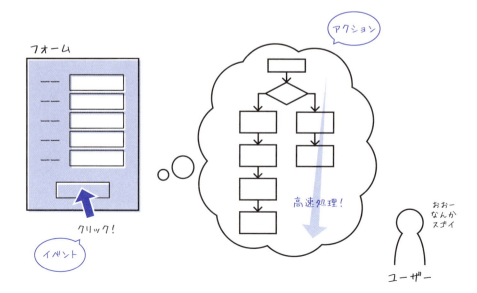

また、アクションは1つだけでなく、複数を登録することができます。ユーザーが対象の「イベント」となる操作をしたときに、あらかじめ登録されたアクションが順番に実行されるだけなのですが、ひとつひとつは単純な動作でも、たくさんのアクションが一瞬で動くと、魔法のように感じられるというわけです。

## 8-1-2 イベント

一番イメージしやすいイベントは、「ボタンのクリック」です。ボタンは「クリックすればなにかが起こる」と推測しやすいので、ユーザーも「なにかをする」という能動的な気持ちでマクロを実行することができます。

しかし、イベントはもっともっと細かなタイミングで設定することができるのです。

図2は、フォーム上に配置されたボタンを選択した状態で、プロパティシートの「イベント」タブを表示したキャプチャです。

一番上にある「クリック時」が一番よく使われるイベントですが、これは「ボタン上でマウスボタンを押して離した時」にマクロが実行されます。

ほかにも、「フォーカス取得時」は、Tabキーでフォーカスが移ればクリックしなくても実行されますし、「マウスボタンクリック時」は「ボタン上でマウスボタンを押した時」、「マウスボタン解放時」は「押下されていたマウスボタンを離した時」など、微妙な違いのイベントも多数存在し、状況によって使い分けることができます。

そのほかにも、もちろんボタン以外のコントロールにもイベントは存在します。図3は、テキストボックスのイベントです。

**図2** ボタンのイベント一覧　　**図3** テキストボックスのイベント一覧

たとえば「テキストボックスの内容が変更されたら」というきっかけでマクロを設定すれば、ユーザーに「ボタンをクリックさせる」という手間をかけることなくアクションを実行することができます。

なお、「変更時」は1文字入力するごとに実行されてしまうので、用途によってはわずらわしく感じてしまうかもしれません。すべて入力したあとにイベントを発生させたい場合は、「更新後処理」や「フォーカス喪失時」などを使うとよいでしょう。

また、コントロールだけでなく、フォーム自体にもイベントは存在します。

開く時、閉じる時などのフォーム自身に関係するイベントのほか、レコードの移動時、更新時などのレコード操作に関係するイベントも設定できます。

**図4** フォームのイベント一覧

## 8-1-3 アクション

マクロを実行するきっかけとなる「イベント」が決まったら、マクロツールで、実行したい内容となる「アクション」を登録します。

マクロツールでは、図5のように利用できるアクションを選択でき、複数登録したり、条件を付けて分岐させたりすることができます。

**図5** マクロツールの例

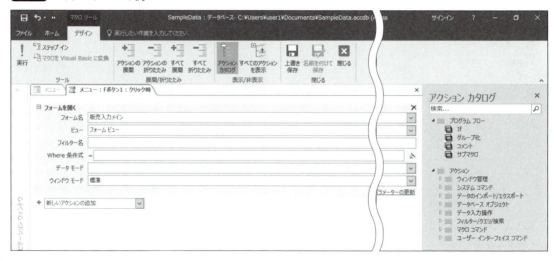

CHAPTER 8

# 8-2 メニューの作成

ここまで、いろんな種類のレポートやフォームを作ってきましたが、それらを集約して操作できる「メニュー」となるフォームがあると、ユーザーには便利です。

## 8-2-1 空のフォームの作成

「作成」タブの「フォームデザイン」をクリックし、デザインビューで新しいフォームを作ります（図6）。

**図6** 新規フォーム

上書き保存して（図7）、名前を付けます（図8）。

**図7** 上書き保存　　　　　**図8** フォームの名前

## CHAPTER 8 マクロを利用してメニューフォームを作成

「デザイン」タブの「タイトル」を使って、フォームのタイトルを入力し(**図9**)、ロゴの空セルを削除し、フォームヘッダーセクションの高さを調節します(**図10**)。

**図9** タイトルを入れる

左側にフォームに関する操作を、右側にレポートに関する操作を配置する想定で、ラベルで見出し、直線で区切り線を作っておきます。また、このフォームは非連結なので移動ボタン(**7-2-3** 242ページ)とレコードセレクタ(編集マークの表示される部分)は不要です。プロパティシートから表示を「いいえ」にしておきましょう(**図11**)。

**図10** セクション高さを調節

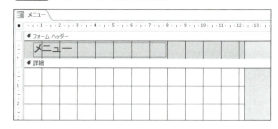

**図11** 見出しの作成と、移動ボタン/レコードセレクタの非表示

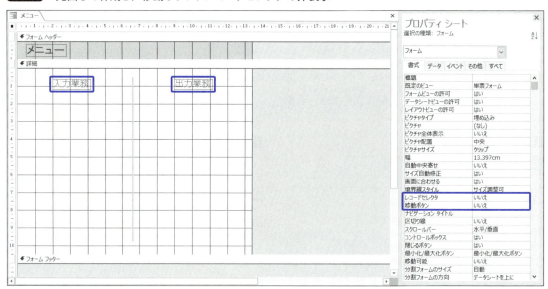

## 8-2-2 ボタンを設置する

　それでは、このフォームから別のフォームを開くための「イベント」となる、ボタンを設置してみましょう。「デザイン」タブの「ボタン」を選択し、任意の位置でクリックします（**図12**）。
　すると、「コマンドボタンウィザード」が開きます。このウィザードで「アクション」を登録することができるので、「販売入力メイン」フォームを開く設定にしてみましょう。
　「種類」で「フォームの操作」を、「ボタンの動作」で「フォームを開く」をそれぞれ選択して、「次へ」をクリックします（**図13**）。

**図12** ボタンの設置

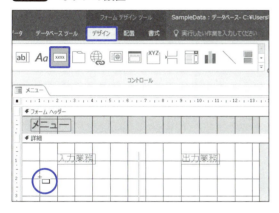

**図13** 動作の指定

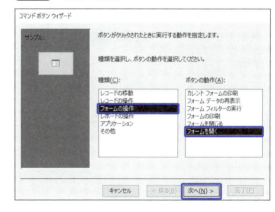

　開くフォームを選択します（**図14**）。
　フォームを開くとき、レコードにフィルターをかけるか選択することができます。のちほど解説しますが、ここでは「すべてのレコードを表示する」にしておきます（**図15**）。

**図14** 開くフォームを選択

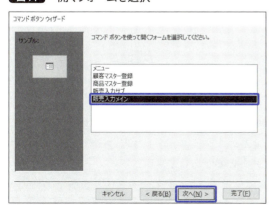

**図15** フィルターを設定するか

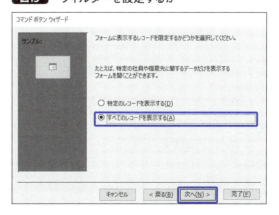

ボタン上には、テキストまたは任意の画像を設定できます。ここでは「販売データ編集」というテキストにします（図16）。

ボタンのコントロール名を指定します。ここで指定した名前は、マクロやVBAなどシステム上の設定で使う名前です。任意の名前でよいのですが、ここではフォームに関するボタンという意味で「Fボタン1」という名前にしておきます（図17）。

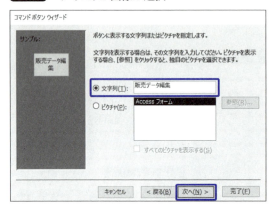

**図16** テキストか画像か選択

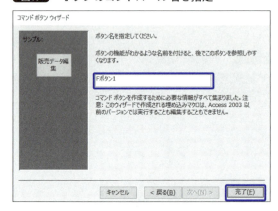

**図17** ボタンのコントロール名を指定

ボタンが作成されました（図18）。任意の大きさに変更します（図19）。

**図18** ウィザードで作成したボタン

**図19** サイズ変更

このボタンには、マクロが設定されています。実際に動かしてみましょう。フォームビューに切り替えてボタンをクリックすると（図20）、「販売入力メイン」フォームが開きました（図21）。

なお、図15のときに「特定のレコードを表示する」を選択するには、あらかじめ条件を入力するためのテキストボックスなどのコントロールを用意しておく必要があります。

条件用のコントロールが存在すると図22のような画面へ進み、フィルターの条件となるコントロールとフィールドを設定することができます。

8-2　メニューの作成

**図20**　フォームビューで動作確認

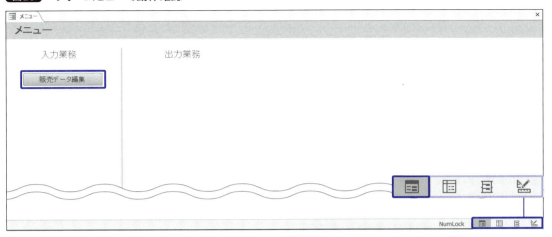

**図21**　「販売入力メイン」フォームが開いた

**図22**　フィルターの条件

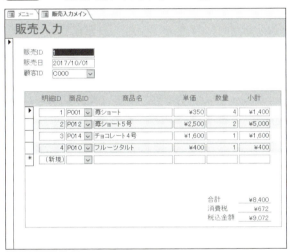

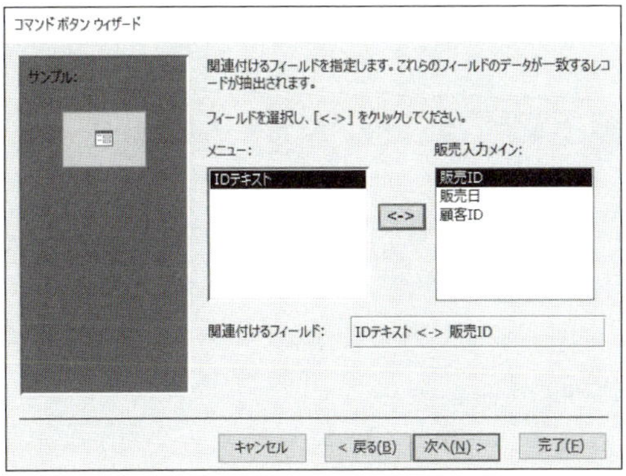

この設定で作成されたボタンをクリックすると（図23）、テキストボックスに入力した内容で「販売ID」フィールドにフィルターをかけた状態で「販売入力メイン」フォームを開くことができます（図24）。

**図23**　フィルター設定をしたボタンをクリック

261

**図24** フィルターがかかった状態でフォームが開く

## 8-2-3 マクロツール

先ほどウィザードで設定したマクロの設定を確認してみましょう。デザインビューもしくはレイアウトビューでボタンを右クリックし、「イベントのビルド」をクリックします（図25）。

すると、図26のような「マクロツール」が開きました。これが、このボタンに対するマクロの設定画面です。

**図25** イベントのビルド

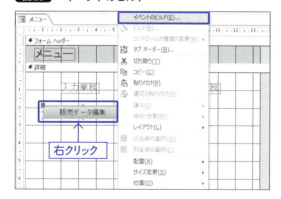

**図26** マクロツール

タブには「フォーム/レポート名：コントロール名：イベント名」が表示されているので、「どのオブジェクト」の「どのコントロール」へ「どんな操作をしたとき」に実行されるマクロなのかがわかります。

画面の中身が「アクション」です。太字で書かれているのが、1つのアクションで、それに対するプロパティ（属性）の設定が下に細字で書かれています。

この場合は、「フォームを開く」というアクションです。どのフォームを開くか、どのビューで開くかなどの設定を合わせて行います。アクションは、右上の🗙で削除することもできます。

**図27** イベントとアクション

ところで、フォーム名が不思議な文字列になっていますね。ここは「販売入力メイン」フォームが指定されているのですが、ウィザードでマクロを設定すると、日本語の文字をChrWという関数で指定されてしまうため、このような表示になります。

このままでも問題はありませんが、一度削除すると日本語文字で選び直すことができるので（図28）、直しておいたほうが、あとからわかりやすいでしょう。

**図28** フォーム名を選び直す

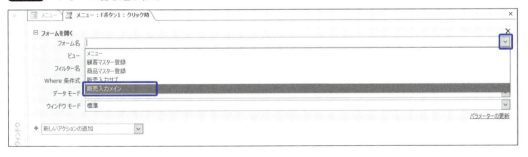

現在のマクロは、「フォームを開く」アクションの「ウィンドウモード」が「標準」になっており、図21のように「販売入力メイン」フォームが別タブで開きます。

この状態だと、「販売入力メイン」フォームを開いたままの状態で「メイン」フォームに切り替えることができてしまうので、使い勝手が悪い場合があります。「すでに開いているフォームを開こうとする」という状況も起きてしまうでしょう。

このような場合には、「ウィンドウモード」を「ダイアログ」にすると（**図29**）、モーダルダイアログボックス（**6-2-3** 196ページ）と同じ状態で開くことができます。

なお、プロパティの多いアクションは、アクション名の左側にある＋、または「アクションの折りたたみ」でコンパクトに表示することができます（**図30**）。

**図29** ウィンドウモードをダイアログへ

**図30** アクションの折りたたみ

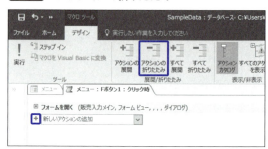

マクロを編集したら、リボンで「上書き保存」して「閉じる」をクリックすると、フォームの画面へ戻ることができます。

フォームビューへ切り替えて動作確認してみると、ポップアップでウィンドウが開き、このウィンドウを閉じるまで、ほかの操作ができなくなります（**図31**）。

**図31** ダイアログの状態でフォームを開く

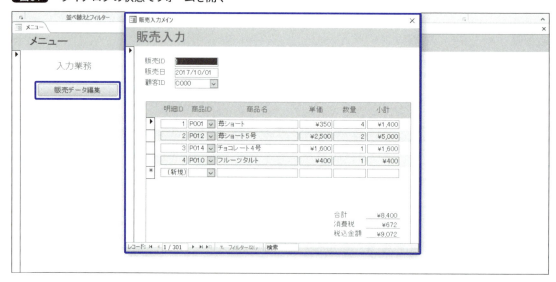

なお、モーダルダイアログを画面中央に表示したい場合は、対象フォームのプロパティシートで、「フォーム」オブジェクト「書式」タブの「自動中央寄せ」を「はい」にしてください。

# CHAPTER 8

## 8-3 アクションのカスタマイズ

マクロツールでアクションの内容をカスタマイズしたり、さらにアクションを追加したりして、もっと使いやすいものにしてみましょう。

### 8-3-1 Ifを使ったアクション

　ボタンをカスタマイズして、「販売入力メイン」「商品マスター登録」「顧客マスター登録」の、3つのフォームから選択して開けるようにしてみましょう。

　6-3-3（207ページ）を参考に、オプショングループを使って図32のような3つのオプションボタンを作ります。オプショングループのコントロール名は「グループ1」として、ボタンは「Fボタン1」という名前のまま、「データ入力」という標題に変更します。

**図32** オプショングループの追加

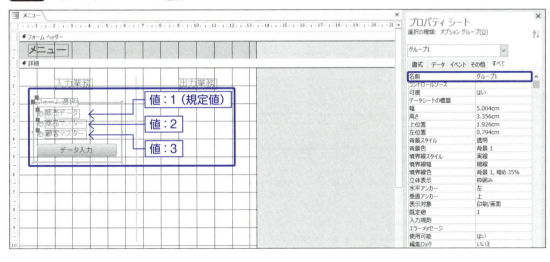

　ボタンを右クリックして「イベントのビルド」をクリックし、マクロツールを開きます。
　まずは、「オプショングループの値が1だったらフォームを開く」という形にしてみましょう。この「〜だったら〜をする」には、「If」という形を使います。

「新しいアクションの追加」から「If」を選択します（図33）。

Ifの右隣に条件式として、「［グループ1］=1」と入力します。この「If（もし）〜 Then（だったら）」から「If 文の最後」という部分までがひとまとまりで、これを「Ifブロック」と呼びます（図34）。

このブロックの中に入るアクションは、If条件式を満たす場合のみ、実行されます。

**図33** Ifを追加　　**図34** Ifブロック

このIfブロックの中に、「フォームを開く」アクションを入れてみましょう。アクションの右端の、「下へ移動」をクリックすると（図35）、Ifブロックの中へ入りました（図36）。なお、アクション名をドラッグしても同じ動作ができます。

**図35** 下へ移動

**図36** Ifブロックへ入った

マクロを上書き保存し、いったん動作確認してみましょう。オプションボタンが「値1」のときのみ「販売入力メイン」フォームが開き、それ以外では、なにも起こりません（図37）。

**図37** 動作確認

## 8-3-2 Else Ifを使ったアクション

続けて、別のフォームを開くマクロを作ってみましょう。再度マクロツールを開きます。
　先ほど作ったIfブロックを選択すると、右下に「Elseの追加」「Else Ifの追加」という表示があります。「Else」は「それ以外」、「Else If」は「それ以外でもしも〜」という意味です。
　現在のIfブロックは、3つあるオプションボタンのうちの1つなので、ここで「それ以外」にすると、残り2つ両方に適用されてしまいます。ここでは「Else Ifの追加」をクリックして、「それ以外でもしも〜」という形を追加します（図38）。

**図38** Else Ifブロックを追加

　Else Ifブロックに「［グループ1］=2」という条件を入力します（図39）。これで、「値が1の場合」「それ以外で値が2の場合」のIfブロックができました。

**図39** Else If条件の追加

このブロック内に、「商品マスター登録」フォームを開くアクションを追加します（**図40**）。

**図40** 2つ目のIfブロック

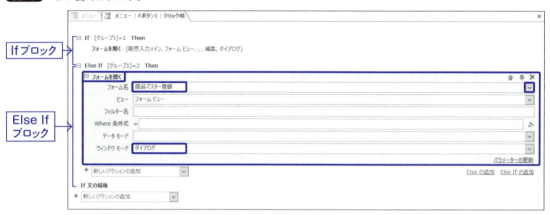

さらにここで「Elseの追加」をクリックすると、値が1でもなく2でもない、つまり3のときのIfブロックができます（**図41**）。ここへは「顧客マスター登録」フォームを開くアクションを追加します（**図42**）。

**図41** Elseの追加

**図42** 3つ目のIfブロック

動作確認してみると、選択したオプションボタンで開くフォームが変わります（**図43**）。

**図43** 動作検証

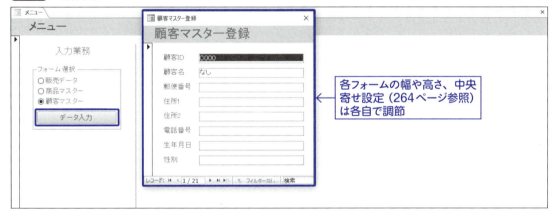

## 8-3-3 フォームイベントからマクロを作成する

入力フォームが3つ開けるようになりましたが、現時点では、開いたときに先頭のレコードが表示されます。使い勝手を考えると、ここは新規レコードを開いていたほうが便利です。

そこで、「フォームを開いたときに新規レコードへ移動する」というマクロを、それぞれのフォームに追加してみましょう。

まず例として、「販売入力メイン」フォームをデザインビューで開きます。プロパティシートを開き、「フォーム」オブジェクトの「イベント」タブを見てみましょう。この「読み込み時」右端の …をクリックし、マクロを作成します（図44）。

「マクロビルダー」を選択し（図45）、マクロツールを開きます。

**図44** 読み込み時イベント

**図45** ビルダーの選択

「販売入力メイン」フォームの「読み込み時」に実行されるマクロの画面が開きました。ここで「レコードの移動」というアクションを追加し、「レコード」プロパティを「新しいレコード」にします（図46）。

上書き保存してマクロツールを閉じると、「イベント」タブの「読み込み時」に「埋め込みマクロ」が登録されています（図47）。

**図46** レコードの移動アクション

ついでに、このフォームに「閉じる」ボタンを付けてみましょう。このマクロはボタンを新規作成したときの「コマンドボタンウィザード」からかんたんに作ることができます（図48）。

**図47** 埋め込みマクロが登録された

**図48** フォームを閉じるボタンの作成

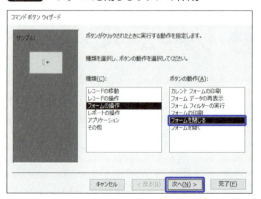

8-3 アクションのカスタマイズ

**図49** ボタン作成後

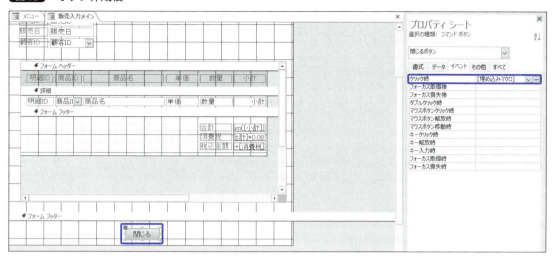

動作確認してみると、「販売入力メイン」フォームを開いたとき、新規レコードに移動しています（図50）。

**図50** 「販売入力メイン」フォームの動作確認

「商品マスター登録」「顧客マスター登録」フォームへも、同じマクロを設定しておきましょう。

271

## CHAPTER 8 マクロを利用してメニューフォームを作成

**図51** 「商品マスター登録」フォーム

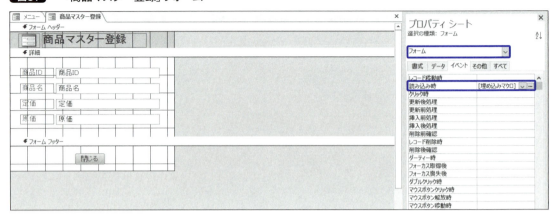

**図52** 「顧客マスター登録」フォーム

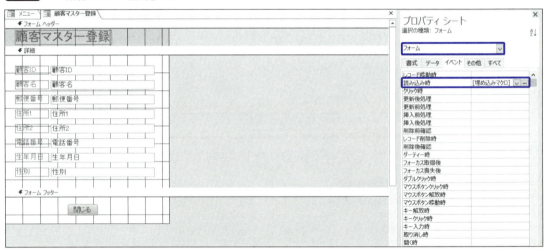

# CHAPTER 8

## 8-4 フォームの値を使ったデータの絞り込み

ここまで「入力業務」としてフォームに関するマクロを設定してきましたが、今度は「出力業務」としてレポートを指定して開くマクロを作成してみましょう。

### 8-4-1 絞り込み方法の違い

レポートは、任意の条件でデータを絞り込んで表示することが多いのですが、それには2種類の方法があります。

図53　クエリとフィルターの関係性

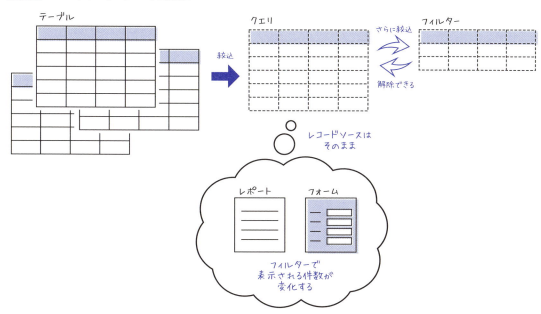

1つ目は、レコードソースに設定してあるクエリで条件を設定することです。その場合、クエリで抽出した件数が、開いたフォームやレポート上で表示できる「総数」となります。条件を変えるには、いったん対象のフォームやレポートを閉じて、レコードソースのクエリを編集する必要があります。

2つ目は、レポート/フォームを開いた状態で、フィルターを設定する方法です。総数はレコードソースのクエリのままなので、フィルターでの絞り込みは一時的なものです。フォームビューやレポートビューでかんたんにフィルターを解除したり条件を変えて再設定したりすることができます。

テーブルのデータ件数が多くなければ、クエリで条件を絞り込まずに全件表示させて、フィルターを使って絞り込むという方法もよいでしょう。しかし、運用を重ねてデータ件数が増えていくと、全件を読み込むのに時間がかかり、レポートやフォームの挙動が遅くなってしまいます。

したがって、あらかじめ規定の絞り込み条件をレコードソースのクエリで設定しておいて、さらに自由度の高い絞り込みをフィルターで行うという方法がおすすめです。

## 8-4-2 フォームの値をパラメータークエリに設定する

それでは、レコードソースクエリで「規定の絞り込み条件」を付けてレポートを開く仕掛けを作ってみましょう。

「メニュー」フォーム上に、非連結のテキストボックスを2つ用意します。コントロール名は「開始日」「終了日」とし、書式を「日付(S)」にしておきます（図54）。

**図54** テキストボックスを追加

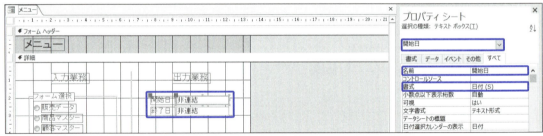

サンプルには2017年10月分のデータが格納されているので、「データ」タブの「既定値」をひとまず「=#2017/10/01#」と「=#2017/10/31#」としておきます（図55）。

**図55** 既定値の設定

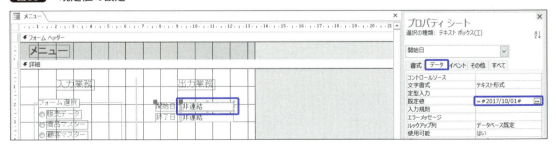

5-4-3（171ページ）でも実装しましたが、2つの日付の区間でレコードが絞り込まれる条件は、「Between 日付1 And 日付2」と書きます。それぞれ対象レポートのレコードソースに、「メニュー」フォーム上の値を使ったパラメータークエリ（2-3 37ページ）を設定してみましょう。式ビルダーを使って「式の要素」を「メニュー」フォームから利用すると、テキストボックスの記述をダブルクリックでかんたんに挿入できます（図56）。

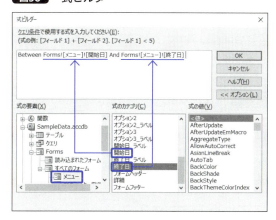

**図56** 式ビルダー

**図57** 「売上一覧」レコードソースクエリ

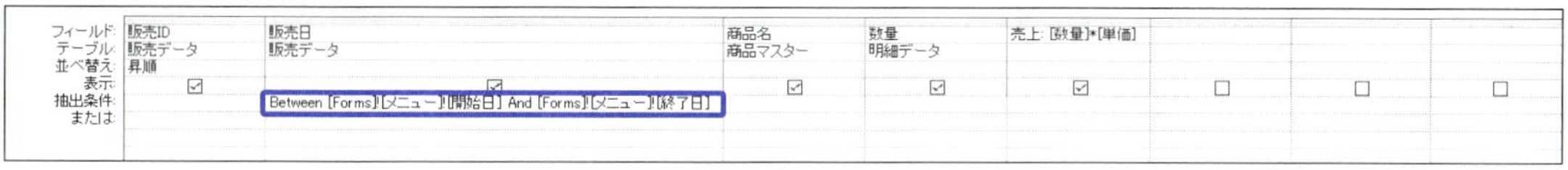

**図58** 「商品別一覧」レコードソースクエリ

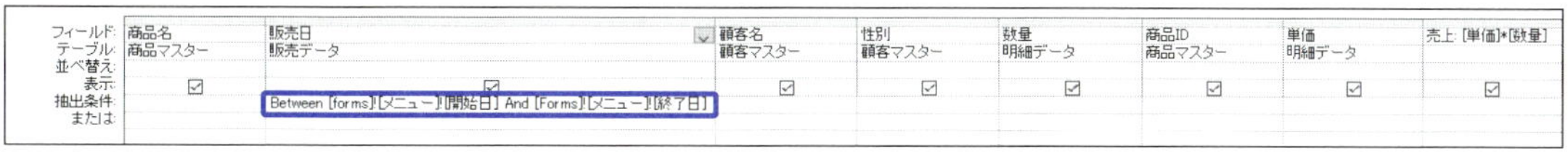

**図59** 「販売明細メイン」レコードソースクエリ

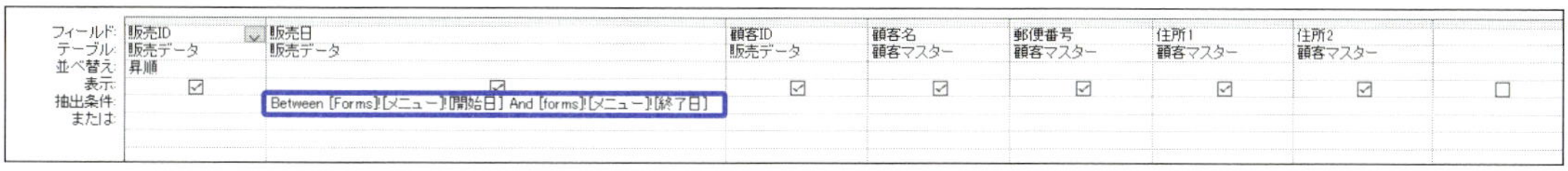

あとは、「メニュー」フォームへレポートを開くボタンを設置します（図60）。ここでは、ボタンのコントロール名を「Rボタン1」としています。

ボタンのマクロについては、日付の条件はクエリ側で行ってくれるので、「レポートを開く」アクションだけで動作します。

ただし、「開始日」よりも「終了日」が遅い場合も動いてしまうので、先頭でIf文を使って「メッセージボックス」を表示して「マクロの中止」を行うアクションを入れておきましょう。

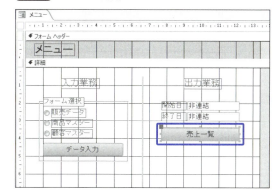

**図60** ボタンを設置

## CHAPTER 8 マクロを利用してメニューフォームを作成

　これらのアクションは、「新しいアクションの追加」から選択するほか、右側の「アクションカタログ」ウィンドウからドラッグすることもできます。

　Ifの条件を満たした場合、「マクロの中止」アクションによって、その下にある「レポートを開く」アクションは実行されません。

**図61**　「Rボタン1」クリック時のマクロツール

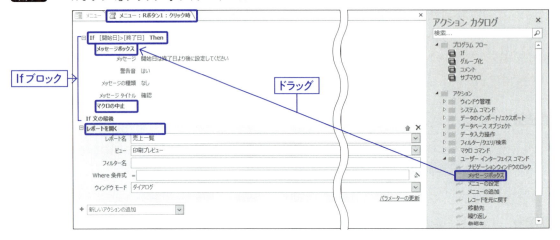

　このボタンをコピーして（図62）、マクロツールで対象レポート名だけ変更すれば、それぞれのレポートを開く3つのボタンにできます（図63、図64）。

**図62**　ボタンをコピー

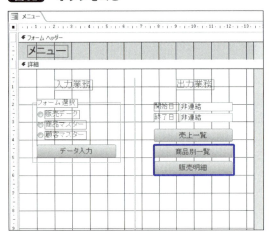

**図63**　「Rボタン2」クリック時のマクロツール

8-4　フォームの値を使ったデータの絞り込み

**図64**　「Rボタン3」クリック時のマクロツール

これで、レコードソースのクエリにテキストボックスの値を条件にした状態で、それぞれのレポートを開くことができます（図65、図66）。

**図65**　テキストボックスの値を変えて
　　　　レポートを開く

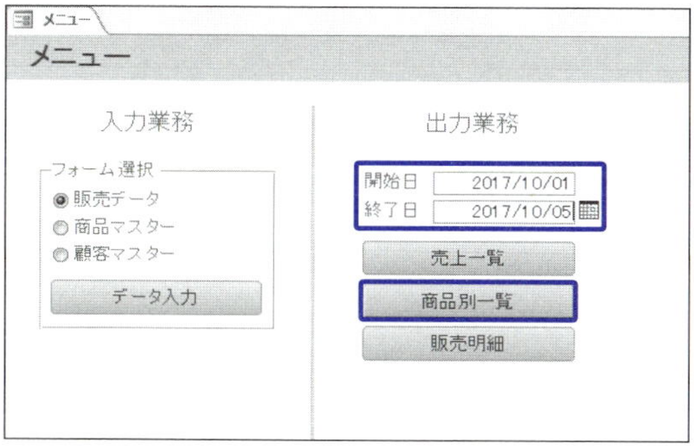

**図66**　結果

指定した日付で絞り込まれている

なお、サンプルの既定値は「#2017/10/01#」と「#2017/10/31#」となっていますが、現場で使う場合では固定の日付にしておく必要はありません。データの使われ方に合わせて、既定値を表1のようにしておくことで、「利用する日」を基準に自動でテキストボックスの日付を変化させることができます。

277

## CHAPTER 8 マクロを利用してメニューフォームを作成

**表1** 既定値の例

| 開始日 | 終了日 | 意味 |
|---|---|---|
| =DateAdd("m",-1,Date()) | =Date() | 1ヵ月前から今日まで |
| =DateSerial(Year(Date()),Month(Date()),1) | =DateSerial(Year(Date()),Month(Date())+1,0) | 今月の1日から月末まで |
| =DateAdd("yyyy",-1,Date()) | =Date() | 1年前から今日まで |
| =DateSerial(Year(Date()),1,1) | =DateSerial(Year(Date()),12,31) | 今年の年始から年末まで |

なお、先頭の「=」は省略しても動作します。

### 8-4-3 フォームの値をレポートに表示する

ここで、本書のおまけとして用意したレポートを使ってみましょう。**CHAPTER 8**のBefore2フォルダーに収録されているSampleData.accdbを開いてみてください。

ここまでのサンプルに、「年代別分布」というレポートが追加されています。ほかのレポートと同じように、「メニュー」フォームからボタンで開くマクロが設定されています（図67、図68）。

**図67** 追加のレポートとボタン

**図68** 年代別分布レポート

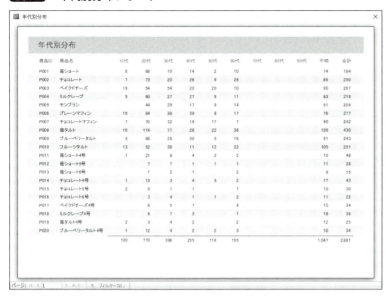

**図69** レコードソースを確認

埋め込みクエリとして設定されているレコードソースは、図70のようになっています。このクエリは「クロス集計」という手法を使っていて、「行見出し」「列見出し」に設定した2つの項目に対して交わる部分が集計されます。

**図70** レコードソースクエリ

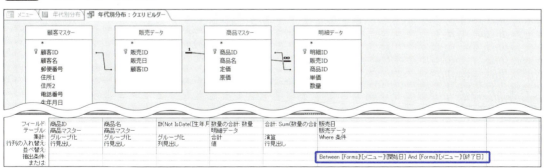

さて、このレポートも「メニュー」フォームの日付がレコードソースクエリの条件になっているのですが、日付を示す項目がないため、一見してどの範囲のデータなのかがわかりません。このレポート上に、「メニュー」フォームの「開始日」「終了日」の値を表示させてみましょう。

「デザイン」タブの「コントロール」から、テキストボックスを1つ挿入します。名前は「集計範囲」にしてみましょう（図71）。プロパティシートの「コントロールソース」の項目の右側の … をクリックし、式ビルダーを起動させます。

279

## CHAPTER 8 マクロを利用してメニューフォームを作成

**図71** テキストボックスの挿入

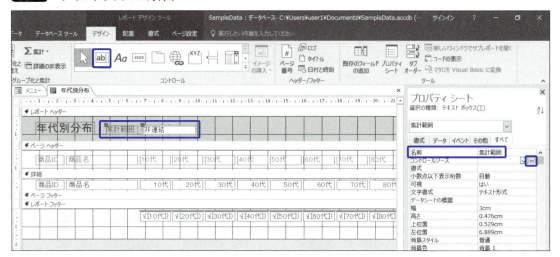

「＝[Forms]![メニュー]![開始日] & " ～ " & [Forms]![メニュー]![終了日]」と入力します（図72）。「式の要素」に「メニュー」フォームの要素を利用します。「式のカテゴリ」から対象のコントロールをダブルクリックすると、かんたんに挿入できます。

枠線と背景色を透明にします（図73、図74）。これで完成なので、保存して閉じておきます。

**図72** 式ビルダー

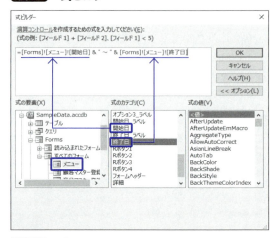

**図73** 枠線

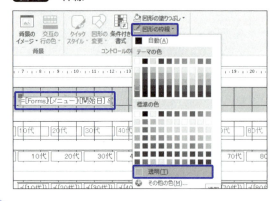

**図74** 背景色

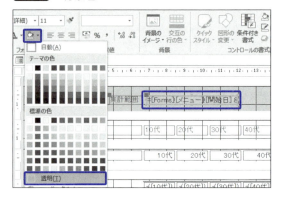

280

動作確認をしましょう。「メニュー」フォームからボタンをクリックして開いてみると（図75）、レポートに日付が入りました（図76）。

**図75** 「メニュー」フォームから開く

**図76** レポートに日付が入った

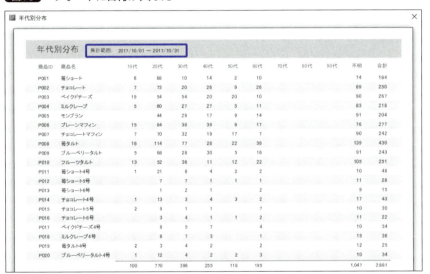

## 8-4-4 クエリとフィルターの絞り込みを併用する

これで、あらかじめ設定した日付で絞り込んだレポートを表示できますが、「販売明細メイン」レポートを、さらにフィルターで絞り込むマクロにカスタマイズしてみましょう。

フィルターの条件となる、チェックボックスとコンボボックスを追加します。図77のように「チェック1」という名前のチェックボックスと、「顧客コンボ」という名前のコンボボックスを1つずつ設置します。

コンボボックスは、6-3-3（200ページ）を参考に、「顧客ID（キー列を表示）」「顧客名」が2列で表示される形にしてみてください。付帯するラベルは削除して構いません。

対象のボタン（ここでは「販売明細」ボタン）を右クリックして「イベントのビルド」を開き、マクロツールを開きます。ここまでの操作を「アクションの折りたたみ」の状態にしてあるのが図78ですが、ここへチェックボックス判定のためのIfブロックを追加します。

281

## CHAPTER 8 マクロを利用してメニューフォームを作成

**図77** チェックボックスとコンボボックスを追加

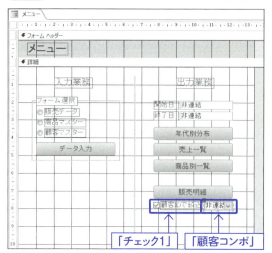

**図78** Ifブロックを追加

「チェックボックスにチェックが入っているか」という条件として、「[チェック1]=True」という式を入力します。チェックボックスは2択なので、「False」用に「Elseの追加」を行います（図79）。

**図79** チェックボックス条件とElseの追加

Elseブロックが追加されました。この部分が、「チェックボックスにチェックが入っていなかったら」実行される部分となります（図80）。

**図80** Elseブロックの追加

作ってあった「レポートを開く」アクションは、フィルターを設けておらず、すべてのレコードを開く設定になっているので、「Elseブロック」、つまり「チェックボックスにチェックが入っていなかったら」の部分へドラッグします（図81）。

Elseブロックの中に移動しました（図82）。

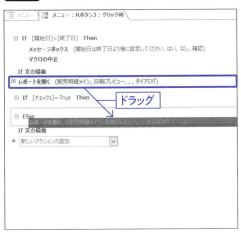

**図81** フィルターなしのレポートを開くをドラッグ

**図82** 移動した

今度は、「チェックボックスにチェックが入っていたら」の「Ifブロック」へ処理が移り、「フィルター設定を行いレポートを開く」という処理を追加します（図83）。

ほかのパラメータは同じで、「WHERE条件式＝」へ「="[顧客ID]='" & [顧客コンボ] & "'"」と記述します。コンボボックスに入るIDは文字列なので「'」で囲む必要があるので、ちょっと複雑な形になります。

さて、これでおおむね動くのですが、このままだと「チェックボックスにチェックが入っている」状態で「顧客IDの指定が空」の場合、フィルター設定ができずにエラーが起こってしまいます。これを回避するIfブロックも作りましょう。

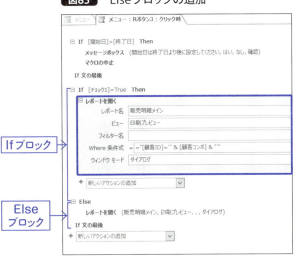

**図83** Elseブロックの追加

## CHAPTER 8 マクロを利用してメニューフォームを作成

マクロは上から順番に実行されるので、日付チェックのあと、レポートを開く前の部分にIf文を挿入します。間に挿入には、「アクションカタログ」からのドラッグが便利です（図84）。

**図84** Ifをドラッグ

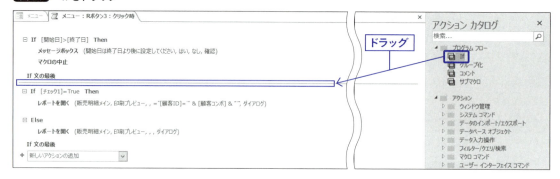

Ifブロックが挿入できました。このIfの条件式は「[チェック1]=True And IsNull([顧客コンボ])」と書きます（図85）。

**図85** チェックあり、顧客IDが空の場合

Ifブロックの中に、「メッセージボックス」と「マクロの中止」アクションを作成します（図86）。これで、エラーの回避もできました。

**図86** チェックあり、顧客IDが空の場合

動作確認をします。チェックボックスにチェックを入れて顧客IDを選択し、「販売明細」ボタンをクリックすると、日付と顧客IDの両方で絞り込まれたレポートが表示されます（図87）。

**図87** クエリ＆フィルターで絞り込まれたレポート

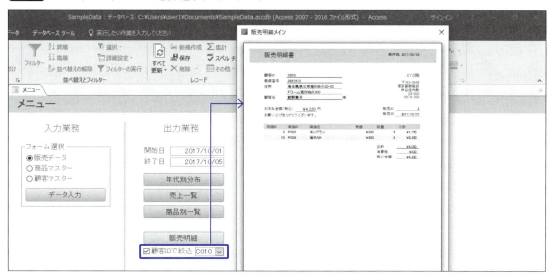

チェックありで顧客IDが空だった場合、メッセージボックスが表示されてマクロが中止されるので、レポートは開きません（図88）。

なお、「顧客IDで絞込」のチェックがなしの場合は、すべての顧客が対象となります。

チェックありで「C000 なし」が選択されている場合は、「すべて」ではなく「ID登録のない顧客」という意味で「C000」のみ絞り込まれる仕様となっています。

**図88** チェックありでIDが空白の場合

ただし、現状では「チェックなし」＆「顧客ID指定あり」の場合はチェックが優先されて「すべて対象」になってしまうので、「コンボボックスを変更したらチェックボックスにチェックが入る」「チェックを外したらコンボボックスをクリア」というマクロもあったほうが、ユーザーにやさしいです。

紙面の都合上解説できませんでしたが、Afterフォルダーのサンプルに収録されているので、コンボボックスの「変更時」イベント、チェックボックスの「クリック時」イベントのマクロツールを開いて確認してみてください。

# CHAPTER 8

## 8-5 データベース起動時にフォームを開く

ここまでの実装で、「メニュー」フォームの機能が充実してきました。せっかくの玄関口となるフォームなので、もっと便利に使えるように、起動時に自動で開くようにしてみましょう。

### 8-5-1 「AutoExec」という特別なマクロ

ここまで扱ってきたマクロは、特定のイベントをきっかけとして実行されるもので、「埋め込みマクロ」や「イベント駆動型マクロ」と呼ばれるものです。

これとは別に、イベントに依存せず、マクロの名前を指定して実行する種類のマクロもあり、「名前付きマクロ」や「独立マクロ」と呼びます。「埋め込みクエリ」と「名前付きクエリ」の関係に似ていますね。

そして、この「名前付きマクロ」の中でも「AutoExec」と命名されたマクロは特別で、「データベース起動時に実行される」という特徴があるので、開くたびに最初に実行したい動作を登録しておくと、とても便利です。

図89　「AutoExec」マクロ

### 8-5-2 設定方法

「作成」タブの「マクロ」をクリックし（図90）、マクロツールを開きます（図91）。

図90　マクロを作成

8-5 データベース起動時にフォームを開く

### 図91 マクロツール

「フォームを開く」アクションを追加し（図92）、「メニュー」フォームを設定します（図93）。
タブを右クリックして「上書き保存」をクリックし（図94）、「AutoExec」と名前を付けます（図95）。

### 図92 アクションを追加
### 図93 フォームを指定
### 図94 上書き保存
### 図95 「AutoExec」にする

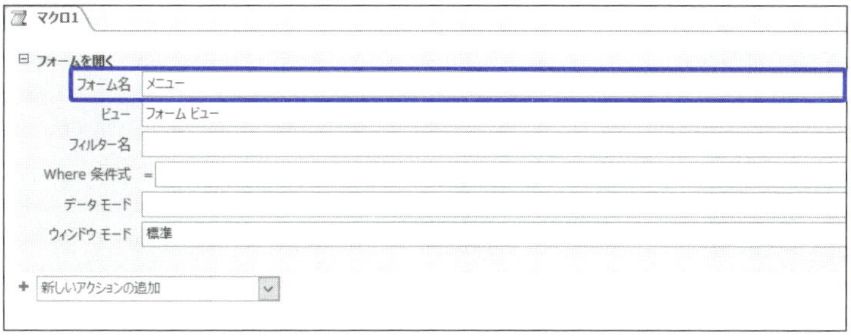

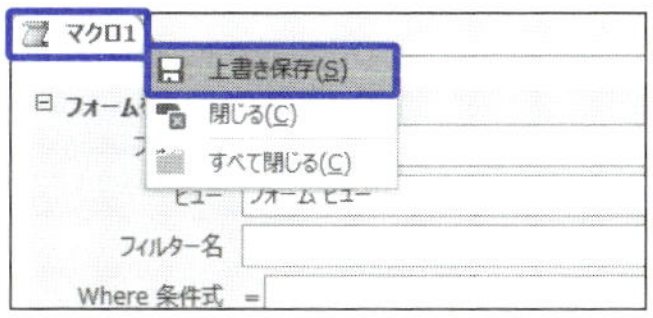

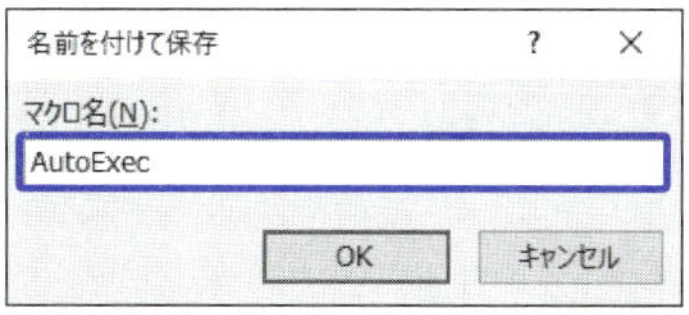

マクロが保存され、ナビゲーションウィンドウに「AutoExec」というマクロオブジェクトが作成されました（図96）。これで設定は終了です。

一度SampleData.accdbを閉じて、もう一度起動させると、自動で「メニュー」フォームが開くようになります（図97）。

### 図96 マクロオブジェクトが作成された

なお、特定のフォームをスタートで開いておくだけの機能であれば、「AutoExec」マクロを使わずに、「ファイル」→「オプション」（図98）でAccessのオプションを開き、「現在のデータベース」の「フォームの表示」で、任意のフォームを指定しておくことで（図99）、同じことができます。

**図97** 起動時に指定したフォームが開く

**図98** オプション

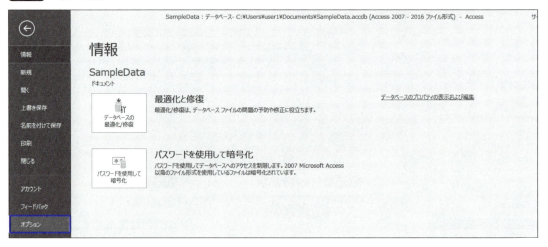

**図99** フォームの表示

# CHAPTER 9

# VBAによる
# Accessの操作

CHAPTER 9

# 9-1 VBAによる機能の実装

マクロはプログラミング言語を使わない分、どうしても複雑なことは苦手です。対して、VBAで直接プログラミングを行うと、自由度が高く細かな動きまでを制御することができます。

## 9-1-1　VBEとプロシージャ

それでは実際にVBAを使って、機能を追加してみましょう。

例として、7-3-1（249ページ）で説明した、「親レコードの確定前に子レコードは入力できない」というしくみを実装してみます。

**図1**　イメージ

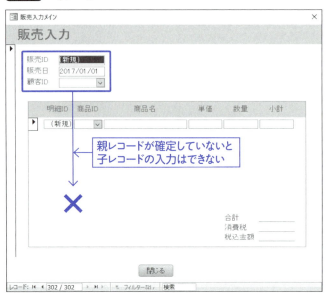

「子レコード」を入力するには、「販売入力メイン」フォーム上の「サブフォーム」内へフォーカスが入る必要があります。そのときに「親レコード」が確定していない場合、メッセージを表示してフォーカスを戻すという仕様にしてみましょう。

「親レコード未確定」の判定は状況によって変わるかもしれませんが、今回は「「販売日」と「顧客ID」のどちらかが空白だったら」を判定条件とします。

**図2** 具体的な構想

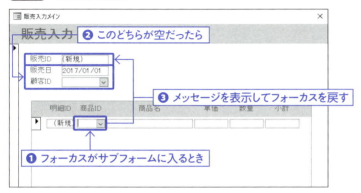

実行したいきっかけは「「販売入力メイン」フォームの「サブフォーム」へフォーカスが入ったら」ですね。

「販売入力メイン」フォームをデザインビューで開きます。メインフォーム上の「サブフォーム」を選択している状態で、「イベント」タブの「フォーカス取得時」の […] をクリックします（**図3**）。

**図3** フォーカス取得時イベントを作成

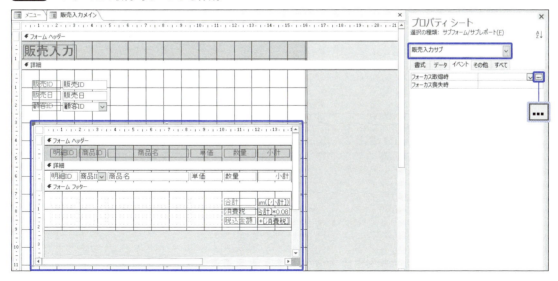

# CHAPTER 9 VBAによるAccessの操作

「ビルダーの選択」ウィンドウが開きます。VBAでプログラミングを行うには、ここで「コードビルダー」を選択して「OK」をクリックします（図4）。

すると、見慣れない画面が開きます。これは、VBAでプログラミングを行うための、**VBE（Visual Basic Editor）**というツールで、VBA専用の編集画面です。

先ほどのように「イベント」タブからも開けますが、Access画面で「作成」タブ「マクロとコード」グループの「Visual Basic」をクリック（図5）、または Alt + F11 キーでかんたんに開けます。

**図4** ビルダーの選択

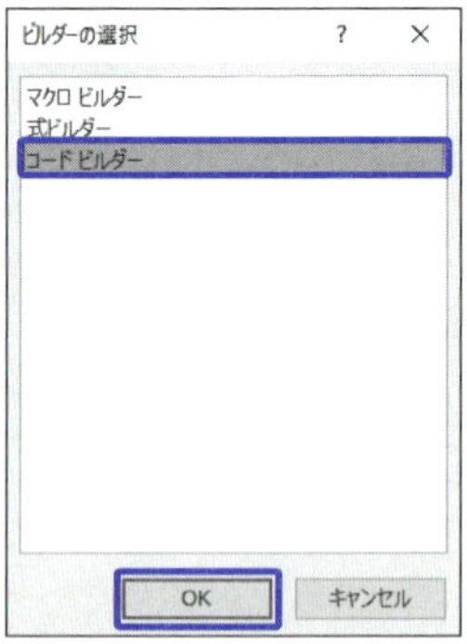

**図5** Visual Basicをクリック

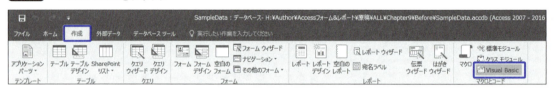

VBEの画面（図6）の説明をします。左上の**プロジェクトエクスプローラー**の「Form_販売入力メイン」は、プログラミングの記述をする「場所」のことで、**モジュール**と呼ばれます。

モジュールの「中身」が右側に表示されます。プログラミングの記述のことを「コード」と呼ぶので、右側の画面は**コードウィンドウ**という名称です。

現在中身を閲覧している（アクティブな）モジュールはグレーになります。「Form_販売入力メイン」という名称の通り、このモジュールの中には「販売入力メイン」フォームに関係するコードを書いていきます。

**図6** VBE画面の名称

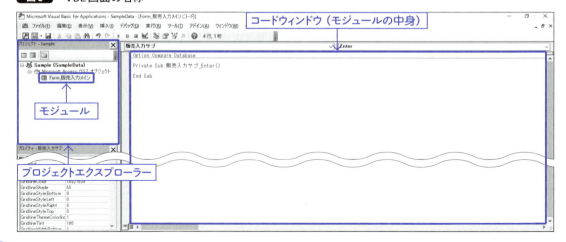

9-1 VBAによる機能の実装

コードを詳しく見てみましょう（図7）。プロパティシートの「イベント」タブからモジュールを作成した時点で、すでに必要なことは記入されています。

線で区切られている上の1行は、このモジュールの「設定」を表します。このブロックを「宣言セクション」と呼びます。その下の「Private Sub コントロール名_イベント名」〜「End Sub」までのブロックを「プロシージャ」と呼び、これはちょうど、マクロツールの1タブ分にあたります。マクロツールでタブの中に「アクション」を設定するように、このプロシージャの中にコードを記述していくことで、機能を実装できるのです。

**図7**　VBAのプロシージャとマクロの1タブ

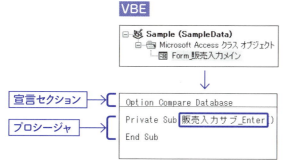
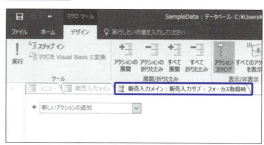

VBEでの変更の保存は、ツールバーの「上書き保存」アイコンをクリックします（図8）。Ctrl + S キーでも保存できます。

**図8**　VBEの上書き保存

なお、プロシージャには種類があり、特定のイベントをきっかけに実行されるプロシージャのことを「イベントプロシージャ」と呼びます。

コントロールのイベントに設定してある動作がマクロの場合は図9、VBAの場合は図10のように表示されます。

**図9**　イベントにマクロが設定されているコントロール

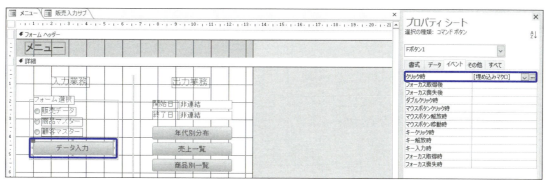

## CHAPTER 9 VBAによるAccessの操作

**図10** イベントにVBAが設定されているコントロール

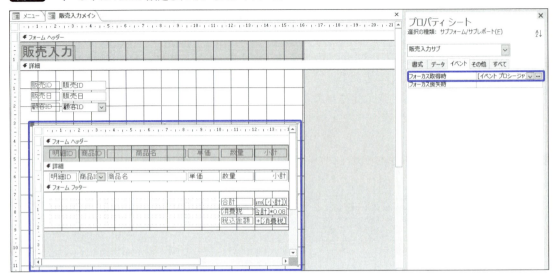

### 9-1-2 サブフォームの入力制限

さて、作成したプロシージャの中に、コードを書いていくわけですが、その前にもう1つ、プロシージャを追加します。

フォームでは、レコードが移動したとき、フォーカスは移動前と同じコントロール上に存在します。元々サブフォーム内にフォーカスがある状態でレコードを移動すると、フォーカスが中に入ったままになってしまうため、設定した「メインフォーム上のフォーカスがサブフォーム内に入ったら」というイベントプロシージャが動きません（図11）。

**図11** レコード移動した場合

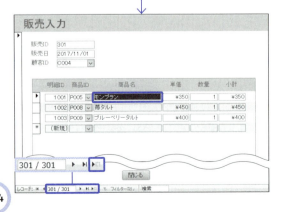

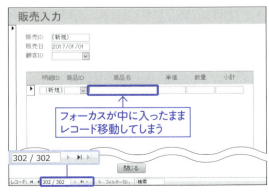

フォーカスが中に入ったまま
レコード移動してしまう

294

そのため、「レコードが移動したらフォーカスをメインフォーム上の「販売ID」に移す」という動きも付けておけば安心です。

Access画面に切り替え、今度は「フォーム」オブジェクトを選択した状態で、「イベント」タブの「レコード移動時」の…をクリックします（**図12**）。

「ビルダーの選択」ウィンドウで「コードビルダー」を選択すると、再びVBE画面になりました。「Form_販売入力メイン」モジュール内に、「レコード移動時」をあらわす「Form_Current」というプロシージャが作成されています（**図13**）。

**図12** レコード移動時イベントを作成

**図13** プロシージャが作成された

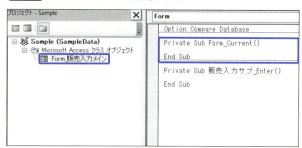

これで、コードを書く土台となる「モジュール」と、プログラムを実行する1つのブロックである「プロシージャ」の準備ができました。ここへ、実際に動作させるコードを書いていきましょう。

「Form_Current」プロシージャ内に**コード1**のように入力します。

**コード1** 「Form_Current」プロシージャ

```
Private Sub Form_Current()    ←レコード移動時
    Form_販売入力メイン.販売ID.SetFocus    ←「販売ID」にフォーカスする
End Sub
```

「モジュール名.コントロール名.メソッド（働き）」のように書きます。これで、「レコード移動時」に「「販売ID」にフォーカスが移る」プロシージャのできあがりです。

また、今回のように「Form_販売入力メイン」モジュール内で、同じ「Form_販売入力メイン」上のコントロールを指定したい場合は、自分自身を表す「Me」と置き換えることができるので、**コード2**のように短く書くことができます。

**コード2** 「Form_Current」プロシージャ

```
Private Sub Form_Current()    ←レコード移動時
    Me.販売ID.SetFocus    ←「販売ID」にフォーカスする
End Sub
```

今度は「販売入力サブ_Enter」プロシージャへ、**コード3**のように書きます。

> **コード3**　「販売入力サブ_Enter」プロシージャ
>
> ```
> Private Sub 販売入力サブ_Enter()   ←サブフォームのフォーカス取得時
>   If IsNull(Me.販売日) = True Or IsNull(Me.顧客ID) = True Then   ←どちらかが未入力だったら
>     MsgBox "販売日もしくは顧客IDが未入力です"   ←メッセージ表示
>     Me.販売ID.SetFocus   ←「販売ID」にフォーカス
>   End If
> End Sub
> ```

If構文は、**8-3**（265ページ）で紹介したマクロのIfブロックの書き方と同じです。というより、VBAでの書き方を元にしてマクロツールができているのです。もちろん、Else Ifや、Elseも書くことができます。

記述すると、**図14**のようになります。

**図14**　「Form_販売入力メイン」への記述

Accessの画面に戻って、いったん「販売入力メイン」フォームを保存して閉じ、動作確認をしてみましょう。「メニュー」フォームから「販売データ」を選択して「データ入力」をクリックし、「販売入力メイン」フォームを開きます。

「販売日」は利用日が規定値として既に入力されていますが、「販売ID」は未入力です。この状態でサブフォーム内のコントロールをクリックすると、**図15**のようなメッセージが表示され、フォーカスが「販売ID」へ戻ります。

## 9-1 VBAによる機能の実装

**図15** 未入力時の動作確認

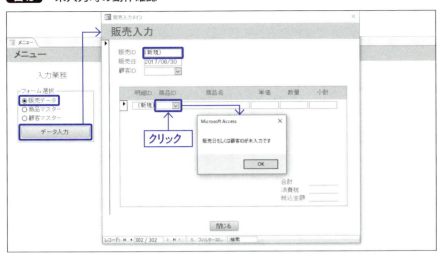

サブフォーム内にフォーカスがある状態でレコードを移動して、「レコード移動時」の動作確認もしてみましょう（図16）。

**図16** レコード移動の動作確認

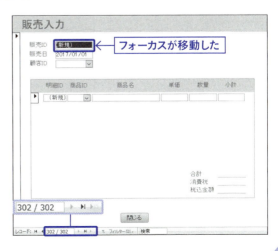

なお、メッセージボックスは、**コード4**のように書くことで、アイコンとタイトルも表示することができます。

アイコンの種類には**表1**があります。

**コード4**　「販売入力サブ_Enter」プロシージャ

```
Private Sub 販売入力サブ_Enter()
  If IsNull(Me.販売日) = True Or IsNull(Me.顧客ID) = True Then
    MsgBox "販売日もしくは顧客IDが未入力です", vbExclamation, "確認"
    Me.販売ID.SetFocus
  End If
End Sub
```

アイコンとタイトルを追加

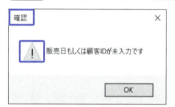

**図17**　メッセージボックスの拡張

**表1**　アイコンの種類

| コード | 内容 |
| --- | --- |
| vbCritical | 警告 |
| vbQuestion | 問い合わせ |
| vbExclamation | 注意 |
| vbInformation | 情報 |

## 9-1-3　「商品ID」変更に伴う入力

今度は、「販売入力サブ」フォームの「商品ID」を変更したら、対応する「商品マスター」テーブルの「定価」の値が「単価」に入るという動きを実装してみましょう。

**図18**　イメージ

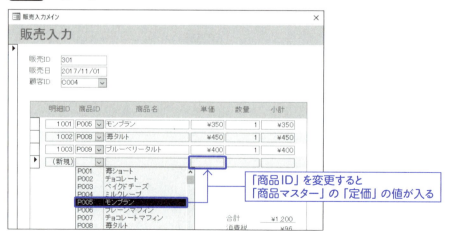

「商品ID」を変更すると「商品マスター」の「定価」の値が入る

実行したいきっかけは「「商品ID」を変更したら」です。

「販売入力サブ」フォームをデザインビューで開き、「商品ID」コンボボックスを選択してプロパティシートの「イベント」タブを開きます。「変更時」という項目の右端の …をクリックします（**図19**）。

**図19** 「商品ID」コンボボックスの変更時イベント

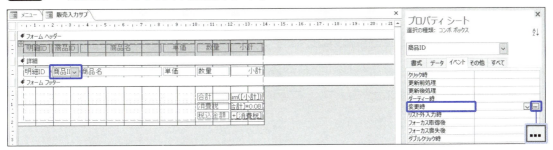

「ビルダーの選択」ウィンドウで「コードビルダー」を選択してVBEを開くと、今度は「Form_販売入力サブ」モジュールと、その中に「商品ID_Change」プロシージャが作成されました（**図20**）。

**図20** モジュールとプロシージャが作成された

まずは解説のため**コード5**のように記述してみましょう。

**コード5** 「商品ID_Change」プロシージャ

「モジュール名.コントロール名.プロパティ(属性)=値」のように書きます。この場合のイコールは、「左辺と右辺が等しい」ではなく、「左辺へ右辺を入れる」というニュアンスです。

「モジュール名.コントロール名.プロパティ へ 100 を入れる」、つまり、「販売入力サブ」フォームの「単価」テキストボックスの「値」へ「100」を入れるという意味になります。

## CHAPTER 9 VBA による Access の操作

　今回も同じモジュール内のコントロールを指定するので、モジュール名は「Me」と書くことができます。また、テキストボックスの場合は「.Value」が規定値なので、さらに**コード6**のように省略することもできます。

---

**コード6** 「商品ID_Change」プロシージャ

```
Private Sub 商品ID_Change()
    Me.単価 = 100  ←「.Value」は既定値なので省略可
End Sub
```

---

　さて、実際に入れたい数値は100ではなく、変更した「商品ID」に対応する「定価」です。その部分を直すと、**コード7**になります。

---

**コード7** 「商品ID_Change」プロシージャ

```
Private Sub 商品ID_Change()
    Me.単価 = DLookup("定価", "商品マスター", "商品ID='" & Me.商品ID & "'")
End Sub
```

---

　右辺にDLookup関数を使っています。この関数は「DLookup(取り出したいフィールド名,対象テーブル／クエリ名,条件)」のように指定することで、テーブルから任意のデータを取り出すことができます。

　ここで、クエリの条件を書く際のルールとして、日付は「#」、文字列は「'」もしくは「"」で囲むというルール（**2-2-2** 35ページ）があったことを覚えていますか？　VBAでも似ていて、文字列は「"」で囲みます。

　DLookup関数のパラメーターは「"」で囲んで記述するのですが、ここへ「'」や「フォーム上のコントロールの値」を結合させながら書くため、**図21**のような形で記述します。

300

**図21** 変数を含んだ関数のパラメーターの書き方

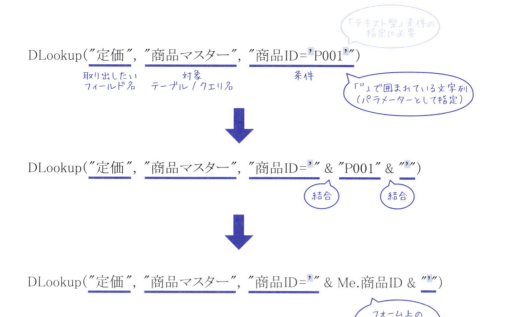

さらに、「商品ID」が変更されたら、「数量」に1が入るようにしてみましょう。**コード8**のようになります。

**コード8** 「商品ID_Change」プロシージャ

```
Private Sub 商品ID_Change()
  Me.単価 = DLookup("定価", "商品マスター", "商品ID='" & Me.商品ID & "'")
  Me.数量 = 1    ←「数量」に1を入れる
End Sub
```

ここまでコードを記述すると、**図22**のようになります。

**図22** コードを記述した「商品ID_Change」プロシージャ

# CHAPTER 9　VBAによるAccessの操作

Accessの画面に戻って、いったん「販売入力サブ」フォームを保存して閉じ、動作確認をしてみましょう。

「メニュー」フォームから、「販売入力メイン」フォームを開きます。任意レコードの「商品ID」を変更すると「商品ID_Change」プロシージャが実行され、「単価」と「数量」が入力されました（図23）。「商品ID」が変わるたび、「商品マスター」テーブルで対応した「定価」の値が、「単価」に入力されます。

**図23**　動作確認

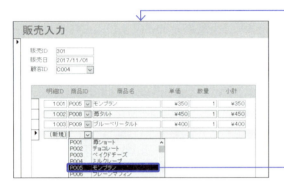

## 9-1-4　数値を正の整数のみに制限する

入力フォームには、数量や価格など、数値を入力する部分がありますが、現状ではマイナスの数値や、小数点以下の数値も入力することができてしまいます。これらを不可にしてみましょう。

例として、「販売入力サブ」フォームの「数量」テキストボックスに対して、「テキストボックスからフォーカスが離脱したときに数値をチェックする」といったものにします。

「販売入力サブ」フォームをデザインビューで開き、イベントプロシージャを作成しましょう。

**図24**　フォーカス喪失時のイベントプロシージャを作成

なお、コントロールによっては「フォーカス取得後」「フォーカス取得時」、「フォーカス喪失後」「フォーカス喪失時」のようによく似た名称のイベントが存在するものがあります。

図24のように、「フォーカス喪失後」は「LostFocus」イベントで、「フォーカス喪失時」は「Exit」イベントのように割り振られていて、「Exit」イベントは「LostFocus」イベントの前に実行されます。

今回は「フォーカス喪失時」の「Exit」イベントを使います。

「Form_販売入力サブ」モジュールの中に「数量_Exit」プロシージャができたら、その中に**コード9**を書きます。

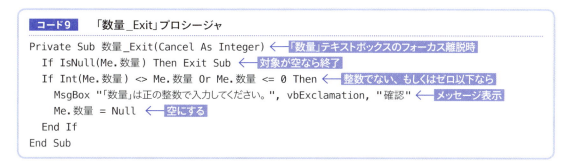

**コード9** 「数量_Exit」プロシージャ

```
Private Sub 数量_Exit(Cancel As Integer)  ← 「数量」テキストボックスのフォーカス離脱時
  If IsNull(Me.数量) Then Exit Sub  ← 対象が空なら終了
  If Int(Me.数量) <> Me.数量 Or Me.数量 <= 0 Then  ← 整数でない、もしくはゼロ以下なら
    MsgBox "「数量」は正の整数で入力してください。", vbExclamation, "確認"  ← メッセージ表示
    Me.数量 = Null  ← 空にする
  End If
End Sub
```

これで、数値を正の整数のみに制限することができました。

「販売入力サブ」フォームの「単価」や、「商品マスター登録」フォームの「原価」「定価」にも、コントロール名のみを変更して同じ記述をすると、それぞれ同じ機能が実装できます（**図25**、**図26**）。

**図25** 「Form_販売入力サブ」モジュール

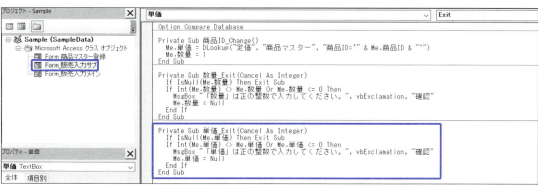

**図26** 「Form_商品マスター登録」モジュール

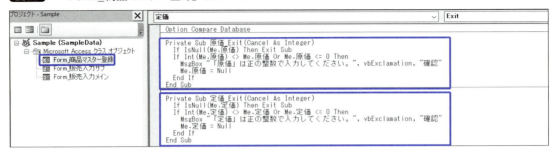

ただし、これらはコントロール名とメッセージの一部が違うだけで、書き方はほとんど同じです。このような「似ている処理を複数回書く」部分は、もっと効率化して書くことができるので、そちらは **9-2-2**（315ページ）で解説します。

## 9-1-5 テキスト型の新規IDを自作して既定値にする

次に、レコードを新規に登録するときのIDについて考えてみましょう。「販売ID」「明細ID」はオートナンバー型なので、書き込むたびに自動で決定しますが、「商品ID」「顧客ID」は「アルファベット＋連番」のテキスト型なので、自分で最終番号を調べて入力しなければなりません。これを自動化できたら便利ですよね。

**図27** 「商品マスター登録」フォームのレコード移動時イベント

「商品マスター登録」フォームをデザインビューで開き、プロパティシートから「レコード移動時」のイベントプロシージャを作成します（図27）。

作成された「Form_Current」プロシージャに（図28）、**コード10**のように書きます。

**図28** 「Form_Current」プロシージャ

## 9-1 VBAによる機能の実装

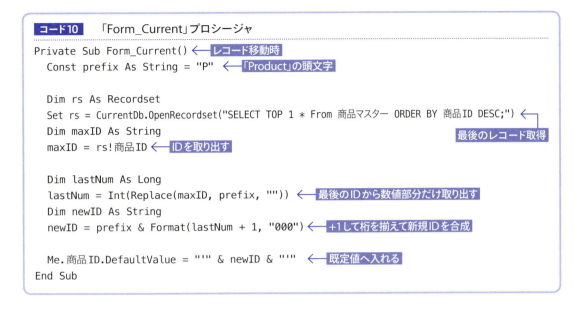

**コード10** 「Form_Current」プロシージャ

```
Private Sub Form_Current()    ← レコード移動時
  Const prefix As String = "P"    ← 「Product」の頭文字

  Dim rs As Recordset
  Set rs = CurrentDb.OpenRecordset("SELECT TOP 1 * From 商品マスター ORDER BY 商品ID DESC;")
                                                                    ← 最後のレコード取得
  Dim maxID As String
  maxID = rs!商品ID    ← IDを取り出す

  Dim lastNum As Long
  lastNum = Int(Replace(maxID, prefix, ""))    ← 最後のIDから数値部分だけ取り出す
  Dim newID As String
  newID = prefix & Format(lastNum + 1, "000")    ← +1して桁を揃えて新規IDを合成

  Me.商品ID.DefaultValue = "'" & newID & "'"    ← 既定値へ入れる
End Sub
```

「Dim」という記述がたくさん見られます。これらは「Dim 変数名 As データ型」という書き方で「このデータ型の変数を使います」という宣言をしています。変数とは一時的に値を保持できる箱のようなもので、中身を変化させることができるので、「現在の最後のID」や「合成して作成した新しいID」など毎回同じではないモノを、そのつど取得したり計算したりすることができるので、柔軟な対応ができるのです。

それに対して、2行目の「Const」は「定数」です。中身を変化させることはできないので、「値が決まっているもの」に使います。

動作確認してみると、登録されるごとに新規IDを生成して既定値が変化します（図29）。

**図29** 動作確認

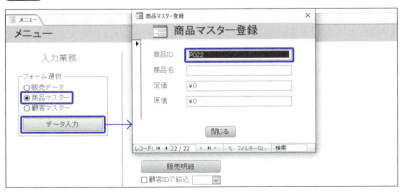

「顧客マスター登録」フォームの「レコード移動時」イベントプロシージャへも、アルファベット部分や、レコードを取り出すテーブル名、フィールド名などを変更すれば、同様の機能を付けることができます（図30）。

**図30** 「Form_顧客マスター登録」モジュール

## 9-1-6 非表示や無効化でユーザーの操作を制限する

さて、今度はこの「メニュー」フォームを、もっとユーザー向けにしてみましょう。現状は管理者が使う操作部分が多くありますが、これらを非表示にします。

のちほど「メニュー」フォームの「読み込み時」のイベントプロシージャを使うので、先にこのプロシージャを作っておきます（図31、図32）。

**図31** 「メニュー」フォームの読み込み時イベント

**図32** 「Form_Load」プロシージャ

それではまず、「ナビゲーションウィンドウ」「ドキュメントタブ」「ステータスバー」（図33）を非表示にしてみましょう。この3つは、Accessのオプションで表示設定することができます。

9-1 VBAによる機能の実装

**図33** 非表示にする部分

リボンの「ファイル」をクリックし(図34)、「オプション」をクリックします(図35)。

**図34** ファイル

**図35** オプション

307

「現在のデータベース」を選択し、「ステータスバーを表示する」「ドキュメントタブを表示する」「ナビゲーションウィンドウを表示する」のチェックをそれぞれ外します（図36）。

**図36** チェックを外す

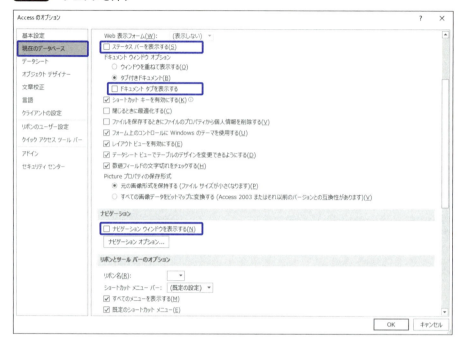

「OK」をクリックすると、図37のメッセージが表示されるので、Accessを保存して一度閉じます。

**図37** メッセージ

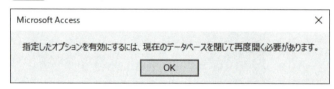

開き直すと、「ナビゲーションウィンドウ」「ドキュメントタブ」「ステータスバー」の3つが非表示になっています（図38）。

**図38** 結果

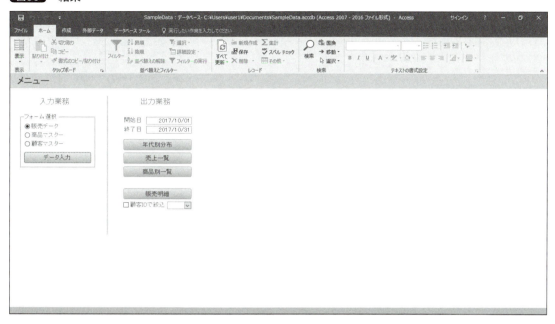

今度は、リボンを非表示にしてみましょう。それと、もしAccessの終了/起動をユーザーにさせたくないならば、右上の×を無効にすることもできるので、両方やってみましょう（図39）。これらはVBAで設定します。

**図39** リボンと閉じるボタン

さて、ここまでは「Form_＊＊」というモジュールを使ってきました。これは、該当フォームに関係するプロシージャを記述するモジュールです。

今回はフォームに依存しない、「標準モジュール」というものを使います。リボンの「作成」タブの「標準モジュール」をクリックします（図40）。

**図40** 標準モジュールを作成

すると、「Module1」という名称のモジュールができました（図41）。これはフォームなどのオブジェクトに依存しないモジュールです。このモジュールは、（非表示にしてしまいましたが）ナビゲーションウィンドウにも表示されます。

**図41** 標準モジュール

そのままでも使えますが、「名無し」のモジュールなので、「オブジェクト名」を変更してわかりやすい名称にしておくとよいでしょう（図42）。サンプルでは共通で使うという意味で「Common」という名称にしてあります。

この「Common」モジュールへ、**コード11**を書きます。「閉じる」ボタンに関してはAccessではなくWindowsの機能にアクセスする必要があるので、そのための記述です。

**図42** モジュールの名称を変更

---

**コード11** 「Common」モジュール宣言セクション

```
Public Declare Function GetSystemMenu Lib "user32" _
    (ByVal hwnd As Long, ByVal bRevert As Long) As Long
Public Declare Function DeleteMenu Lib "user32" _
    (ByVal hMenu As Long, ByVal nPosition As Long, ByVal wFlags As Long) As Long
Public Declare Function DrawMenuBar Lib "user32" _
    (ByVal hwnd As Long) As Long
```

---

記述すると図43のようになります。なお、64bit版のOfficeの場合は、「PtrSafe」の記述が必要になります。付属CD-ROMの収録サンプルでは「32bit版Office」「64bit版Office」とフォルダーが分かれており、ご自身の環境に合わせてご利用ください。

**図43** 「Common」モジュール

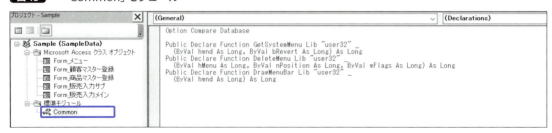

今度は「メニューを開く時」に動く、「Form_メニュー」モジュールの「Form_Load」プロシージャに、**コード12**のように書きます。2～5行目が「閉じる」ボタンに関する記述で、「Common」モジュールに書いた記述を使ってボタンを無効化します。

7行目が、リボンを無効化する記述です。

記述すると**図44**のようになります。

**図44** 「Form_メニュー」モジュール

Accessを保存していったん閉じて、開き直してみましょう。**図45**のように、かなりスッキリしました。「閉じる」ボタンはグレーアウトしていてクリックしても反応しないので、終了したい場合は Alt + F4 キーを押してください。

**図45** 結果

ウィンドウ自体を小さくすると、よりアプリケーションらしく感じられます（図46）。

元の状態にするには、まず Alt + F11 キーを押してVBEを開き、「Form_メニュー」モジュールの「Form_Load」プロシージャの7行目のコードの先頭に「'（シングルクォーテーション）」を付けます（図47）。

VBAでは「'」以降は「コメントアウト」と呼ばれ、プロシージャの動作には影響を与えないので、この状態で保存（ Ctrl + S ）します。

**図46** ウィンドウを適切なサイズに

**図47** リボン非表示部分をコメントアウト

```
Option Compare Database

Private Sub Form_Load()
    Const SC_CLOSE = &HF060
    Const MF_BYCOMMAND = &H0
    DeleteMenu GetSystemMenu(Application.hWndAccessApp, 0), SC_CLOSE, MF_BYCOMMAND
    DrawMenuBar Application.hWndAccessApp

    'DoCmd.ShowToolbar "Ribbon", acToolbarNo
End Sub
```

いったん終了（ Alt + F4 ）して開き直すとリボンが表示されているので（図48）、ここから「ファイル」→「オプション」からナビゲーションウィンドウやドキュメントタブを表示させる、という順番で行ってください。

なお、リボンを表示させると ✕ がグレーアウトしませんが、無効化は効いている状態なのでクリックしても反応しません。終了は Alt + F4 キーで行ってください。✕ の無効化を解除する場合は、**コード12**の2〜5行目をコメントアウトしてください。

**図48** リボンが表示された

# CHAPTER 9

## 9-2 コードを読みやすく、使いやすくするために

自分で書いたコードでも、数ヶ月経ってから修正しようと思うと、「ここはなにを書いたんだっけ?」と悩み、スムーズにはいかないものです。したがって、「読みやすく」「使いやすく」しておくことがとても大切です。

### 9-2-1 インデントとコメントアウト

コード13を見てみてください。9-1-2(298ページ)で使ったコードです。動作には問題ありませんが、ただ羅列してあるだけで、ちょっと読みにくいです。

**コード13** コードを羅列しただけのプロシージャ

```
Private Sub 販売入力サブ_Enter()
If IsNull(Me.販売日) = True Or IsNull(Me.顧客ID) = True Then
MsgBox "販売日もしくは顧客IDが未入力です", vbExclamation, "確認"
Me.販売ID.SetFocus
End If
End Sub
```

「Private Sub」〜「End Sub」に囲まれている部分の先頭で Tab キーを押してインデント(字下げ)を入れてみましょう。「ここからここまでが1つのプロシージャ」ということが強調されます。

**コード14** プロシージャ内をインデント

```
Private Sub 販売入力サブ_Enter()
    If IsNull(Me.販売日) = True Or IsNull(Me.顧客ID) = True Then
    MsgBox "販売日もしくは顧客IDが未入力です", vbExclamation, "確認"
    Me.販売ID.SetFocus
    End If
End Sub
```

なお、インデントのタブ間隔はデフォルトで4文字分です。筆者は2文字分にしてありますが、これは「ツール」の「オプション」(図49)にて、「タブ間隔」で変更できます(図50)。

図49 オプション

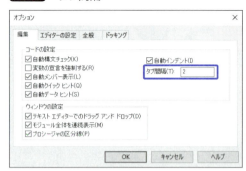

図50 タブ間隔

「If」～「End If」に囲まれている部分に、さらにインデントを入れると**コード15**のようになります。インデントのまったくないコードより、視覚的に「まとまり」が見えて解読しやすくなります。

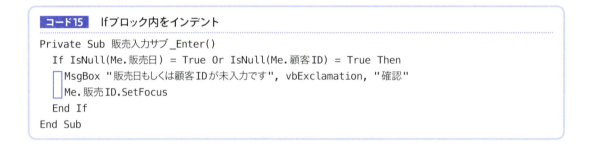

コード15　Ifブロック内をインデント

```
Private Sub 販売入力サブ_Enter()
  If IsNull(Me.販売日) = True Or IsNull(Me.顧客ID) = True Then
    MsgBox "販売日もしくは顧客IDが未入力です", vbExclamation, "確認"
    Me.販売ID.SetFocus
  End If
End Sub
```

さらに、9-1-6（312ページ）でもふれましたが、「'」以降はプロシージャの動作には影響を与えない「コメントアウト」にできるので、メモを書くこともできます

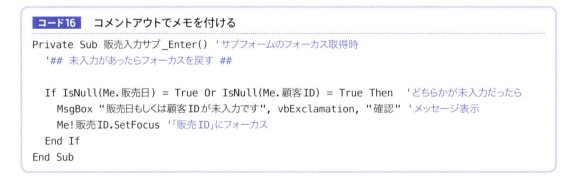

コード16　コメントアウトでメモを付ける

```
Private Sub 販売入力サブ_Enter() 'サブフォームのフォーカス取得時
  '## 未入力があったらフォーカスを戻す ##

  If IsNull(Me.販売日) = True Or IsNull(Me.顧客ID) = True Then   'どちらかが未入力だったら
    MsgBox "販売日もしくは顧客IDが未入力です", vbExclamation, "確認"   'メッセージ表示
    Me!販売ID.SetFocus   '「販売ID」にフォーカス
  End If
End Sub
```

例ではプロシージャの概要や解説文を細かく入れてありますが、入れすぎるとごちゃごちゃしてしまってかえって読みづらくなることもありますので、適宜でよいでしょう。

## 9-2-2 プロシージャを部品化して使いまわす

たくさんの処理を詰め込もうとすると、1つのプロシージャのコードが長くなりがちです。そして、プロシージャは長くなればなるほど解読しにくくなってしまうので、プロシージャを整理して分割する必要が出てきます。そのためにプロシージャの「種類」について知っておきましょう。

プロシージャには**イベントプロシージャ**と**ジェネラルプロシージャ**という種類があり、これらはプロシージャが実行される「きっかけ」が違います。

9-1で作成したプロシージャはすべてイベントプロシージャで、「ユーザーが特定の操作を行ったとき」に自動で実行されます。プロシージャの名前も「コントロール名_イベント名」と決まっていて、変更することはできません（変更するとイベントプロシージャとして認識できなくなります）。

それに対して、ジェネラルプロシージャはイベントに依存しません。実行させたいときには、走らせる「きっかけ」を明確に指定する必要があります。

一般的には別のプロシージャから呼び出して使うことが多く、特に、よく使う共通の処理などをジェネラルプロシージャにしておくと、いろんな場所から呼び出すことができ、同じコードを複数回書かなくて済むので便利です。

**図51** イベントプロシージャとジェネラルプロシージャ

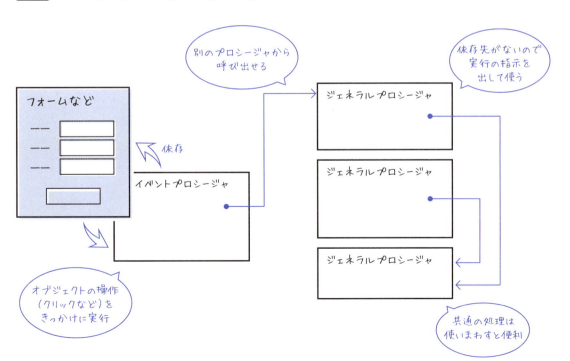

9-1-4（302ページ）で実装した「数値を正の整数のみに制限する」という機能は、2つのモジュールにわたって、似ているプロシージャを4回書きましたよね。これを、ジェネラルプロシージャを使って「使いまわせる」形にしてみましょう。

「Form_販売入力サブ」モジュールに、ジェネラルプロシージャを作ります。「Private Sub プロシージャ名()」と書いて Enter キーを押すと、自動で「End Sub」が入力されます。

**図52** ジェネラルプロシージャを作成

ここで大切なのが、「プロシージャの名前をどう付けるか」ということです。

ジェネラルプロシージャは、別の場所から「Call プロシージャ名」と書いて呼び出すことができるので、「処理内容を簡潔に表す名称」にしておいたほうが、呼び出した側のコードが断然読みやすくなります。

ここでは「checkNumber」という「動詞＋名詞」で区切り文字を大文字にしてつなげていく形にしています。モジュール名は大文字から始める、プロシージャ名は小文字から始める、などのルールを決めておくとよいでしょう。

**図53** 具体的なプロシージャ名

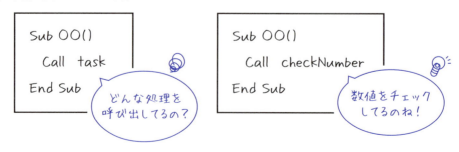

次に、「数量_Exit」プロシージャの中身を「checkNumber」プロシージャへ移します（図54）。

9-2　コードを読みやすく、使いやすくするために

**図54**　中身を移す

```
Option Compare Database

Private Sub 商品ID_Change()
    Me.単価 = DLookup("定価", "商品マスター", "商品ID='" & Me.商品ID & "'")
    Me.数量 = 1
End Sub

Private Sub 数量_Exit(Cancel As Integer)

End Sub

Private Sub 単価_Exit(Cancel As Integer)
    If IsNull(Me.単価) Then Exit Sub
    If Int(Me.単価) <> Me.単価 Or Me.単価 <= 0 Then
        MsgBox "「単価」は正の整数で入力してください。", vbExclamation, "確認"
        Me.単価 = Null
    End If
End Sub

Private Sub checkNumber()
    If IsNull(Me.数量) Then Exit Sub
    If Int(Me.数量) <> Me.数量 Or Me.数量 <= 0 Then
        MsgBox "「数量」は正の整数で入力してください。", vbExclamation, "確認"
        Me.数量 = Null
    End If
End Sub
```

　そして、図55のように「Call」で呼び出す記述を書けば、「数量_Exit」イベントプロシージャが動いたときに、「checkNumber」ジェネラルプロシージャが呼び出されて、結果的に同じ動きをすることができます。

**図55**　Callで呼び出す

```
Option Compare Database

Private Sub 商品ID_Change()
    Me.単価 = DLookup("定価", "商品マスター", "商品ID='" & Me.商品ID & "'")
    Me.数量 = 1
End Sub

Private Sub 数量_Exit(Cancel As Integer)
    Call checkNumber
End Sub

Private Sub 単価_Exit(Cancel As Integer)
    If IsNull(Me.単価) Then Exit Sub
    If Int(Me.単価) <> Me.単価 Or Me.単価 <= 0 Then
        MsgBox "「単価」は正の整数で入力してください。", vbExclamation, "確認"
        Me.単価 = Null
    End If
End Sub

Private Sub checkNumber()
    If IsNull(Me.数量) Then Exit Sub
    If Int(Me.数量) <> Me.数量 Or Me.数量 <= 0 Then
        MsgBox "「数量」は正の整数で入力してください。", vbExclamation, "確認"
        Me.数量 = Null
    End If
End Sub
```

呼び出す

　さて、これで「数量」テキストボックスをチェックすることはできますが、それだけです。あと3つは、このままでは使えませんよね。「数量」なら「数量をチェック」、「単価」なら「単価をチェック」という内容にしなければ意味がありません。これを実現するために、「引数」というものを使います。

図56のように、「checkNumber」プロシージャのかっこの中に変数を宣言して、呼び出す側の記述の後ろに渡したい値を指定します。こうすることで、値を渡しながらプロシージャを呼び出すことができるのです。

**図56** 値を引き渡してプロシージャを呼び出す

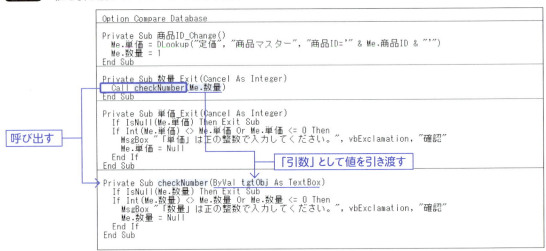

あとは、「checkNumber」プロシージャの中身を、渡された引数で置き換えます（図57）。

**図57** 中身を引数で置き換える

これで、「単価_Exit」からも、引数を変えて呼び出せば、「checkNumber」プロシージャを使いまわすことができます（図58）。

**図58** 別のプロシージャからも呼び出せる

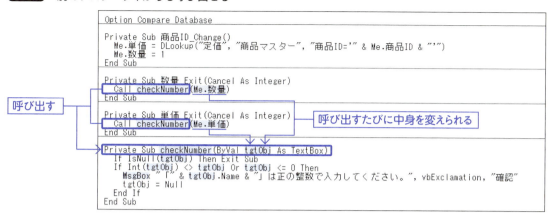

## 9-2-3 PrivateとPublic

9-2-2（316ページ）で作成した「checkNumber」プロシージャは、「Form_商品マスター登録」からも使いたいですよね。これは別モジュールになるので、図59のように「モジュール名.プロシージャ名（引数）」で指定します。

**図59** 別モジュールから呼び出す

でもこのままでは、「商品マスター登録」フォームの「原価」「定価」を変更したとき、図60のようなエラーが出てしまいます。「checkNumber」プロシージャを呼び出そうとしているのに、「見つかりません」と言っているのです。

コードを打ち込むとVBEは続きの候補を出してくれますが、そもそも「checkNumber」プロシージャは候補に挙がってきません（図61）。候補にないということは、使えないのです。

**図60** エラー画面

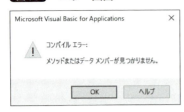

**図61** 使いたいプロシージャが候補に挙がらない

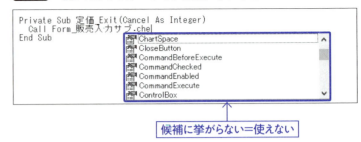

候補に挙がらない＝使えない

　なぜ、「checkNumber」プロシージャは使えないのでしょうか？　これは、プロシージャの頭に「Private」と記述してあるからです。
　この「Private」には、「同じモジュール内でしか使えない」という意味があります。「Private」なプロシージャは、同じモジュール内のプロシージャからでないと呼び出すことができないのです。
　他のモジュールからも自由に呼び出せるようにするには、「Public」に置き換えます（**図62**）。
　なお、「Public」は省略可能です。頭に「Private」も「Public」も付いていないプロシージャは「Public」と判断されます。

**図62** Publicにする

　Publicなプロシージャに変更すると、別のモジュールからでも呼び出せるので「checkNumber」プロシージャが候補に挙がるようになります（**図63**）。
　ただし、「どこからでも呼び出せる」というのは、それだけ干渉する隙が多く無防備だということになるので、基本的にはPrivateを使うのがよいでしょう。

## 9-2 コードを読みやすく、使いやすくするために

**図63** プロシージャが候補に挙がった

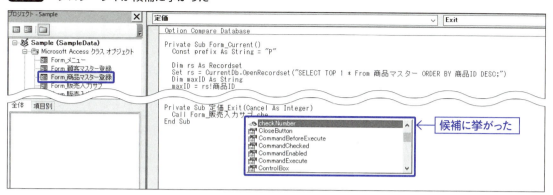

さて、これでモジュールをまたいで4箇所から「checkNumber」プロシージャを呼び出せるようになったわけですが、現状「checkNumber」プロシージャは「Form_販売入力サブ」モジュールに書いてあります。これは、適切でしょうか？

フォームモジュールへは、「そのフォームに関係するプロシージャ」のみが書かれているべきです。使われ方を考えると、共通で使う「Common」モジュールにあったほうが自然です。したがって、「checkNumber」プロシージャを「Common」モジュールに移動します（図64）。

**図64**　「Common」モジュールへ

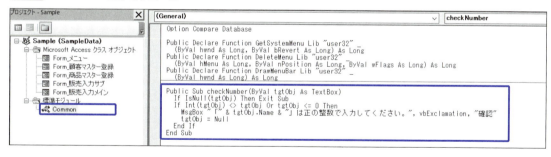

それに伴い、呼び出す側も「Common」モジュールからの指定になります（図65、図66）。

**図65**　「Form_販売入力サブ」モジュール

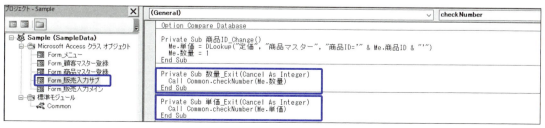

**図66** 「Form_商品マスター登録」モジュール

なお、標準モジュールに書かれたPublicプロシージャは、別モジュールから呼び出すときにモジュール名を省略することができます（図67）。

**図67** モジュール名を省略した例

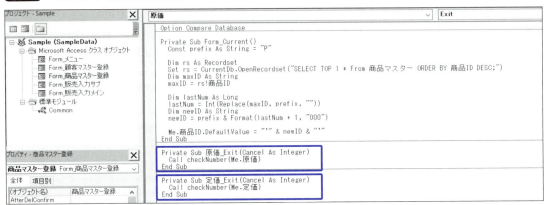

しかし、「どこのモジュールに書かれているか」が特定できたほうがメンテナンスしやすいので、特別な理由がなければ省略しなくてもよいでしょう。

## 9-2-4 SubプロシージャとFunctionプロシージャ

ここまで見てきたプロシージャは、「(Private/Public) Sub プロシージャ名 ()」という形でした。この形をSub（サブルーチン）プロシージャと呼びます。

そのほかに、Function（ファンクション）プロシージャという種類もあります。Subプロシージャとの違いは、「Callで呼び出せない」ことと、「実行後、指定したデータ型の値を取得できる」という

特徴があります。

たとえば、**9-2-2**、**9-2-3**で使ってきた「checkNumber」プロシージャは、「値チェック」の結果、「メッセージ出力」「クリア」の処理まで含めたプロシージャです。

もしも「値チェック」以降の処理が共通でないなら、「値チェック」だけを行って、その結果がOKかNGかということがわかるFunctionプロシージャのほうが便利です。

図68が、「値チェック」のみをFunctionプロシージャにした例です。「(Private/Public) Functionプロシージャ名() As データ型」のように書きます。

**図68** Functionプロシージャを使った例

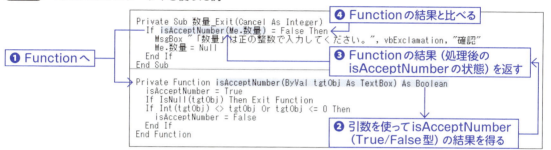

Functionは関数という意味ですが、これまでに使ってきた数式の中にも、関数がたくさんありましたよね。「=Date()」というのは本日を日付型で取得する関数ですし、「=Sum()」も合計を数値型で取得する関数です。

ほかにも、空かどうか判定する「=IsNull()」や数値かどうかを判定する「=IsNumeric()」などは、TrueかFalseを取得するBoolean型の関数です。

Functionプロシージャは、このような関数を自作して使うことができるのです。

## 9-2-5 モジュールを削除するには

コードを書いているうちに、作成したモジュールが不必要になる場合があります。こういったものを残しておくとノイズとなり、のちにメンテナンスで邪魔になってしまうので、削除してしまいましょう。

モジュールの削除は「解放」と表現され、右クリックから「＊＊の解放」を選択します（図69）。

モジュールを解放する前に図70のようなメッセージが表示されます。エクスポートして保存しておくと、別のAccessファイルでこのモ

**図69** 標準モジュールの解放

ジュールをインポートして使うことができます。

この手順で削除できるのは標準モジュールで、フォームモジュールの場合は「＊＊の解放」がグレーアウトしていて、ここからは解放できません（図71）。

**図70** エクスポートの確認

**図71** フォームモジュールの場合

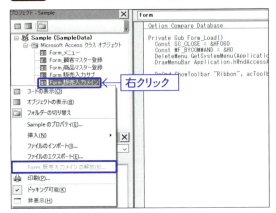

フォームモジュールを削除したい場合、フォームをデザインビューまたはレイアウトビューで開き、プロパティシート「その他」タブの「コードの保持」を「いいえ」にします（図72）。

**図72** コードの保持をいいえに

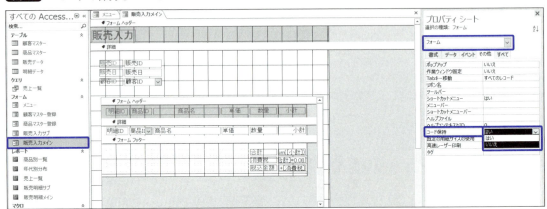

確認メッセージが表示され（図73）、「はい」をクリックするとフォームモジュールが削除できます。レポートモジュールの場合も同様です。

**図73** 確認メッセージ

# CHAPTER 9

## 9-3 非連結フォームでのテーブルの更新

テーブルへのデータ入力は「連結フォーム」がとても便利ですが、デメリットも考えられます。最後に、入力や編集を「非連結フォーム」で行うには、ということも考えてみましょう。

### 9-3-1 入力フォームは連結、非連結、どちらがよいか

　Accessは、テーブルやクエリをレコードソースとした「連結オブジェクト」の機能が非常に強力です。

　特に、テーブルの値がかんたんに書き換えられる「連結フォーム」が、プログラムを書くことなく作れるというのは、とても大きな魅力だといえるでしょう。

　しかしながら、「連結」してしまっている以上、フォーム上の値が問答無用でテーブルを書き換えてしまうという部分に不安を感じる場合もあるかもしれません。管理者がしくみをわかっていて使うならばまだよいですが、データベースという概念をまったく理解していないユーザーに入力業務をしてもらう機会もあるでしょう。

　たとえば、テーブルと非連結のフォームとコントロールを用意して、そこへいったん入力してから、最終的に「ボタンを押す」などの操作をきっかけに値がテーブルに書き込まれる、ということはできないのでしょうか？

　もちろん、それも可能です。ただし、作成の難易度が高くなり、それに伴い、変更や修正も難しくなるので、管理者の負担は大きくなってしまいます。

　どちらにもメリット・デメリットがあるので、使用目的やユーザーのスキルなどを考えて、最適なほうを選択するのがよいでしょう。

**図74** 連結フォームと非連結フォーム

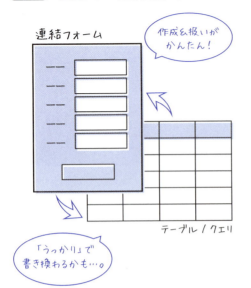
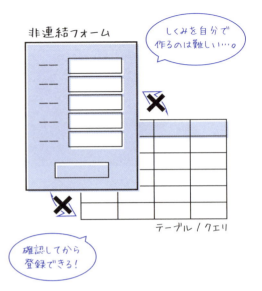

## 9-3-2 非連結入力フォームの機能とデザイン

非連結のフォームでテーブルの書き換えを行うには、いくつか方法があります。

テーブルを本番テーブルと一時保管テーブルに分け、いったん一時保管のテーブルにデータを入れてから追加クエリを使ってテーブルの中身を移して…、というのも方法のひとつです。

本書では、一時テーブルやクエリは作成せず、非連結のフォームを1つだけ使い、VBAでテーブルにデータを書き込む方法で実装したサンプルを収録しました。

CHAPTER 9のAfter2フォルダーに入っている、SampleData.accdbを開いてください。「販売入力_非連結」フォームと、それを開くボタンが「メニュー」フォームに追加されています（図75）。このボタンには、モーダルダイアログで開くマクロが設定されています。

**図75** 「メニュー」フォーム

9-3 非連結フォームでのテーブルの更新

クリックすると、「販売入力_非連結」フォームが開きます。各ボタンは図76のような役割になっており、「販売ID」はボタンで操作できるほか、直接入力でも指定できます。

**図76** 「販売入力_非連結」フォーム

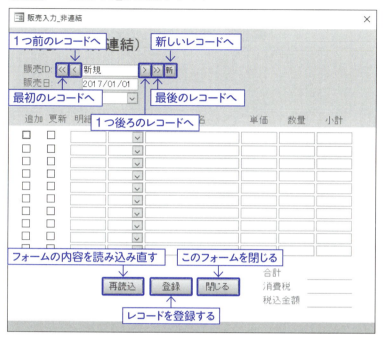

「商品ID」を選択すると（図77）、「商品名」「単価（「定価」の値を挿入）」「数量」が入力され、自動で金額の計算も行います（図78）。

**図77** 「商品ID」を選択

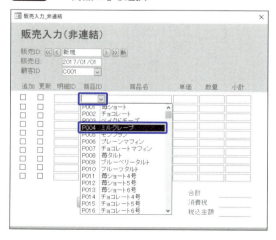

**図78** 自動入力

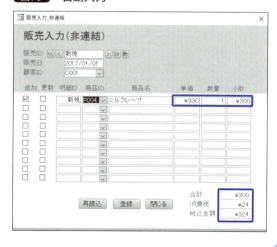

図79のように新たにデータを入力しても、これらのコントロールは非連結なので、この時点ではテーブルに影響を与えません。

したがって、ここで「再読込」ボタンをクリックすると、メッセージが表示され、保存される前の状態に戻ります（図80）。既存レコードの編集の際も、同様です。

**図79** データを入力

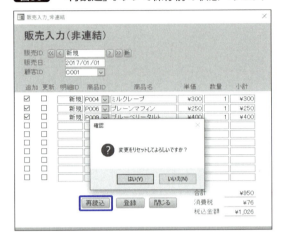

**図80** 「再読込」ボタンで保存前の状態へリセット

「登録」ボタンをクリックすると、メッセージが表示されて（図81）、レコードが確定します（図82）。

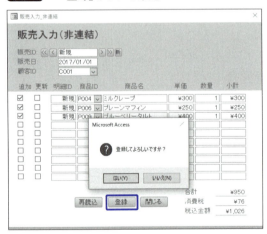

**図81** 「登録」ボタンで確定

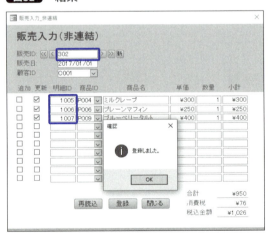

**図82** 結果

なお、レコードを削除する機能は実装していません。入力間違いの訂正は数量を0で更新、返金の場合は同じ商品を同じ数だけマイナスで更新して履歴を残します（図83）。

9-3 非連結フォームでのテーブルの更新

**図83** 訂正する

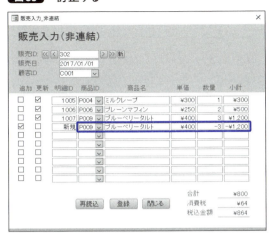

この「販売入力_非連結」フォームの主要なコントロール名は図84の通りです。

**図84** 主要コントロール名

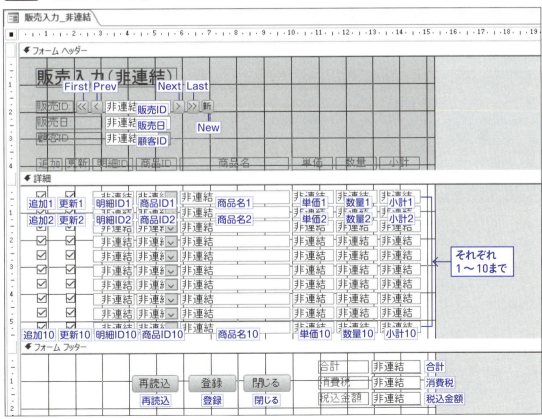

CHAPTER **9** VBA による Access の操作

## 9-3-3 各プロシージャの解説

この「販売入力_非連結」フォームに関するコードはVBEを参照してください。

使用するプロシージャはすべて「Form_販売入力_非連結」モジュールに収めてあり、役割ごとにブロック分けしています。コメントアウト（**9-2-1** 314ページ）を使って**コード17**のようなルールで書かれています。

---

**コード17**　サンプルにおけるプロシージャの書き方

```
'========== ブロック名 ==========

(Private) Sub/Function プロシージャ名 ('イベント名)
  '## プロシージャの概要 ##

  '処理

End Sub/Function
```

---

以下、ブロック単位で解説します。

**表2**　宣言セクション

| 記述 | 内容 |
|---|---|
| Option Compare Database | 文字列比較の設定 |
| Option Explicit | 変数宣言を強制する |
| Private Const RCD_CNT As Integer = 10 | 用意した明細レコードの数を定数で宣言 |
| Private isMainDataChange As Boolean | 販売データの変更有無 |
| Private isDetailDataChange As Boolean | 明細データの変更有無 |
| Private originalID As String | 情報変更前のID |

表2の上2つは、VBAプロジェクトの設定です。

上から3つ目のRCD_CNTという変数の10という数字は、明細レコード部分（**図85**）の数を指定しています。同じ処理を効率化するために「何回ループする」という使い方をしているので、そこで使用します。

### 図85　明細レコードの数

　下の3つは、このモジュール内の全プロシージャで利用できる、範囲の広い変数です。フォーム上の情報を保存する前のチェックなどで使用しています。

### 表3　フォームイベント

| プロシージャ名 | 概要 | イベント名 |
|---|---|---|
| Form_Load | フォームの初期化 | フォームの読み込み時 |

　表3は「販売入力_非連結」フォームを開いたときに実行するイベントプロシージャです。フォームを初期化する処理は複数回出てくるので、「initializeForm」というジェネラルプロシージャに実際の処理を書き、ここではそれを呼び出してるだけです。

### 表4　レコード移動ボタンのイベント

| プロシージャ名 | 概要 | イベント名 |
|---|---|---|
| First_Click | 最初のレコードへ移動 | ≪のクリック時 |
| Prev_Click | 前のレコードへ移動 | <のクリック時 |
| Next_Click | 次のレコードへ移動 | >のクリック時 |
| Last_Click | 最後のレコードへ移動 | ≫のクリック時 |
| New_Click | 新しいレコードへ移動 | 新のクリック時 |

表4はフォームに表示するレコードを移動するボタン群（図86）をクリックした時のイベントプロシージャです。

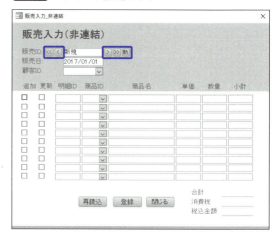

**図86** レコード移動ボタン

**表5** ほかのコントロールイベント

| プロシージャ名 | 概要 | イベント名 |
|---|---|---|
| 販売ID_Enter | 変更前のIDを格納 | 「販売ID」のフォーカス取得時 |
| 販売ID_AfterUpdate | 直接入力されたIDでフォームを再読込 | 「販売ID」の更新後処理（直接入力変更時） |
| 販売日_AfterUpdate | 販売データの変更情報を有へ | 「販売日」の更新後処理 |
| 顧客ID_AfterUpdate | 販売データに変更情報を有へ | 「顧客ID」の更新後処理 |
| 再読込_Click | フォームの再読込 | 「再読込」ボタンのクリック時 |
| 登録_Click | データの新規登録/更新 | 「登録」ボタンのクリック時 |
| 閉じる_Click | フォームを閉じる | 「閉じる」ボタンのクリック時 |

表5はメイン情報のテキストボックス、「再読込」「登録」「閉じる」（図87）をクリックすることで実行するイベントプロシージャです。

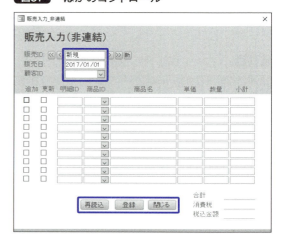

**図87** ほかのコントロール

9-3 非連結フォームでのテーブルの更新

**表6** 複数イベント用の関数

| プロシージャ名 | 概要 | イベント名 |
|---|---|---|
| 追加_Click | 1行クリアと再計算 | 「追加」チェックボックスのクリック時 |
| 商品ID_Change | 「商品名」と「単価」を読込 | 「商品ID」コンボボックスの変更時 |
| 単価_Exit | 再計算 | 「単価」テキストボックスのフォーカス喪失時 |
| 数量_Exit | 再計算 | 「数量」テキストボックスのフォーカス喪失時 |

表6は明細コードの図88の部分に変更があったら、その行（レコード）に対して処理を行うプロシージャです。「追加1_Click」のようなイベントプロシージャを「追加10_Click」まで、各10個×4種類用意してもよいのですが、数値が違うだけで処理はほとんど同じなので、これらをすべて書くのは非効率です。

そのためここでは、イベントプロシージャではなく専用の関数を自作し、それを「イベント」タブで指定しています。

それぞれの関数を「Function プロシージャ名 (i As Integer)」という形で作成しておきます（図89）。

**図88** 明細レコード用の複数イベント

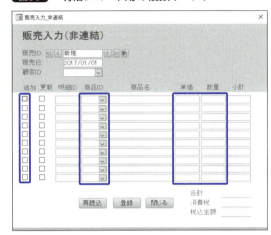

**図89** イベント用の関数

```
'========== 複数イベント用の関数 ==========
Private Function 追加_Click(i As Integer)  '「追加」チェックボックスのクリック時
    '## 1行クリアと再計算 ##
End Function

Private Function 商品ID_Change(i As Integer)  '「商品ID」コンボボックスの変更時
    '## 「商品名」と「単価」を読込 ##
End Function

Private Function 単価_Exit(i As Integer)  '「単価」テキストボックスのフォーカス喪失時
    '## 再計算 ##
End Function

Private Function 数量_Exit(i As Integer)  '「数量」テキストボックスのフォーカス喪失時
    '## 再計算 ##
End Function
```

この関数を各コントロールのイベントに「＝関数名（引数）」と記述することで、行数をそのつど変えて関数を呼び出すことができます（図90、図91）。この関数の指定を、10個のコントロールすべてに数値を変えて行っています。

### 図90　「追加1」イベントへ関数を指定

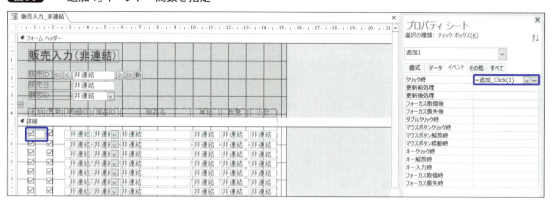

### 図91　「追加2」イベントへ関数を指定

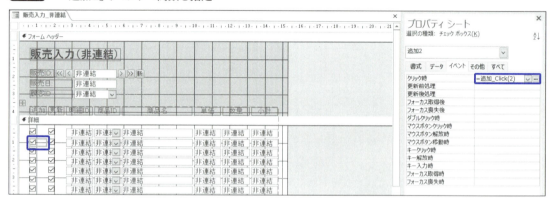

「商品ID」「単価」「数量」コントロールへも、図92〜図94のように「イベント」タブへ関数が指定してあります。これも、それぞれ10個のコントロールへ引数を変えて行っています。

### 図92　「商品ID1」イベントへ関数を指定

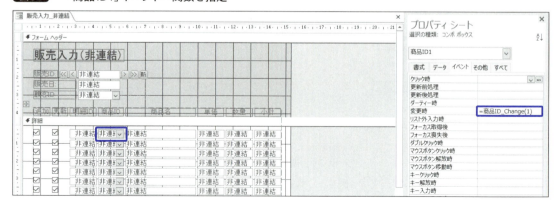

9-3 非連結フォームでのテーブルの更新

**図93** 「単価1」イベントへ関数を指定

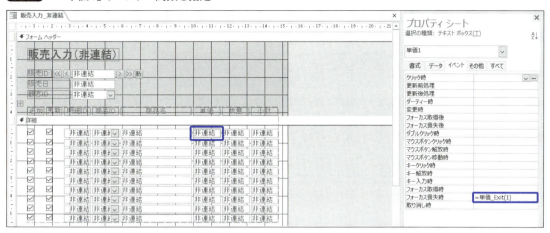

**図94** 「数量1」イベントへ関数を指定

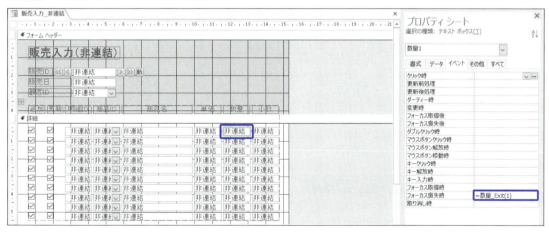

表7はレコードを移動したときなどに、移動可能かチェックしたり、データをフォームにセットしたりする関数です。「再読込_Click」イベントや、「reloadForm」プロシージャで呼び出して使っています。

**表7** データ読込用関数

| プロシージャ名 | 概要 |
| --- | --- |
| canMove | データが変更されていたらメッセージを出し、レコード移動許可を得る |
| tryMainDataSet | 販売データをフォームにセットして結果を判定 |
| tryDetailDataSet | 明細データをフォームにセットして結果を判定 |

# CHAPTER 9 VBA による Access の操作

表8は「登録_Click」プロシージャで登録を行う前のチェック処理として呼び出して使っています。

**表8** データ登録用関数

| プロシージャ名 | 概要 |
|---|---|
| hasDetailData | フォーム入力済みの明細情報が1つ以上あるか判定 |
| canDetailDaraRegister | フォーム入力済みの明細情報が登録可能か判定 |
| tryMainDataRegister | 販売テーブルへ登録して結果を判定 |
| tryDetailDataRegister | 明細テーブルへ登録して結果を判定 |

表9はいろんなプロシージャから呼び出される、使用頻度の高いプロシージャです。

**表9** フォームの初期化/クリア/読込

| プロシージャ名 | 概要 |
|---|---|
| initializeForm | フォームの初期化 |
| reloadForm | 「販売ID」を元にフォームを再読込する |
| clearMainData | 販売データ部分のクリア |
| clearDetailData | 明細データ部分のクリア |

表10は「小計」や「合計」の計算を実際に行っている部分です。こちらもいろんなプロシージャから呼び出されます。

**表10** 計算

| プロシージャ名 | 概要 |
|---|---|
| calcSubTotal | 「小計」の算出と「追加/更新」のチェック |
| calcTotal | 「合計」「消費税」「税込金額」の算出 |

表11はSQL文を処理して、フォームの値とテーブル間のやりとりをする部分です。データをテーブルから呼び出す時や、データを書き込む時に使われています。

**表11** SQLの処理

| プロシージャ名 | 概要 |
|---|---|
| getRecordSet | SELECT文に対応するレコードセットを渡す |
| tryExecute | INSERT/UPDATE文を処理して結果を判定 |

# レイアウトツール・デザインツールリファレンス

APPENDIX

# A-1 ツールの概要

レポートとフォームは、「レイアウトツール」と「デザインツール」のさまざまな機能を使って作成します。APPENDIXでは、このツール内の解説を行います。

## A-1-1 レポート/フォームによるツールの違い

　作成時に使う機能は、リボン部分に表示されます。ツール内の項目はそれぞれ「デザイン」「配置」「書式」タブで整理されており、レポートのみ「ページ設定」というタブが存在します。

**図1** レポートデザインツール

**図2** フォームデザインツール

　レポートの「ページ設定」タブに関しては、「印刷プレビュー」のツール内と同じ機能です。こちらは **4-2-2**（91ページ）で解説してあるので、**APPENDIX**では割愛します。
　ほかにも、「デザイン」タブ「グループ化と集計」「ページ番号」はレポートのみ（図3）、「配置」タブ「位置」グループの「アンカー設定」はフォームのみ（図4）など、使用できるツールに多少の違いがあります。

**図3** デザインタブの違い

**図4** 配置タブの違い

## A-1-2 ビューによるツールの違い

　ツールは、レイアウトビューの場合「レイアウトツール」、デザインビューの場合は「デザインツール」という名称です。

　レイアウトツールとデザインツールは一見同じように見えますが、よく見るとビューによって内容が微妙に違う部分があります。たとえばフォームのレイアウトツール内の「コントロール」とデザインツール内の「コントロール」では、設置できるコントロールのアイコンの数が違います（図5、図6）。

**図5** フォーム レイアウトツールのコントロール

# APPENDIX A レイアウトツール・デザインツールリファレンス

**図6** フォーム デザインツールのコントロール

このように、レポートとフォームの違い、表示するビューの違いでツールの内容が変化するので、A-2以降では表1のようなアイコンを使ってビューを表し、

**表1** 各ビューを表すアイコン

| アイコン | ビュー |
|---|---|
|  | デザインビュー |
|  | レイアウトビュー |
|  | データシートビュー |

表2のように、その機能が存在する場合のみ、ビューのアイコンを記載して解説します。本文中で詳細な解説がある場合は、そのページ数も記載しています。

**表2** 解説の例

| アイコン | 名称 | 概要 | レポート | フォーム | 参考 |
|---|---|---|---|---|---|
| 機能のアイコン画像 | 機能の名称 | 内容の解説 |  |  | 解説ページ数 |

なお、データシートビューは一部のフォームのみでしか表示されません（**3-1-5** 44ページ）。

データシートビューでは「デザイン」「配置」「書式」のタブが存在しないので、同等の機能の場所へアイコンを掲載しています。

# APPENDIX A-2 デザインタブ

コントロールを配置するなど、レポート/フォーム自体の大枠的な設定に関するツールです。

## A-2-1 表示

選択してクリックすることで、ビューを切り替えます。画面右下のステータスバーからも切り替えられます。

**図7** 表示グループ

**表3** 表示

| アイコン | 名称 | レポート | フォーム | 参考 |
|---|---|---|---|---|
| レポートビュー(R) | レポートビュー | ✓ ✓ | — | 3-1-2 (41ページ) |
| フォームビュー(F) | フォームビュー | — | ✓ ✓ ✓ | 3-1-2 (41ページ) |
| 印刷プレビュー(V) | 印刷プレビュー | ✓ ✓ | — | 3-1-4 (43ページ) |
| データシートビュー(H) | データシートビュー | — | ✓ ✓ ✓ | 3-1-5 (44ページ) |
| レイアウトビュー(Y) | レイアウトビュー | ✓ ✓ | ✓ ✓ ✓ | 3-1-3 (42ページ) |
| デザインビュー(D) | デザインビュー | ✓ ✓ | ✓ ✓ ✓ | 3-1-1 (40ページ) |

# APPENDIX A レイアウトツール・デザインツールリファレンス

## A-2-2 テーマ

配色やフォントなどの全体的な見た目を変更します。

**図8** テーマグループ

**表4** テーマ

| アイコン | 名称 | 概要 | レポート | フォーム |
|---|---|---|---|---|
| テーマ | テーマ | 色やフォントなど、全体のデザインを変更します | 📐 📋 | 📐 📋 📑 |
| 配色 ▼ | 配色 | 全体的な色合いを変更します | 📐 📋 | 📐 📋 📑 |
| フォント ▼ | フォント | 本文または見出しのフォントを使って書式設定されたテキストに対して、フォントセットを適用します | 📐 📋 | 📐 📋 📑 |

## A-2-3 グループ化と集計

レコードをグループ化し、合計やレコード数を算出する機能です。レポートのみ使用できます。

**図9** グループ化と集計グループ

**表5** グループ化と集計

| アイコン | 名称 | 概要 | レポート | フォーム | 参考 |
|---|---|---|---|---|---|
| グループ化と並べ替え | グループ化と並べ替え | レコードをグループ化したり並べ替えをしたりして、レポートを見やすくします | 📐 📋 | — | 4-1-3 (74ページ)<br>5-3-4 (161ページ) |
| Σ 集計 ▼ | 集計 | グループの合計や平均、レコード数などを挿入します | 📐 📋 | — | 4-1-3 (77ページ)<br>5-3-3 (156ページ) |
| 詳細の非表示 | 詳細の非表示 | 「詳細」セクションの表示/非表示を切り替えます。複数レベルでグループ化されている場合、1つ下のレベルのレコードを非表示にします | 📐 📋 | — | — |

342

## A-2-4 コントロール

配置可能なコントロールを一覧表示し、選択して挿入することができます。

**図10** コントロールグループ

**表6** コントロールボックス

| アイコン | 名称 | 概要 | レポート | フォーム | 参考 |
|---|---|---|---|---|---|
| | 選択 | コントロール、セクションなどのオブジェクトの選択、ドラッグで位置の変更ができます | ✓ ✓ | ✓ ✓ | 5-2-3 (133ページ) |
| ab| | テキストボックス | 値の直接入力のほか、レコードごとのフィールド、関数を使って変化する内容を表示できます | ✓ ✓ | ✓ ✓ | 3-5-1 (61ページ)<br>7-2-3 (237ページ) |
| Aa | ラベル | タイトルなどのテキストや、他のコントロールに関連付いて、その標題を表示します | ✓ ✓ | ✓ ✓ | 3-5-1 (60ページ)<br>4-3-2 (111ページ) |
| xxxx | ボタン | ユーザーにクリックさせて、マクロなどの条件として利用できるコントロールです | ✓ ✓ | ✓ ✓ | 3-5-1 (62ページ)<br>8-2-2 (259ページ) |
| | タブコントロール | 「タブページ」と呼ばれる領域を設置し、その中に配置したコントロールの表示を、タブによって切り替えることができます | ✓ ✓ | ✓ ✓ | 6-3-4 (211ページ) |
| | リンク | Webページや別のファイルを開くためのリンクを作ります。データベース内の別のレポートやフォームへ移動することもできます | ✓ ✓ | ✓ ✓ | 6-3-5 (214ページ) |
| | Webブラウザーコントロール | フォーム内にWebサイトを閲覧する領域を作ります | — | ✓ ✓ | 6-3-4 (211ページ) |
| | ナビゲーションのコントロール | 1つのフォーム内で、複数のレポート/フォームオブジェクトをタブ切り替えで閲覧することができます | — | ✓ ✓ | 6-3-4 (209ページ) |
| XYZ | オプショングループ | 複数のうち「どれか1つしか選択できない」コントロールの領域を作成します | ✓ | ✓ | 6-3-3 (207ページ) |
| | 改ページの挿入 | 印刷時に、挿入した位置から次のページに切り替わります | ✓ | ✓ | 4-3-1 (107ページ)<br>5-4-1 (165ページ) |
| | コンボボックス | ドロップダウンで複数の項目を表示して、ユーザーに選択させるコントロールです | ✓ ✓ | ✓ ✓ | 3-5-1 (61ページ)<br>6-3-3 (200ページ) |
| | グラフ | データベース内のデータを使ってグラフを作成できます | ✓ | ✓ | 6-3-4 (212ページ) |
| | 直線 | 直線を描画することができます。コントロール同士を視覚的に区切るときなどに使います | ✓ | ✓ | 4-1-4 (85ページ) |

# APPENDIX A レイアウトツール・デザインツールリファレンス

| アイコン | 名称 | 概要 | レポート | フォーム | 参考 |
|---|---|---|---|---|---|
| | トグルボタン | ON/OFF の「どちらか」をマクロなどの条件として利用できるボタンです | ✓ | ✓ | 6-3-3（207ページ） |
| | リストボックス | 複数の項目を表示して、ユーザーに選択させるコントロールです。コンボボックスと似ていますが直接入力はできません | ✓✓ | ✓✓ | 6-3-3（202ページ） |
| | 四角形 | 四角形を描画することができます。仕切りや装飾などに使います | ✓ | ✓ | — |
| | チェックボックス | ON/OFF の「どちらか」をマクロなどの条件として利用できるコントロールです | ✓✓ | ✓✓ | 6-3-3（207ページ）<br>8-4-4（281ページ） |
| | 非連結オブジェクトフレーム | ExcelやWordなど、別の形式のファイルをAccessと連携して編集可能な形（OLE機能）で保持できるコントロールです | ✓ | ✓ | 6-3-5（220ページ） |
| | 添付ファイル | 「添付ファイル」型のフィールドを持つテーブルと連結し、ファイルの添付、閲覧を行うコントロールです | ✓✓ | ✓✓ | 6-3-5（215ページ） |
| | オプションボタン | 選択肢を複数用意して、ユーザーに選択させるコントロールです。オプショングループと併用して使います | ✓ | ✓ | 6-3-3（207ページ） |
| | サブレポート/サブフォーム | レポート/フォームの中に別のレポート、フォーム、クエリなどのオブジェクトを埋め込んだり、1対多の関係を持つテーブルのレコードを絞り込んで表示したりすることができます | ✓ | ✓✓ | 5-1-3（119ページ）<br>7-2-1（226ページ） |
| | 連結オブジェクトフレーム | 「OLEオブジェクト」型のフィールドを持つテーブルと連結し、別形式のファイルを編集可能な形で保持できるコントロールです | ✓ | ✓ | 6-3-5（215ページ） |
| | イメージ | レポート、フォーム上に画像を表示するコントロールです | ✓✓ | ✓✓ | 5-2-2（131ページ）<br>6-3-5（215ページ） |

　なお、フォームにてプロパティシートの「規定のビュー」が「帳票フォーム」の場合、「Webブラウザーコントロール」「ナビゲーションのコントロール」など、使用できないコントロールがあります。

**表7** イメージの挿入

| アイコン | 名称 | 概要 | レポート | フォーム | 参考 |
|---|---|---|---|---|---|
| イメージの挿入 ▾ | イメージの挿入 | ファイル名と位置を指定して、画像を挿入します | ✓✓ | ✓✓ | 5-2-2（131ページ） |

344

A-2　デザインタブ

## A-2-5　ヘッダー/フッター

タイトルや日付など、文書の大枠部分を設定します。

**図11**　ヘッダー/フッターグループ

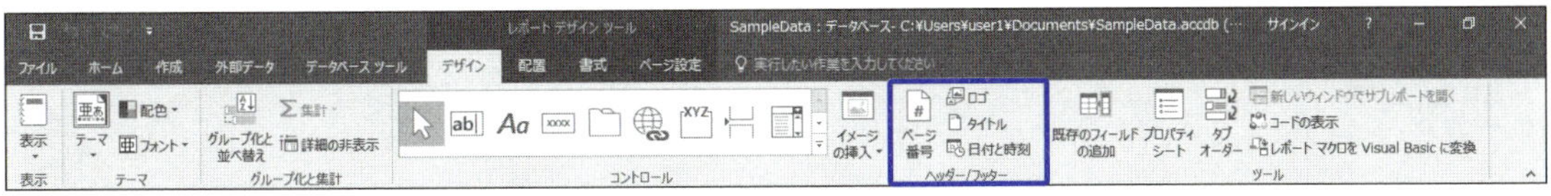

**表8**　ヘッダー/フッター

| アイコン | 名称 | 概要 | レポート | フォーム | 参考 |
|---|---|---|---|---|---|
| ページ番号 | ページ番号 | 書式や配置を選んで、レポートにページ番号を挿入します | ☑☷ | — | 5-2-2 (132ページ) |
| ロゴ | ロゴ | レポートヘッダー/フォームヘッダーに、ロゴ画像を挿入します | ☑☷ | ☑☷ | 5-2-2 (127ページ) |
| タイトル | タイトル | レポートヘッダー/フォームヘッダーに、タイトルテキストを挿入します | ☑☷ | ☑☷ | 5-2-2 (127ページ) |
| 日付と時刻 | 日付と時刻 | 書式を選択して、現在の日付や時刻を挿入します | ☑☷ | ☑☷ | 5-2-2 (128ページ) |

345

# APPENDIX A レイアウトツール・デザインツールリファレンス

## A-2-6 ツール

全体的な設定や、VBAを使った制御に関する項目です。

**図12** ツールグループ

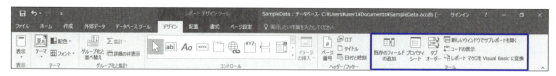

**表9** ツール

| アイコン | 名称 | 概要 | レポート | フォーム | 参考 |
|---|---|---|---|---|---|
| 既存のフィールドの追加 | 既存のフィールドの追加 | 「フィールドリスト」ウィンドウを表示します。現在追加可能なフィールドが表示され、ドラッグで挿入できます | ✓✓ | ✓✓✓ | 3-3-1 (47ページ) |
| プロパティシート | プロパティシート | 「プロパティシート」ウィンドウを表示します。レポート/フォームの全体的な設定や、中に配置されているオブジェクト1つ1つについての設定を一覧で確認したり、変更したりすることができます | ✓✓ | ✓✓✓ | 3-3-2 (48ページ) |
| タブオーダー | タブオーダー | Tabキーを押した時に動くフォーカスの順番を変更します | ✓ | ✓ | 6-3-1 (197ページ) |
| 新しいウィンドウでサブレポートを開く / 新しいウィンドウでサブフォームを開く | 新しいウィンドウでサブレポート/サブフォームを開く | サブレポート/サブフォームを選択している状態で、そのソースオブジェクトがレポート/フォームの場合、ソースオブジェクトを別ウィンドウで開きます | ✓ | ✓ | — |
| コードの表示 | コードの表示 | 該当のレポート/フォームモジュールのVBE画面を開きます。モジュールが存在しない場合は新たに作成されます | ✓ | ✓ | — |
| レポートマクロをVisual Basicに変換 / フォームマクロをVisual Basicに変換 | レポートマクロをVisualBasicに変換/フォームマクロをVisualBasicに変換 | コントロールのイベントに名前付きマクロが設定されている場合、そのマクロをVBAに変換してイベントプロシージャにすることができます。埋め込みマクロは変換できません | ✓ | ✓ | — |

APPENDIX

# A-3 配置タブ

挿入されたコントロールのレイアウト、大きさや位置の変更などの詳細設定ができるツールです。

## A-3-1 テーブル

コントロールの枠線や、レイアウト設定に関する項目です。

**図13** テーブルグループ

**表10** 枠線

| アイコン | 名称 | 概要 | レポート | フォーム | 参考 |
|---|---|---|---|---|---|
| 水平/垂直(B)<br>水平(H)<br>垂直(V)<br>上(T)<br>下(M)<br>なし(N) | 枠線 | コントロールの任意の位置に枠線を設定します | ✓ ✓ | ✓ ✓ | 5-2-6(145ページ)<br>7-2-3(244ページ) |
| 色(C) | 色 | 枠線の色を変更します | ✓ ✓ | ✓ ✓ | — |
| 幅(W) | 幅 | 枠線の太さを変更します | ✓ ✓ | ✓ ✓ | — |
| 境界線(O) | 境界線 | 枠線の線種を変更します | ✓ ✓ | ✓ ✓ | — |

# APPENDIX A レイアウトツール・デザインツールリファレンス

「配置」タブの「枠線」で設定できる線は、コントロール周りの「スペース」よりも外側に表示されます。詳細は146ページを参照してください。

**表11** 集合形式/表形式/レイアウトの削除

| アイコン | 名称 | 概要 | レポート | フォーム | 参考 |
|---|---|---|---|---|---|
| 集合形式 | 集合形式 | 縦並びのフィールドと左側にラベルが表示される書式形式のレイアウトを作成します | ✓ ✓ | ✓ ✓ | 3-2-1 (45ページ)<br>5-2-3 (134ページ) |
| 表形式 | 表形式 | 横並びのフィールドと上側にラベルが表示される、スプレッドシートに似たレイアウトを作成します | ✓ ✓ | ✓ ✓ | 3-2-2 (45ページ)<br>7-2-3 (237ページ) |
| レイアウトの削除 | レイアウトの削除 | コントロールに適用されたレイアウトを解除します | ✓ | ✓ | 4-1-2 (71ページ) |

## A-3-2 行と列

レイアウト上の行と列を増やしたり、一度に選択したりできます。レイアウトが設定されているコントロールを選択しているときのみ使用できます。

**図14** 行と列グループ

**表12** 行と列

| アイコン | 名称 | 概要 | レポート | フォーム | 参考 |
|---|---|---|---|---|---|
| 上に行を挿入 下に行を挿入 左に列を挿入 右に列を挿入 | 上に行を挿入<br>下に行を挿入<br>左に列を挿入<br>右に列を挿入 | 選択されたコントロールを基準に、任意の位置に空白のセルを挿入します | ✓ ✓ | ✓ ✓ | 5-2-3 (136ページ)<br>5-3-3 (157ページ) |
| レイアウトの選択 | レイアウトの選択 | 選択されたコントロールが含まれるレイアウトをすべて選択します | ✓ ✓ | ✓ ✓ | 4-1-2 (71ページ)<br>4-1-4 (86ページ) |
| 列の選択<br>行の選択 | 列/行の選択 | 選択されたコントロールが含まれるレイアウトの、同一の列/行をすべて選択します | ✓ ✓ | ✓ ✓ | 4-1-2 (70ページ)<br>4-1-3 (79ページ) |

## A-3-3 結合/分割

　レイアウトに沿ってコントロールを結合/分割できます。レイアウトが設定されているコントロールを選択しているときのみ使用できます。

**図15** 結合/分割グループ

**表13** 結合/分割

| アイコン | 名称 | 概要 | レポート | フォーム | 参考 |
| --- | --- | --- | --- | --- | --- |
| 結合 | 結合 | 選択された隣り合うコントロールを結合します |  ✓ ✓ |  ✓ ✓ | 5-2-5（140ページ）<br>7-2-3（237ページ） |
| 上下に分割 | 上下に分割 | 選択されたコントロールを2行に分割します |  ✓ ✓ |  ✓ ✓ | 7-2-3（236ページ） |
| 左右に分割 | 左右に分割 | 選択されたコントロールを2列に分割します |  ✓ ✓ | 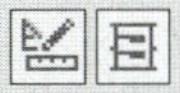 ✓ ✓ | — |

## A-3-4 移動

　選択されたコントロールのセクションを変更します。移動できるセクションが存在するときのみ使用できます。

**図16** 移動グループ

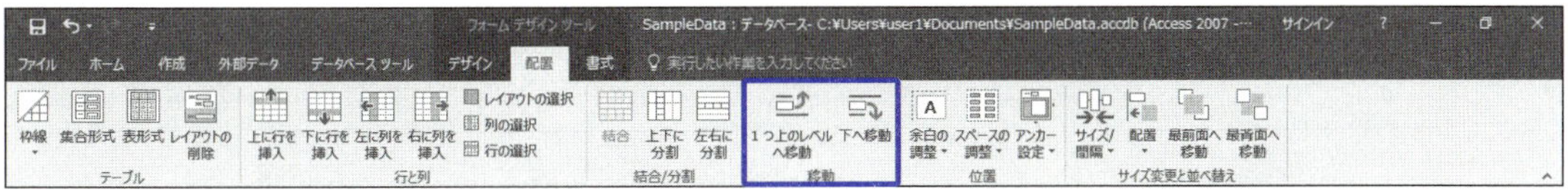

# APPENDIX A レイアウトツール・デザインツールリファレンス

**表14** 移動

| アイコン | 名称 | 概要 | レポート | フォーム | 参考 |
|---|---|---|---|---|---|
| 1つ上のレベルへ移動 | 1つ上のレベルへ移動 | 現在の位置よりも上のレベルのセクションへ移動します | ✓ ✓ | ✓ ✓ | 5-3-2 (154ページ) |
| 下へ移動 | 下へ移動 | 現在の位置よりも下のレベルのセクションへ移動します | ✓ ✓ | ✓ ✓ | 5-2-2 (129ページ)<br>7-2-3 (236ページ) |

## A-3-5 位置

選択されたコントロールの間隔を変更します。フォームのみ「アンカー設定」を使用できます。

**図17** 位置グループ

**表15** 位置

| アイコン | 名称 | 概要 | レポート | フォーム | 参考 |
|---|---|---|---|---|---|
| なし(N) / 狭い(A) / 普通(M) / 広い(W) | 余白の調整 | コントロール外側の間隔を変更します | ✓ ✓ | ✓ ✓ | 4-1-2<br>(73ページ)<br>5-2-6<br>(146ページ) |
| なし(N) / 狭い(A) / 普通(M) / 広い(W) | スペースの調整 | コントロール内側の間隔を変更します | ✓ ✓ | ✓ ✓ | 4-1-2<br>(73ページ)<br>5-2-6<br>(146ページ) |
| 左上(L) / 左右上に引き伸ばし(A) / 上下に引き伸ばし(D) / 上下左右に引き伸ばし(S) / 左下(B) / 左下右に引き伸ばし(C) / 右上(R) / 上下右に引き伸ばし(T) / 右下(J) | アンカー設定 | コントロールをセクションや別のコントロールに関連付けて、そのセクションや別のコントロールが移動またはサイズ変更されたときにコントロールも移動またはサイズ変更されるようにします | — | ✓ ✓ | 6-3-2<br>(198ページ) |

## A-3-6 サイズ変更と並べ替え

複数のコントロールの大きさ、間隔、位置などを揃えたり、重なりの順番を変更したりできます。デザインツールでのみ使用できます。

**図18** サイズ変更と並べ替えグループ

**表16** サイズ変更と並べ替え

| アイコン | 名称 | 概要 | レポート | フォーム | 参考 |
|---|---|---|---|---|---|
| サイズ<br>自動調整(F)<br>高いコントロールに合わせる(T)<br>低いコントロールに合わせる(S)<br>グリッドに合わせる(O)<br>広いコントロールに合わせる(W)<br>狭いコントロールに合わせる(N) | サイズ<br>自動調整 | 選択されている複数のコントロールのサイズを変更します。選択された中で条件に合うもの、またはグリッド基準や内容に合わせて自動でサイズを合わせます | ✓ | ✓ | 4-1-3 (80ページ)<br>5-3-2 (156ページ) |
| 間隔<br>左右の間隔を均等にする(Q)<br>左右の間隔を広くする(I)<br>左右の間隔を狭くする(D)<br>上下の間隔を均等にする(E)<br>上下の間隔を広くする(V)<br>上下の間隔を狭くする(C) | 間隔 | 選択されている複数のコントロール同士の間隔を変更します | ✓ | ✓ | ― |
| グリッド<br>グリッド(R) | グリッド | デザインビューで描写される格子状の補助線（グリッド）の表示/非表示を切り替えます | ✓ | ✓ | ― |
| ルーラー(L) | ルーラー | デザインビューで上辺と左辺に描写される目盛り（ルーラー）の表示/非表示を切り替えます | ✓ | ✓ | 5-2-3 (137ページ)<br>5-2-6 (144ページ) |
| スナップをグリッドに合わせる(N) | スナップをグリッドに合わせる | グリッドにコントロールを吸着させる機能のON/OFFを切り替えます | ✓ | ✓ | ― |
| グループ化<br>グループ化(G)<br>グループ解除(U) | グループ化 | 複数のコントロールをグループ化/グループ解除します | ✓ | ✓ | ― |

**表17** 配置

| アイコン | 名称 | 概要 | レポート | フォーム | 参考 |
|---|---|---|---|---|---|
| グリッド(G) | グリッド | 選択されているコントロールが、グリッド基準に位置合わせされます | ✓ | ✓ | ― |
| 左(L)<br>右(R)<br>上(T)<br>下(B) | 左右上下 | 複数の選択されたコントロールの中で、もっとも端にあるものを基準に位置合わせされます | ✓ | ✓ | 5-2-4 (139ページ) |

**APPENDIX A レイアウトツール・デザインツールリファレンス**

**表18** 最前面へ移動/最背面へ移動

| アイコン | 名称 | 概要 | レポート | フォーム |
|---|---|---|---|---|
| 最前面へ移動 | 最前面へ移動 | 選択されたコントロールを最前面へ移動します。コントロールが重なった場合に一番手前へ表示されます | | |
| 最背面へ移動 | 最背面へ移動 | 選択されたコントロールを最背面へ移動します。コントロールが重なった場合に一番奥へ表示されます | | |

# APPENDIX A-4 書式タブ

セクションやコントロールに対して、個別にフォント、色、書式設定などの詳細設定ができるツールです。

## A-4-1 選択

セクションやコントロールの選択ができます。

**図19** 選択グループ

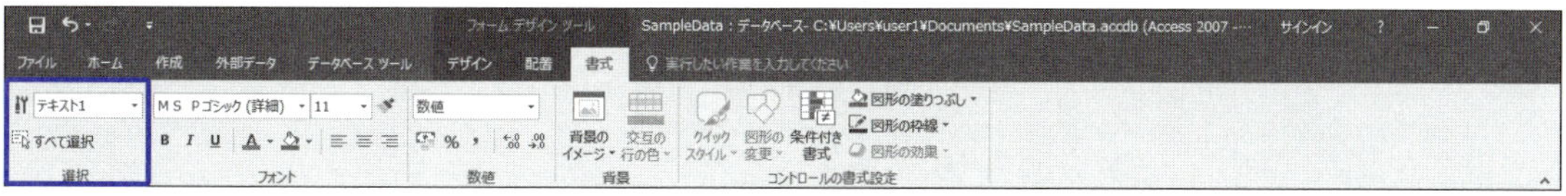

**表19** 選択

| アイコン | 名称 | 概要 | レポート | フォーム | 参考 |
|---|---|---|---|---|---|
| テキスト1 | オブジェクト | セクション名やコントロール名の一覧から選択することができます。クリックしにくいコントロールの選択に便利です | ✓ | ✓ | 4-1-3 (82ページ)<br>5-4-2 (167ページ) |
| すべて選択 | すべて選択 | レポート/フォーム上に存在するすべてのコントロールを選択します | ✓ | ✓ | ― |

## A-4-2 フォント

コントロールに表示される文字列に関する項目です。

**図20** フォントグループ

APPENDIX A レイアウトツール・デザインツールリファレンス

**表20** フォント

| アイコン | 名称 | 概要 | レポート | フォーム |
|---|---|---|---|---|
| ＭＳ Ｐゴシック (詳細) | フォント | 文字に割り当てる新しいフォントを選びます | | |
| 11 | フォントサイズ | 文字のサイズを変更します | | |
|  | 書式のコピー/貼付け | 書式の見た目を他の場所に適用します | | |
| B | 太字 | 文字列を太字にします | | |
| I | 斜体 | 文字列を斜体にします | | |
| U | 下線 | 文字列に下線を引きます | | |
| A | フォントの色 | 文字の色を変更します | | |
|  | 背景色 | 選択したコントロールの背景に色を付けます | | |
|  | 左揃え | セルの内容を左詰めで表示します | | |
|  | 中央揃え | セルの内容を中央に揃えます | | |
|  | 右揃え | セルの内容を右詰めで表示します | | |

## A-4-3 数値

表示するコントロールが日付や数値に関するものだった場合、その表示形式を細かく設定できます。

**図21** 数値グループ

**表21** 数値

| アイコン | 名称 | 概要 | レポート | フォーム |
|---|---|---|---|---|
| 日付 (標準)<br>日付 (L)<br>日付 (M)<br>日付 (S)<br>時刻 (L)<br>時刻 (M)<br>時刻 (S)<br>数値<br>通貨<br>ユーロ<br>固定<br>標準<br>パーセント<br>指数<br>True/False<br>Yes/No<br>On/Off | 表示形式 | 日付や数値、通貨などのデータ形式を指定します | ☑ ▤ | ☑ ▤ |
| 🖻 | 通貨の形式を適用 | 「¥」を付けた形式を適用します | ☑ ▤ | ☑ ▤ |
| % | パーセンテージ形式を適用 | 「%」を付けた形式を適用します | ☑ ▤ | ☑ ▤ |
| , | 桁区切り形式を適用 | 数値や通貨形式に桁区切りを適用します | ☑ ▤ | ☑ ▤ |
| ←.0<br>.00 | 小数点以下の<br>表示桁数を増やす | 数値や通貨形式の場合、クリックするたびに<br>1→1.0→1.00と表示桁数を増やします | ☑ ▤ | ☑ ▤ |
| .00<br>→.0 | 小数点以下の<br>表示桁数を減らす | 数値や通貨形式の場合、クリックするたびに<br>1.00→1.0→1と表示桁数を減らします | ☑ ▤ | ☑ ▤ |

## A-4-4 背景

　レポート/フォームの全体的な背景画像や、レコードを繰り返し表示する部分の背景を設定できます。

**図22** 背景グループ

# APPENDIX A レイアウトツール・デザインツールリファレンス

**表22** 背景

| アイコン | 名称 | 概要 | レポート | フォーム | 参考 |
|---|---|---|---|---|---|
| 背景のイメージ | 背景のイメージ | セクションの区切りをまたいで、背景に画像を設定できます。プロパティシート「書式」の「ピクチャ配置」で位置を指定したり、「ピクチャ全体表示」で繰り返し表示したりすることもできます | ✓ | ✓ | — |
| 交互の行の色 | 交互の行の色 | 繰り返し表示されるセクションに、1行おきに設定されている背景色を変更します | ✓ | ✓ | 4-1-4（83ページ）<br>5-2-6（147ページ） |

## A-4-5 コントロールの書式設定

コントロールの形や色などの見た目に関する項目です。

**図23** コントロールの書式設定グループ

**表23** コントロールの書式設定

| アイコン | 名称 | 概要 | レポート | フォーム | 参考 |
|---|---|---|---|---|---|
| クイックスタイル | クイックスタイル | あらかじめデザインされたスタイルから選んで、コントロールの見た目を変更することができます。ボタンやトグルボタンで使用できます | ✓ | ✓ | — |
| 図形の変更 | 図形の変更 | コントロールの形を角丸や楕円などに変更します。ボタンやトグルボタンコントロールで使用できます | ✓ | ✓ | — |
| 条件付き書式 | 条件付き書式 | 書式ルールを設定してコントロールの外観を変更できます。たとえばテキストボックスで数値を表示する場合、設定以上の数値だったら色を変えるなどができます | ✓ | ✓ | — |
| 図形の塗りつぶし | 図形の塗りつぶし | 選択したオブジェクトの背景色を設定します | ✓ | ✓ | 5-2-2（130ページ） |
| 図形の枠線 | 図形の枠線 | コントロールの境界線の色や線の太さ・種類を設定します | ✓ | ✓ | 4-1-4（85ページ）<br>5-3-2（152ページ） |
| 図形の効果 | 図形の効果 | 図形の影や光彩、ぼかしなどを変更できます。ボタンやトグルボタンで使用できます | ✓ | ✓ | — |

356

# 索　引

## 記号・数字・アルファベット

| | |
|---|---|
| " | 35 |
| # | 35 |
| ' | 35 |
| 2ページ表示 | 92 |
| AutoExec | 286 |
| Between | 275 |
| Call | 316 |
| Date() | 128 |
| Else | 267 |
| Function プロシージャ | 323 |
| If | 265 |
| IME入力モード | 187 |
| OLEオブジェクト | 215 |
| Private | 320 |
| Public | 320 |
| SQL | 15 |
| VBA | 21, 290 |
| VBE | 292 |
| Webブラウザーコントロール | 211 |

## ア行

| | |
|---|---|
| アウトライン | 99 |
| アクション | 256 |
| アクションカタログ | 284 |
| アクションクエリ | 31 |
| アクションの折りたたみ | 264 |
| 新しいレコード | 247 |
| 宛名ラベル | 109 |
| アンカー設定 | 198 |
| 位置 | 350 |
| 一対多 | 119 |
| 移動 | 349 |
| イベント | 255 |
| イベント駆動型マクロ | 286 |
| イベントタブ | 49 |
| イベントのビルド | 262 |
| イメージの挿入 | 344 |

| | |
|---|---|
| 印刷 | 92 |
| 印刷形式 | 98 |
| 印刷プレビュー | 43, 91 |
| インデント | 313 |
| ウィザード | 96 |
| 埋め込みクエリ | 103 |
| 埋め込みマクロ | 286 |
| 上書き保存 | 150 |
| 演算コントロール | 63 |
| オプショングループ | 207 |
| オプションボタン | 207 |
| 親子フォーム | 226 |
| 親子レポート | 162 |

## カ行

| | |
|---|---|
| 改ページ | 107 |
| 完成図 | 118, 224 |
| 管理者 | 20 |
| 既存フィールドの追加 | 104 |
| 行と列 | 348 |
| 行の選択 | 78 |
| 空白のフォーム | 175 |
| 空白のレポート | 67 |
| クエリ | 15, 28 |
| クエリデザイン | 33 |
| グラフ | 212 |
| グラフウィザード | 212 |
| グループ化 | 120 |
| グループ化と集計 | 342 |
| グループ化と並べ替え | 74 |
| グループレベル | 97 |
| 結合 | 237 |
| 結合/分割 | 349 |
| 結合プロパティ | 233 |
| 交互の行の色 | 84 |
| コード | 292 |
| コードビルダー | 295 |
| コメントアウト | 314 |
| コントロール | 60, 343 |

| | |
|---|---|
| コントロールウィザードの使用 | 163 |
| コントロールの書式設定 | 356 |
| コンボボックス | 61, 200 |

## サ行

| | |
|---|---|
| サイズ/間隔 | 79 |
| サイズ変更と並べ替え | 351 |
| 最前面へ移動/最背面へ移動 | 352 |
| サブレポート | 149, 162 |
| サブレポートウィザード | 163 |
| 参照整合性 | 26 |
| ジェネラルプロシージャ | 315 |
| 式の要素 | 168 |
| 式ビルダー | 158 |
| 下に行を挿入 | 140 |
| 下へ移動 | 236 |
| 自動調整 | 184 |
| 集合形式 | 229, 348 |
| 集合知ソース | 203 |
| 上下に分割 | 236 |
| 詳細 | 54 |
| 書式タブ | 49 |
| 垂直タブ | 190 |
| 水平タブ | 188 |
| 数値 | 354 |
| ズーム | 92 |
| スクロールバー | 187 |
| 図形の枠線 | 74, 145 |
| ステップ | 98 |
| スペースの調整 | 72, 134 |
| セクション | 23, 51 |
| 宣言セクション | 293 |
| 選択 | 353 |
| 選択クエリ | 30 |
| その他タブ | 49 |
| その他のフォーム | 194 |

## タ行

| | |
|---|---|
| タイトル | 127, 178 |
| 高さの自動調整 | 161 |
| タブオーダー | 197 |
| タブコントロール | 211 |
| 単票形式 | 45 |

| | |
|---|---|
| チェックボックス | 207 |
| 中央揃え | 241 |
| 帳票形式 | 46 |
| 直線 | 84 |
| 通貨の形式を適用 | 81 |
| データシート | 195 |
| データシートビュー | 44 |
| データタブ | 49 |
| データのみ印刷 | 94 |
| テーブル | 14, 347 |
| テーマ | 342 |
| テキストボックス | 61, 237 |
| デザイングリッド | 32 |
| デザインタブ | 341 |
| デザインビュー | 40 |
| 伝票ウィザード | 112 |
| 添付ファイル | 215 |
| テンプレート | 16 |
| 透明 | 74 |
| トグルボタン | 207 |
| トランザクションテーブル | 14 |

## ナ行

| | |
|---|---|
| ナビゲーション | 188 |
| ナビゲーションウィンドウ | 32 |
| ナビゲーションのコントロール | 209 |
| 名前 | 60 |

## ハ行

| | |
|---|---|
| 背景 | 355 |
| 背景色 | 280 |
| 配置 | 351 |
| 配置タブ | 347 |
| はがきウィザード | 114 |
| パラメータークエリ | 37 |
| パラメーター付きレポート | 171 |
| 低いコントロールに合わせる | 186 |
| 左揃え | 86 |
| 日付と時刻 | 128 |
| ビュー | 40 |
| 表形式 | 45, 348 |
| 表示 | 341 |

| | |
|---|---|
| 標題 | 60 |
| 非連結オブジェクト | 28 |
| 非連結オブジェクトフレーム | 220 |
| 非連結コントロール | 63 |
| フィールド | 19 |
| フィールドリスト | 47, 68 |
| フィルター | 87 |
| フィルター/並べ替えの編集 | 88 |
| フォーカス | 197 |
| フォーム | 20, 174 |
| フォームウィザード | 181, 226 |
| フォームデザイン | 174 |
| フォームデザインツール | 338 |
| フォームの自動作成 | 175 |
| フォームビュー | 41, 179 |
| フォームヘッダー | 51 |
| フォント | 353 |
| プロシージャ | 293 |
| プロジェクトエクスプローラー | 292 |
| ブロック | 99 |
| プロパティシート | 48, 69 |
| 分割フォーム | 195 |
| ページ設定 | 95, 142 |
| ページフッター | 57 |
| ページヘッダー | 52 |
| ヘッダー/フッター | 345 |
| 編集ロック | 249 |
| ボタン | 62, 259 |

## マ行

| | |
|---|---|
| マクロ | 21, 254 |
| マクロツール | 262 |
| マクロの中止 | 276 |
| マスターテーブル | 14 |
| 右外部結合 | 234 |
| 右に列を挿入 | 136 |
| メニュー | 257 |
| モーダルダイアログボックス | 196 |
| モジュール | 292 |

## ヤ行

| | |
|---|---|
| ユーザー | 20 |
| 余白の調整 | 73 |

## ラ行

| | |
|---|---|
| ラベル | 60 |
| リストボックス | 205 |
| リボン | 32, 309 |
| リレーションシップ | 26 |
| リンク | 214 |
| リンクフィールド | 163 |
| ルックアップフィールド | 25 |
| レイアウトの形式 | 45 |
| レイアウトの削除 | 71, 348 |
| レイアウトの選択 | 71 |
| レイアウトビュー | 42, 142 |
| レコードソース | 28 |
| レコードソースの変更 | 48 |
| レコードの移動 | 270 |
| 列の選択 | 70 |
| レポート | 18 |
| レポートウィザード | 96 |
| レポートデザイン | 66 |
| レポートデザインツール | 338 |
| レポートの自動作成 | 66 |
| レポートビュー | 41 |
| レポートフッター | 58 |
| レポートヘッダー | 51 |
| レポートヘッダー/フッターの表示切り替え | 153 |
| レポートを開く | 283 |
| 連結オブジェクト | 28 |
| 連結オブジェクトフレーム | 217 |
| 連結コントロール | 62 |
| ロゴ | 127 |

## ワ行

| | |
|---|---|
| 枠線 | 347 |

［著者略歴］

**今村 ゆうこ**（いまむら ゆうこ）

非IT系企業の情報システム部門に所属し、Web担当と業務アプリケーション開発を手掛ける。小学生と保育園児の2人の子供を抱えるワーキングマザー。

### 著作
「Excel & Access連携 実践ガイド ～仕事の現場で即使える」（技術評論社）
「Accessデータベース 本格作成入門 ～仕事の現場で即使える」（技術評論社）
「スピードマスター 1時間でわかる Accessデータベース超入門」（技術評論社）

- ●装丁
  クオルデザイン 坂本真一郎
- ●本文デザイン・DTP
  技術評論社 制作業務部
- ●編集
  土井清志
- ●サポートホームページ
  https://gihyo.jp/book/2018/978-4-7741-9476-9

■お問い合わせについて
本書の内容に関するご質問は、下記の宛先までFAXまたは書面にてお送りください。電話によるご質問、および本書に記載されている内容以外の事柄に関するご質問にはお答えできかねます。あらかじめご了承ください。

〒162-0846
東京都新宿区市谷左内町21-13
株式会社技術評論社　書籍編集部
「Access　レポート&フォーム　完全操作ガイド
～仕事の現場で即使える」質問係
FAX番号　03-3513-6167

なお、ご質問の際に記載いただいた個人情報は、ご質問の返答以外の目的には使用いたしません。また、ご質問の返答後は速やかに破棄させていただきます。

---

# Access　レポート&フォーム　完全操作ガイド
## ～仕事の現場で即使える

2018年 1月 9日　初版　第1刷発行
2022年 6月10日　初版　第3刷発行

| | |
|---|---|
| 著者 | 今村ゆうこ |
| 発行者 | 片岡　巌 |
| 発行所 | 株式会社技術評論社<br>東京都新宿区市谷左内町21-13<br>電話 03-3513-6150　販売促進部<br>　　 03-3513-6160　書籍編集部 |
| 印刷/製本 | 日経印刷株式会社 |

定価はカバーに表示してあります。

造本には細心の注意を払っておりますが、万一、乱丁（ページの乱れ）や落丁（ページの抜け）がございましたら、小社販売促進部までお送りください。送料小社負担にてお取り替えいたします。

本書の一部または全部を著作権法の定める範囲を超え、無断で複写、複製、転載、テープ化、ファイルに落とすことを禁じます。

©2018　今村ゆうこ

ISBN978-4-7741-9476-9　C3055
Printed in Japan